M. Noack, K. Wegner,
D. Gluch, U. Dienhart (Hrsg.)

CIM
Integration und Vernetzung

Chancen und Risiken einer Innovationsstrategie

Mit 57 Abbildungen

Springer-Verlag Berlin Heidelberg New York
London Paris Tokyo Hong Kong 1990

Dipl.-Ing. MICHAEL NOACK
Bundesministerium für Forschung und Technologie
Heinemannstr. 2
5300 Bonn 2

Dipl.-Ing. KLAUS WEGNER
Dipl.-Ing. DIETER GLUCH
DLR Deutsche Forschungsanstalt für Luft- und Raumfahrt
Projektträger „Arbeit und Technik"
Südstraße 125
5300 Bonn 2

Dipl.-Ing. ULRICH DIENHART
GENESIS – Institut für strategische Innovationsstudien
unabhängige Forschungsgesellschaft mbH
Billerbekstraße 37a
5810 Witten

Herausgegeben für die Deutsche Forschungsanstalt für Luft- und Raumfahrt, Projektträger „Arbeit und Technik".

ISBN-13:978-3-642-93448-3   e-ISBN-13:978-3-642-93447-6
DOI: 10.1007/978-3-642-93447-6

CIP-Kurztitelaufnahme der Deutschen Bibliothek
CIM, Integration und Vernetzung: Chancen und Risiken einer Innovationsstrategie / M. Noack ... (Hrsg.) –
Berlin ; Heidelberg ; New York ; London ; Paris ; Tokyo ; Hong Kong : Springer, 1990

NE: Noack, Michael [Hrsg.]

Satz: K. Triltsch, Druck- und Verlagsanstalt Würzburg GmbH; Druck: Mercedes-Druck, Berlin; Bindearbeiten: Lüderitz & Bauer, Berlin
2160/3020-543210 Gedruckt auf säurefreiem Papier

Autorenverzeichnis

BULLINGER, HANS-JÖRG, Prof. Dr., Fraunhofer-Institut für Arbeitswirtschaft und Organisation (IAO), Stuttgart

DRINKUTH, ANDREAS, Industriegewerkschaft Metall, Frankfurt

EVERSHEIM, WALTER, Dr.-Ing., Dipl.-Wirtsch.-Ing., ordentlicher Professor an der RWTH-Aachen; WZL – Laboratorium für Werkzeugmaschinen und Betriebslehre

FRÖHNER, KLAUS-DIETER, Dr.-Ing., Professor an der Technischen Universität Hamburg-Harburg, Arbeitsbereich Arbeitswissenschaft

HIRSCH-KREINSEN, HARTMUT, Dr., Institut für Sozialwissenschaftliche Forschung e.V., München

KADOR, FRITZ-JÜRGEN, Dr., Geschäftsführer der Bundesvereinigung der Deutschen Arbeitgeberverbände, Köln

LAY, GUNTER, Fraunhofer-Institut für Systemtechnik und Innovationsforschung, Karlsruhe

MACKAY, RONALD, ESPRIT-Projekt-Manager für Human Centred CIM, Brüssel

MARTIN, HANS, Dr.-Ing., Professor an der Gesamthochschule Kassel, Fachgebiet Arbeitswissenschaft

NASCHOLD, FRIEDER, Professor am Wissenschaftszentrum Berlin, Forschungsschwerpunkt Technik/Arbeit/Umwelt

POTTHAST, AUGUST, Dr.-Ing., Fraunhofer-Institut für Produktionsanlagen und Konstruktionstechnik, Berlin

SCHULTE-HILLEN, JÜRGEN, Dr., BDU, Scientific Consulting, Köln

VOLKHOLZ, VOLKER, Dr.; EGGERS, AXEL; FREVEL, ALEXANDER; KÖCHLING, ANNEGRET; LAUENSTEIN, THOMAS, Gesellschaft für Arbeitsschutz- und Humanisierungsforschung mbH, Dortmund

VOLPERT, WALTER, Dr., Professor an der Technischen Universität Berlin, Fachbereich 2 Gesellschafts- und Planungswissenschaften, Fachgebiet Arbeitspsychologie und Arbeitspädagogik

WILDEMANN, HORST, Dr., Professor an der Technischen Universität München, Lehrstuhl für Betriebswirtschaftslehre mit Schwerpunkt Logistik

WITTKOWSKY, ALEXANDER, Dr.-Ing., Professor an der Universität Bremen, Fachbereich Produktionstechnik, Technikgestaltung, Technologieentwicklung

Vorwort

Fortschritt muß dem Menschen dienen. Dieses übergeordnete Ziel der Entwicklung unserer modernen Industriegesellschaft gilt auch für die rechnerunterstützte Fabrik, die unter dem Schlagwort „CIM" zu einer Schlüsseltechnologie für die 90er Jahre geworden ist. Die Integration von Unternehmensfunktionen durch informationstechnisch vernetzte Systeme ist ein Innovationsprozeß, der nicht zwangsläufig gesellschaftlich wünschenswerte Entwicklungen nimmt. Zukunftsgerechte Lösungen sind nicht nur eine Frage hochkarätiger Technikentwicklung, sondern erfordern auch gemeinsame Anstrengungen in wirtschaftlich und sozial wirksamen Gestaltungsbereichen. Ein vorbeugender Arbeits- und Gesundheitsschutz, neue Qualifizierungskonzepte und Organisationsformen, die den Menschen in seiner beruflichen und allgemeinen Entwicklung fördern, gehören genauso dazu, wie eine effiziente Technik. Ihr Zusammenwirken soll den Menschen im Arbeitsprozeß unterstützen, von gesundheitlichen Risiken befreien, Handlungs- und Entscheidungsspielräume bieten, lästige Routinetätigkeiten abnehmen und somit Freiräume für engagiertes, kreatives Arbeiten schaffen. Dieses umfassende Innovationsverständnis macht deutlich, daß es sowohl für die Unternehmen als auch für die Wissenschaft eine dauerhafte Aufgabe ist, bestmögliche Lösungen für Wirtschaft und Gesellschaft gleichermaßen zu erarbeiten. Der Staat muß dazu die entsprechenden Rahmenbedingungen schaffen, weil nur so eine langfristige Sicherung der Wettbewerbsfähigkeit der Unternehmen und ein hohes Beschäftigungsniveau gewährleistet ist.

Dies ist auch der rote Faden, der sich durch die hier veröffentlichten Beiträge von Experten zieht. Ihre Beiträge enthalten nützliche Hinwiese für alle, die auf die Gestaltung von Arbeit und Technik Einfluß haben, weil sie so manche Chancen und Risiken bei der Entwicklung und Einführung von CIM aufzeigen. Insbesondere wird deutlich, daß auch für die FuE-Poltik Herausforderungen im Hinblick auf neue Formen der Zusammenarbeit und der Abstimmung erwachsen. Die Bundesregierung trägt dem in zweierlei Hinsicht Rechnung: Zum einen hat sie ein umfassendes Innovationsverständnis zum grundsätzlichen Bestandteil ihrer Forschungspolitik gemacht. Zum zweiten wird das Forschungs- und Entwicklungsprogramm „Arbeit und Technik" gemeinsam vom Bundesminister für Arbeit und Sozialordnung, dem Bundesminister für Bildung und Wissenschaft und dem Bundesminister für Forschung und Technologie getragen. Diese Vernetzung von Sozial-, Bildungs- und Forschungspolitik verdeutlicht die Auffassung der Bundesregierung, daß man die wichtigsten Aufgaben im Hinblick auf die Gestaltung unserer Zukunft nur durch ein enges Zusammenspiel aller Innovationskräfte unserer Gesellschaft erfolgreich bewältigen kann. Dies betrifft die Forschungs- und Entwicklungsaktivitäten der Wirtschaft und der ingenieur-, wirtschafts- und humanwissenschaftlichen Institute ebenso wie die Anbieter und Anwender neuer Technik, die Institutionen des Arbeits- und Gesundheitsschutzes, die Aus- und Weiterbildungseinrichtungen, die Interessenverbände und die Tarif- und Sozialpartner. Der Staat kann hierfür die Voraussetzungen schaffen. Den Erfolg bestimmen die Initiative und das Handeln der einzelnen Akteure.

Bonn, im April 1990   Die Herausgeber

Inhalt

1 Einleitung

Ulrich Dienhart, Dieter Gluch,
Michael Noack, Klaus Wegner

Der Begriff CIM (Computer Integrated Manufacturing) hat in den letzten Jahren zunehmend Popularität gewonnen. Die dahinterstehende Idee einer von Computern gesteuerten und überwachten Fertigung hat weitgefächerte Interpretationen und Ausweitungen erfahren. Mittlerweile steht der Begriff CIM für eine Fabrik-Philosophie, die eine Optimierung von Informations- und Materialflüssen anstrebt. Dabei ist klar, daß dazu die gesamte Fabrik und nicht nur die Fertigung, ja zunehmend auch überbetriebliche Liefer- und Kooperationsbeziehungen in das Gesamtkonzept einbezogen werden müssen. Auch in der Welt der Schlagworte macht sich diese Ausweitung durch Begriffe wie CAI, CIB und JIT bemerkbar. Während anfangs im Kontext von CIM der Mensch höchstens im Zusammenhang der Gleichsetzung „CIM = menschenleere Fabrik" genannt wurde, sind doch in der letzten Zeit die öffentlichen Diskussionen zunehmend von der Erkenntnis geprägt, daß man – zumindest in Deutschland – auf die Kompetenz von qualifizierten Mitarbeitern nicht verzichten kann. Es sind sogar vielversprechende Ansätze und Modelle vorhanden, die bei der Fabrikinnovation von der Kompetenz und den spezifischen Fähigkeiten der Beschäftigten ausgehen und darauf ein CIM-Konzept aufbauen, das möglicherweise mit viel geringeren Investitionen und mit weniger Technik auskommt. Inwieweit sich diese Tendenz verstärkt und besonders bei kleinen und mittleren Unternehmen durchsetzt, bleibt abzuwarten.

Die Datenverarbeitung und der Einsatz mikroelektronischer Systeme war bislang auf einzelne Funktionsbereiche in den Betrieben begrenzt. In Verwaltung, Konstruktion, Entwicklung, Arbeitsvorbereitung, Fertigung, Montage, Versand usw. werden zentrale und dezentrale Rechnersysteme eingesetzt, deren Anwendung durch Kurzbezeichnungen wie CAD, PPS, CAM, CAP, CAQ, CNC, BDE und MDE gekennzeichnet ist. Dabei blieben die konventionellen Wege des inner- und überbetrieblichen Informationsaustausches weitgehend bestehen. Mit den technischen Möglichkeiten zur Integration und Vernetzung dieser Einzelsysteme erhalten Aufbau- und Ablaufstrukturen und die damit verbundenen Informationsflüsse immer mehr Schlüsselfunktionen. Information wird zum Produktionsfaktor. Es wurde erkannt, daß mit der effektiven und umfassenden Bereitstellung und Nutzung von Informationen bzw. Daten entscheidende Rationalisierungspotentiale und Wettbewerbsvorteile verbunden sein können.

Die Wunschvorstellungen der Betriebe,
- Planungs-, Produktions- und Verwaltungsprozesse durchschaubarer und effizienter zu gestalten,
- Durchlaufzeiten von Aufträgen zu verkürzen,
- Lieferbereitschaft und Flexibilität zu erhöhen,

– Verarbeitungsschritte im Informationsfluß zu minimieren,
– Bindung des Umlaufkapitals zu reduzieren,
– Produktionsentwicklungszyklen zu verkürzen und das Qualitätsniveau der Produkte zu stabilisieren,

werden daher zunehmend in einem Atemzug mit Schlagworten, wie CIM, JIT, CIB und CAI genannt. Allen diesen Kürzeln liegt die Idee (oder Strategie) zugrunde, daß durch eine informations- und materialflußtechnische Vernetzung Hemmnisse zur Umsetzung der o. g. unternehmerischen Ziele beseitigt werden können. Die Grundprinzipien

– Schaffung eines durchgängigen rechnergestützten Informationsflusses und
– Vermeidung von Redundanz bei der Erzeugung, Speicherung und Verarbeitung von Daten in verschiedenen Betriebsbereichen

vermitteln schon einen Eindruck über die hohe Bedeutung, die den technischen Voraussetzungen zugemessen wird. Demgegenüber werden organisatorische und personelle Aspekte im Diskussionszusammenhang nur am Rande behandelt. Dies ist insofern nachvollziehbar, als diese Diskussion zur Zeit eher von den Werbeaussagen der Anbieter technischer Systemlösungen geprägt ist als von der betrieblichen Praxis, deren wirkliche Probleme in der öffentlichen Diskussion ohnehin kaum eine Rolle spielen. Dafür gibt es gute Gründe. Denn wenn CIM (oder CIB, CAI, JIT) tatsächliche eine wettbewerbentscheidende unternehmerische Strategie ist, dann können sich als innovativ geltende Betriebe kein Negativ-Image in bezug auf „ihr" CIM-Konzept leisten. Fehlinvestitionen und mangelhafter Zielerfüllungsgrad passen nun mal nicht in einen euphorischen und von Wachstumshoffnungen genährten Markt.

Aber natürlich gibt es nicht nur Risiken. Die vielfältigen Gestaltungspotentiale, die sich im Zusammenhang vernetzter Systeme für die Arbeitsorganisation, Technikgestaltung und deren Verknüpfung zu einem menschengerechten Arbeitssystem ergeben, können bereits im Planungsstadium effektiv und zielgerichtet berücksichtigt werden. Dazu können Beiträge unabhängiger Wissenschaftler unterschiedlicher Disziplinen und der Vertreter von Arbeitnehmern, Arbeitgebern und unternehmensneutraler Institutionen wichtige Hinweise liefern und für Fragen sensibilisieren, denen sich Berater, Planer, Entscheidungsträger und Betriebs- und Personalräte im Vorfeld von Entscheidungen befassen sollten.

Im Rahmen des Forschungs- und Entwicklungsprogramms „Humanisierung des Arbeitslebens" wurden daher 16 Experten aus Wissenschaft, beratenden Institutionen und Tarifvertragsparteien beauftragt, in kurzen Expertisen ihre Einschätzung zu Stand und Entwicklungstendenzen sowie zu den Chancen und Risiken von Integrations- und Vernetzungsstrategien („CIM"-Strategien) darzustellen.

1.1 Die wichtigsten Aspekte der Expertisen zum Stand von CIM, zu den Problemen von Anwendern und den heute zu beobachtenden Entwicklungstrends

Heute zu beobachtende Ansätze zur Realisierung von CIM-Konzepten konzentrieren sich auf rechnergestützte *Insellösungen* im Bereich von Verwaltung, Produktionsplanung und -steuerung, Konstruktion und Arbeitsvorbereitung. Die Aktivitäten zur

Kopplung der o. g. Bereiche laufen unter den Kurzbezeichnungen CAD/CAM, CAD/CAP, CAD/PPS und PPS/BDE. Die Kopplung CAD/CAM zur NC-Programmierung haben z. B. heute bereits 30 % der Betriebe aus dem Bereich der Investitionsgüterindustrie verwirklicht, die im Rahmen des CAD/CAM-Förderprogrammes des BMFT befragt wurden (n = 1193). Die Kopplung von CAD und PPS haben mehr als 40 % dieser Betriebe für die nächsten 2 bis 3 Jahre fest geplant. Dabei stechen insbesondere Betriebe der Investitionsgüterindustrie mit mehr als 500 Beschäftigten heraus, die zu 75 % aktiv an *Vernetzungskonzepten* arbeiten. Prognosen gehen davon aus, daß sich ca. 20 000 Unternehmen der deutschen Fertigungsindustrie in den nächsten fünf Jahren mit CIM beschäftigen werden. Besonders in mittleren Unternehmen bis etwa 2000 Mitarbeiter geht die Stoßrichtung dahin, nach der Erschließung der Fertigung, der Konstruktion und der Logistik nun auch die kaufmännischen Bereiche, wie Angebotswesen aber auch Finanz- und Rechnungswesen, in den Datenfluß zu integrieren. Nicht nur für die Fertigungsindustrie, auch für die Grundstoffindustrie, die Bauindustrie, Handel und Dienstleistungen wird die Vernetzung und rechnergestützte Integration in den nächsten Jahren ein Thema sein. Die technischen Innovationen auf dem Gebiet der Netzwerke, Datenbanken, Massenspeichermedien und öffentlichen Kommunikationsdienste werden vor keiner dieser Branchen haltmachen.

Abgesehen von technischen Problemen, deren Komplexität hier nicht unterschätzt werden soll, an deren Beseitigung aber ein großes Potential von Experten arbeitet, sind bei der Planung und Umsetzung von CIM-Konzepten *organisatorische und personelle Probleme* auf allen betrieblichen Hierarchieebenen zu verzeichnen. Aufgrund der Fülle der Probleme seien hier nur einige schlaglichtartig beleuchtet:

- Bei der Planung komplexer vernetzter Systeme im Rahmen von CIM-Konzepten werden betriebliche Strukturen häufig nur in Form von Rechnerhierarchien und Schnittstellendefinitionen dargestellt. Die damit verbundenen, weit in die Zukunft reichenden Entscheidungen für bestimmte Hard- und Softwarekonzepte vernachlässigen Personal- und Organisationsentwicklungskonzepte.
- Die Beteiligung der Betroffenen, der Betriebsräte und auch des Managements an den Planungsprozessen ist häufig zum Scheitern verurteilt. Einerseits fehlt in der meist technisch dominierten Planung die fachliche Kompetenz der Beteiligten, andererseits sind die eingeübten Formen der Beteiligung, die im Hinblick auf einzelne Investitionsentscheidungen oder Einzelmaßnahmen entwickelt wurden, zunehmend unwirksam.
- Der Qualifikationsbedarf wird systematisch unterschätzt. Wenige technisch interessierte „Pionierlerner" verstellen den Blick auf den tatsächlichen Bedarf, da erst bei einer weiteren Diffusion auch die breite Masse der „Normallerner" betroffen ist.
- Konventionelle Wirtschaftlichkeitsberechnungen lassen sich im Zusammenhang mit CIM-Konzepten kaum mehr anwenden. Dies hängt einmal mit den erhofften Synergieeffekten vernetzter Systeme zusammen, die sich zum Zeitpunkt der Investitonsentscheidung nicht direkt in monetären Größen messen lassen. Zum zweiten sind bei CIM die Vorlauf- und Folgekosten schwer kalkulierbar, weil heute jeder Anwender noch einen Großteil seiner Planung als Experimentierfeld für noch nicht vorhandene Lösungen – mit entsprechend hohem Risiko – betrachten muß.

Barrieren für die effiziente Einführung und Nutzung von CIM-Konzepten bestehen auch durch die Überlastung betrieblicher Planer. Hinzu kommen häufig mangelnde Motivation und Bereitschaft der Betroffenen, ihre Qualifikationen ständig den Erfordernissen anzupassen und gleichzeitig Erfahrungswissen auf die Technik zu übertragen. Auch Widerstände des mittleren Managements aus Angst vor Kompetenz- ggf. auch Arbeitsplatzverlust sind zu beobachten.

Darüber hinaus werden Konzepte der Vollintegration als nur begrenzt leistungsfähig angesehen, da die Validität und Güte der im Rechner verwendeten Modelle und Daten begrenzt ist (wie z. B. bei vielen PPS-Systemen) und somit eine Diskrepanz zwischen den idealtypischen Algorithmen der Rechnerwelt und den realen Abläufen und Bedingungen z. B. in der Fertigung unvermeidbar ist.

Insgesamt ist die Situation durch eine große Unsicherheit im Hinblick auf neue, problemadäquate Lösungsansätze gekennzeichnet, insbesondere auf die vorrangig auszuwählenden Bereiche für die Realisierung von CIM-Konzepten und die dazugehörigen Einführungsstrategien.

1.2 Zukünftige Entwicklungstendenzen aus der Sicht der Experten

Die weitestgehende Trendaussage von Experten hebt hervor, daß CIM-Lösungen nicht nur die Zukunft der Fabrik, sondern auch die Industrielandschaft maßgeblich verändern wird. Die Arbeit wird somit viel nachhaltiger strukturiert, als es einzelne Technologien bewirken können.

Da CIM zunehmend nicht nur als technisches Problem verstanden wird und neben den hohen Investitionskosten erhebliche qualifikatorische und arbeitsorganisatorische Anstrengungen erforderlich macht, wird die These von den *„nicht CIM-fähigen Betrieben, Betriebsbereichen und Arbeitnehmern"* vertreten. Herangezogen werden für diese Beurteilung die durchschnittlichen Investitionsaufwendungen von Betrieben. Vorherrschende kapitalintensive CIM-Konzepte können demnach nur in etwa einem Fünftel bis einem Drittel aller Betriebe realisiert werden. Es wird die Entstehung eines hochautomatisierten Industriesektors quer über alle Branchen angenommen. Alle nicht CIM-fähigen Betriebsteile werden ausgelagert. Eine Verstärkung dieses Aussonderungsprozesses wird durch den zunehmenden zwischenbetrieblichen Verdrängungs- und Konzentrationsprozeß erwartet, der besonders in Branchen mit geringen Wachstumsraten wirkt, da flexible Automation in der Regel nur bei Produktionserweiterung greift. Es wird sogar dieser Sektor der Betriebe mit – gemessen an den CIM-Technologien – veralteten Arbeitsmitteln, dafür aber erfahrenen, improvisationsfähigen und phantasiereichen Arbeitnehmern als der eigentliche Träger flexibler Produktion angesehen.

Andererseits sprechen viele Probleme bei CIM-Realisierungen in Großbetrieben dafür, daß integrierte Systeme verstärkt in kleineren Betrieben zum Einsatz kommen könnten, da dort die Komplexität und der Umstellungsaufwand geringer ist. Die technischen Vernetzungen werden mittlerweile auch von kleinen und mittleren Unternehmen nicht automatisch aufgrund der notwendigen Investitionshöhe ausgeschlossen. Vernachlässigt werden bei dieser Betrachtung die Kosten der organisatorischen und personellen Maßnahmen, die nur sehr schwer kalkulierbar sind.

Wesentliche Aspekte bei der Entwicklung und Anwendung von CIM-Konzepten sind außerdem Schritte zur *Gestaltungsprofessionalisierung* durch Strukturierung und Verbreitung von Gestaltungswissen sowie der Aufbau von *Datenbanken* und die

Entwicklung von *Gestaltungswerkzeugen* (eine ähnliche Vorgehensweise hat sich übrigens bei der Entwicklung komplexer Software als nützlich erwiesen). Relevant ist dabei die Berücksichtigung von Belastungen durch zunehmende Bewegungsarmut, psychomentale Anforderungen und größer werdende Selektionsleistung. Außerdem werden bei größerer Informationstransparenz von CIM-Lösungen und JIT-Konzepten stärker formalisierte Organisationsstrukturen und die zeitliche Verdichtung von Arbeitsabläufen erwartet, die viele Möglichkeiten zur Belastungskompensation einschränken.

Zunehmender Konsens besteht darüber, daß technologische Innovationen nur dort ihr volles Potential entfalten, wo vorab Innovationen im Bereich der Ausbildung, Arbeitsstrukturen, Produktionssteuerung, Arbeitsbedingungen und Lohnsysteme gelingen. Dissens besteht darüber, inwieweit graduelle Wandlungen der betrieblichen Sozialorganisation anstehen. Hemmnisse für den laufenden Wandlungsprozeß werden in einem Mangel an präventiven Gestaltungshinweisen gesehen.

Entwicklungsszenarien betrieblicher Einsatzstrategien von rechnergestützten PPS-Systemen zeigen, daß eine *verringerte Arbeitsteilung* nur bei „Werkstattsteuerung" und „selbstregulativer Steuerung" zu erreichen ist. Nur hiermit erhält die Ausführungsebene wieder Dispositions- und Kontrollfunktionen zurück. Innovationsleistungen bei der Einführung und Realisierung von CIM, die auf qualifizierte und kompetenzorientierte Arbeits- und Organisationsstrukturen zielen, bleiben jedoch bisher hinter der technischen Entwicklung und ihren Nutzungsmöglichkeiten zurück. Unter den gegebenen Bedingungen werden der Werkstattsteuerung die größten Realisierungschancen zugeschrieben.

Besondere Aufmerksamkeit verlangt auch die Aussage, daß *präventive bzw. begleitende Regulierungen* im Zuge fortschreitender CIM-Realisierungen im Zusammenhang mit Technikfolgenabschätzungen wichtig sind. Der Trend zur zeitlichen Verdichtung wird ohne sozialorganisatorische Innovationen zunehmen und kontraproduktive Folgen haben. Die wachsende Komplexität der Technik, wechselnde Anforderungen und zunehmende Aufgabenvielfalt machen „lernoffene Arbeitsprozesse", die das Lernen im Arbeitsprozeß ermöglichen, erforderlich. CIM-Realisierungen, die primär auf die zeitliche Straffung des Arbeitsablaufes und Effektivierung der Koordinations-, Kooperations- und Kommunikationsprozesse abzielen, können jedoch die Voraussetzungen für Qualifizierungsprozesse erheblich verschlechtern.

Vor allem aber scheint Einigkeit darüber zu bestehen, daß die Rechnerintegration nur durch kreative und produktive Mitwirkung von *qualifizierten Personal* zu erreichen ist. Uneinigkeit besteht aber über die Art dieser Qualifikation, welche Personen sie an welchem Ort einbringen und in welchen Qualifizierungsprozessen sie erworben werden sollen. Auch für die weitere Entwicklung bleibt gültig, daß eine sozialverträgliche Gestaltung von CIM-Systemen nur gelingt, wenn alle Beteiligten, Ingenieure und Manager ebenso wie gewerbliche oder im administrativen Bereich Beschäftigte neben der erhöhten Entscheidungsautonomie die dazu erforderliche Qualifikation erwerben können oder erworben haben.

Die künftigen Anforderungen sind in der Regel nur ungenügend bekannt, so daß die zur gestaltenden Einflußnahme notwendigen Qualifikationen neu in Prozessen „handlungsorientierten, vergleichenden Lernens" erworben werden sollten. Qualifikationsorientierte Bedingungen werden auch in technischen Pflichtenheften zunehmende Bedeutung erhalten.

Nach Einschätzung der Qualifizierungsforschung werden folgende *Trends* dominieren:

- Das in der beruflichen Aus- und Weiterbildung erworbene theoretische und praktische Wissen wird zunehmend in Programme übertragen und durch diese ersetzt. Handwerkliches Geschick wird durch entsprechende Steuerungsprogramme ersetzt.
- Programmgesteuerte Arbeitsabläufe reduzieren den Spielraum zur Planung und Ausführung der Arbeitsprozesse.
- Die Teilung in ausführende und planende Tätigkeiten schreitet fort, wobei sich die Facharbeit weiter auflöst.
- Facharbeiterqualifikationen werden so umverteilt, daß nur noch komplexe Anlerntätigkeiten notwendig werden.
- Durch Aufgabenverlagerung ins technische Büro und Datenerfassungssysteme wird dem Werkstattpersonal die Kontrolle über die Produktion entzogen.

Bestätigt werden diese Trends durch Untersuchungen in der Automobilindustrie, in denen aufgezeigt wird, daß der Bedarf an hochwertiger Qualifikation eindeutig abnimmt. Daraus resultiert auch die Unsicherheit, ob die informations- und produktionstechnische Integration wirklich eine menschengerechte Aufgabenintegration an einzelnen Arbeitsplätzen ermöglicht und ob vorhandenes Flexibilitäts- und Produktivitätspotential vieler Betriebe durch fortschreitende Entwertung qualifizierter Produktionsarbeit abgebaut wird. Die Diskussion künftiger Trends darf die Wirkung von CIM-Systemen auf Un- und Angelernte, insbesondere im technisch-kaufmännischen Bereich und in der Montage nicht weiter vernachlässigen.

Bei sozial ungesteuerter Technikentwicklung scheinen sich folgende Trends durch *überbetriebliche Vernetzungsstrategien* zu verstärken:
- Über die Errichtung von Informationsübertragungsnetzen und die Festlegung ihrer Leistungsmerkmale, die für den betrieblichen Rationalisierungsdruck maßgeblich sind, wird außerhalb der Betriebe entschieden.
- Durch den zeitlichen Vorlauf bei der Installierung von Netzen können negative Folgen für die Arbeitnehmer auf einzelbetrieblicher Ebene immer weniger abgewendet werden.
- Folgewirkungen der internationalen Standardisierungsmaßnahmen für Übertragungsnetze sind völlig unbekannt. Vereinzelt laufende Standardisierungsbemühungen in den USA gehen von einem streng hierarchischen Fabrikmodell aus.

Hervorgehoben wird von arbeitswissenschaftlicher Seite, daß die Notwendigkeit einer flexiblen Anpassung an die Markterfordernisse die *Anforderungen an den Innovationsplanungsprozeß* erhöht. Bisherige Planungsprinzipien zur Optimierung des Materialflusses, zur verbesserten Koordination von Personal, Maschinen und Material sowie zur ingenieurmäßigen Planung der flexiblen Automatisierung müssen ergänzt werden, um das latent vorhandene Potential rechnergestützter Technologien und deren Integration menschengerecht und wirtschaftlich zu nutzen. Potentialorientierte Betrachtungsweisen, die in der Kombination von Technik, Organisation und Personal den Menschen in den Blickpunkt des Interesses rücken, gewinnen an Bedeutung. Die Komplexität und Qualität der Innovationsplanung steigt mit zunehmender Berücksichtigung menschlicher Potentiale, wie der Assoziationsfähigkeit, Zielbildungsfähigkeit und Sinnhaftigkeit und der Konkretisierung technischer und organisatorsicher

Potentiale, z. B. der Verfügbarkeit, Flexibilität, Transparenz und Integrationsfähigkeit.

Von allen einbezogenen Experten wird zum Ausdruck gebracht, daß eine computergestützte Fabrik nicht als geschlossene Einheit, sondern nur in Teilbereichen entstehen wird.

An Bedeutung werden nach Erkenntnissen der Fertigungswirtschaft *Just-in-time-Konzepte* (JIT) gewinnen. Produktions- und Logistikstrategien richten dabei den Material- und Informationsfluß enger an Marktbedürfnisse aus. Bei der Ausschöpfung von Rationalisierungspotentialen werden sich JIT- und CIM-Konzepte zunehmend ergänzen. Von der zunehmenden Vernetzung zwischen technischen und administrativen Funktionen wird eine verstärkte Aufgabenintegration erwartet. Erst der Integration intelligenter DV-, Kommunikations- und flexibler Produktionssysteme wird eine Vernetzung auf hohem Reifegrad zugesprochen.

Mit der Dezentralisierung und der Fertigungssegmentierung können *kleine autonome Produktionseinheiten* geschaffen werden, die zur Verflachung betrieblicher Organisationsstrukturen führen. Erforderlich werden dabei *Entlohnungskonzepte,* die auf eine Erhöhung der Leistungsbereitschaft abzielen.

In der betrieblichen Praxis, auch in kleinen und mittelständischen Produktionsbetrieben, gewinnt die *technische Integration* von CAD-CAP/PPS und CAD-CAM in unterschiedlicher organisatorischer Ausprägung an Bedeutung. Qualifikationsanforderungen variieren mit der gewählten technisch-organisatorischen Lösung. Technische Entwicklungen erweitern die Möglichkeiten, Aufgabenbereiche neu zuzuschneiden, horizontale und vertikale Arbeitsteilung zu reduzieren und ganzheitliche Arbeitsinhalte zu schaffen. Bestehende und in Entwicklung befindliche CAD-CAM-Kopplungen bieten z. B. die technischen Optionen, um die Programmierung in der Konstruktion, Arbeitsvorbereitung oder an der CNC-Maschine durchzuführen. Entscheidend ist die Strategie des Managements, die Qualifikation der Betroffenen, der Bedienkomfort der Soft- und Hardware und die Programmierzeit im Verhältnis zur Bearbeitungszeit. Damit wird eine bereichsübergreifende Betrachtung der technisch-organisatorisch bedingten Kompetenzverschiebungen und Qualifikationsanforderungen im verstärkten Maß erforderlich.

1.3 Perspektivwechsel beim Umgang mit der CIM-Problematik

Von der Zielsetzung eines Unternehmens her betrachtet, stellt CIM einen Optimierungsprozeß im Hinblick auf ein wirtschaftlich funktionierendes Gesamtsystem dar. Relevant ist dabei eine Erhöhung der *Systemrationalität,* denn der Integrationscharakter von CIM-Konzepten geht über die an einzelnen Systemkomponenten orientierten Wirtschaftlichkeitsbegriffe, über die arbeitsplatzbezogenen Gestaltungsansätze, über eine rein technische Funktionsdefinition und vor allem über eine zentral gesteuerte Systemplanung des Managements hinaus.

Parallel zur Umsetzung und Weiterentwicklung dieser Zielvorstellung vollzieht sich ein Evolutionsprozeß der *Bewertungsmaßstäbe,* die Planer, Unternehmen und Branchen bei der Auswahl und Realisierung geeigneter CIM-Strukturen anlegen. Es wird also stets eine Differenz der weiterentwickelten Vorstellungen und Möglichkeiten gegenüber der in den Unternehmen erreichten Realität gegeben. Der Innovationsprozeß stellt sich damit als ein zeitlich nicht begrenzter, „offener" Suchprozeß nach neuen Lösungen dar, die ihrerseits so konzipiert werden, daß sie als Ausgangsbasis für Weiterentwicklung und weiteren Strukturwandel dienen können. „Neue Lösungen" dürfen daher niemals eingefroren, dürfen nicht als Endzustand einer Innovationstätigkeit betrachtet werden.

Insofern vollzieht sich ein Perspektivwechsel, der die bisher in den Funktionsbereichen der Unternehmen primär auf Auswahl und Einführung einzelner Techniken (z. B. CNC, CAD, CAM, CAQ, BDE...) gerichteten, „geschlossenen" Suchprozesse inhaltlich ausweitet in Richtung auf zeitlich „offene" Prozesse, die sich nun vorrangig auf strukturelle Maßnahmen im Rahmen des Gesamtunternehmens und dessen Zielsystem konzentrieren.

Die Realisierung derartiger Innovationsansätze wirft neue Fragen auf: Wie lassen sich durch geeignete Organisation, durch Qualifizierung der Mitarbeiter, durch den Einsatz flexibler Informations- und Kommunikationstechniken die Freiräume schaffen, die es erlauben, daß das Know-how aller Ebenen und Funktionsbereiche eines Betriebes für die gemeinsame Suche nach neuen Lösungen aktiviert und weiterentwickelt werden kann? Zugleich gilt es, Ungleichgewichte beim Zugang zu diesem Gestaltungsfeld und bei der Betätigung innerhalb dieser Problematik zu vermeiden. CIM darf sich nicht zu einer strukturprägenden Technologie entwickeln, die nur für prosperierende Unternehmen und Unternehmensbereiche nutzbar ist. Der Suchprozeß nach neuen, wirtschaftlichen und gleich menschengerechten Lösungen, die Frage, „ob, wie und wieviel CIM" ist zunehmend auch *für Unternehmen mit geringem Investitionsvermögen* von Bedeutung.

Die Innovationsprozesse, die vor diesem Hintergrund zu bewältigen sind, erfahren damit eine mehrfache Steigerung ihrer Komplexität. Dies erfordert eine methodische Unterstützung, erfordert neue Instrumente, mit deren Hilfe die Unternehmen diese Suche nach neuen Lösungen sowie deren Bewertung vorrangig aus eigener Kraft bewältigen können. Eine derartige methodische Unterstützung muß auf zwei Ebenen ansetzen: Sie muß „gesamtbetrieblich" wirken, in dem Sinne, daß Wege zur Schaffung und Nutzung der zur Durchführung innovativer Lern- und Suchprozesse benötigten Freiräume eröffnet werden. Sie muß andererseits auf der Ebene des konkreten Projektmanagements ansetzen, um diese Art der Beteiligung aller betrieblichen Ebenen für die „methodische Planung" einer CIM-Struktur nutzbar zu machen.

Im Vordergrund stehen Funktionsflexibilität und geschlossene Aufgabenfelder von CIM-Bausteinen bzw. deren Anwendungsbereichen. Je mehr Wert auf die Schaffung von Funktionsbereichen gelegt wird, in denen sinnvolle und möglichst geschlossene Aufgabenzusammenhänge angeboten werden (wie z. B. in teilautonomen Fertigungsinseln), desto mehr wächst auch die Koordinations- und Weiterentwicklungskompetenz der darin beschäftigten Mitarbeiter. Zugleich werden damit Strukturen angelegt, die die Eigendynamik der Innovationsprozesse fördern.

Im Hinblick auf die methodische und instrumentelle Unterstützung erfordern derartige Prozesse

- sachgebietsbezogene Strukturierungen und Formalisierungen des Gestaltungswissens,
- den Einsatz moderner Informations- und Kommunikationstechniken zur Nutzerunterstützung (z. B. in Form von „Gestaltungsdatenbanken"),

- die Entwicklung von Gestaltungswerkzeugen zur Problemanalyse, zur konstruktiven Verknüpfung von Elementen des Gestaltungswissens, zur Beurteilung der Systemplanungen und
- die Entwicklung von Hilfsmitteln zur Vermittlung des Gestaltungswissens (z. B. Planspiele).

Derartige Methoden und Instrumente führen zu einer erheblichen Ausweitung der sachlichen und zeitlichen Horizonte betrieblicher Planungen. Die Integrationsziele von CIM-Konzepten lassen zunehmend die *Beziehungen und Wechselwirkungen* des CIM-nutzenden Unternehmens zu seiner „Umwelt", zu seinen Zulieferern, Kunden, den Ausbildungsstätten, den Verbänden und den Beratern an Bedeutung gewinnen. Nicht zuletzt können die neuen Möglichkeiten einer *unternehmensübergreifenden informationstechnischen Vernetzung* zur Veränderung etablierter Kooperationsstrukturen führen. Dies gilt nicht nur für die Bereiche Handel und Dienstleistung, wo die Verbindungen zwischen Endverbrauchern und Herstellern direkter werden, sondern kann auch zu einer Polarisierung zwischen CIM-nutzenden und nicht CIM-nutzenden Unternehmen im Bereich der industriellen Produktion beitragen. Zugleich ändern sich damit die Anforderungen und Erwartungshaltungen gegenüber Kammern, Verbänden und Tarifvertragsparteien, die mit neuen Dienstleistungsangeboten sowohl auf der Ebene ihrer einzelnen Mitglieder die Suche nach neuen Lösungen unterstützen als auch auf der Ebene der Branchen eine aktive Rolle bei der Bewältigung strukturellen Wandels spielen werden.

In diesem Zusammenhang wird deutlich, daß der Prozeß einer wirtschaftlichen und zugleich menschengerechten Gestaltung und Anwendung von CIM-Konzepten die Arbeitswelt in einem viel stärkeren Maße durchdringt, als es die einzelbetriebliche Perspektive der rein technischen Weiterentwicklung zunächst vermuten läßt. Eine erweiterte Perspektive, die eine Betrachtung des Einzelunternehmens in Wechselwirkung mit der umgebenden Industrielandschaft ermöglicht, ist erforderlich.

2 Integrierte Informations- und Produktionssysteme in arbeitswissenschaftlicher Betrachtung

Hans-Jörg Bullinger

2.1 Problemstellung

Die Fabrik der Zukunft wird nicht die voll rechnerintegrierte sein, sondern eine Fabrik mit Integrationsinseln und einzelnen Integrationspfaden. Hierfür wird qualifiziertes und motiviertes Personal in kooperativen Arbeitszusammenhängen benötigt. Der Weiterbildungsbedarf ist nur vordergründig vorrangig ein technischer; bedeutsamer und schwieriger dürften die betrieblichen und individuellen Lernprozesse der Organisationsentwicklung und der organisatorischen Bewältigung von rechnerintegrierten Systemen sein.

Gute Ausbildung ist teuer, schlechte Ausbildung kommt teurer. Ausbildung dauert, sie braucht Vorlauf und Ressourcen. Die Konzepte der Personalentwicklung und des Personaleinsatzes und somit auch der Weiterbildung sollen eng und frühzeitig an die Planung der Investitionen und die technischen und organisatorischen Konzeptentwicklungen angebunden werden.

2.2 Die Fabrik der Zukunft und CIM

Die Unternehmen stehen im Abgleich von Markt- und Produktionsökonomie zunehmend vor dem Problem, einerseits die Durchlaufzeiten und die Kapitalbindung reduzieren zu müssen, andererseits aber auch die Auslastung ihrer zunehmend kapitalintensiven Betriebsmittel sicherstellen zu müssen. Dabei erweist sich die weitgehend übliche Funktions- und Arbeitsteilung in den betriebswirtschaftlichen, logistischen und produktionstechnischen Verfahrensketten immer häufiger als Hindernis. Die Leistungsfähigkeit moderner Rechner bringt für die Lösung dieses vieldimensionalen Problems der Optimierung von Abläufen und Ressourceneinsatz neue Möglichkeiten, die Denkansätze wie den integrierten Prozeß der Leistungserstellung mit Konzepten wie Computer Integrated Manufacturing (CIM) überhaupt erst realistisch erscheinen zu lassen.

Der Kerngedanke von CIM, vor allem aus der Sicht der Problemlösung für den Anwender, liegt zunächst mehr auf „Integrated" als auf „Computer": Es geht um die (Re-)Integration von Prozessen der betrieblichen Leistungserstellung, also um betriebs- und arbeitsorganisatorische Fragen entlang der betrieblichen Dispositions- und Wertschöpfungskette. Der Rechner ist dafür lediglich ein Hilfsmittel. Mitarbeiter aller Funktionen des Betriebes müssen sich für die Nutzung dieses Hilfsmittels qualifizieren.

2.2.1 Bereiche des Rechnereinsatzes für CIM

CIM-Konzepte gehen von integrierten Abläufen der Auftragsabwicklung aus, die auf eine gemeinsame Datenbasis zugreifen, so daß die derzeit nicht seltenen Medienbrüche mit Problemen wie die Mehrfacherfassung von Daten vermieden werden. Dazu werden Rechnerhierarchien und -netze konzipiert, die verschiedene Bereiche des Rechnereinsatzes verknüpfen.

Das Spezifikum von CIM ist nun die *funktionsintegrierte* und *prozeßorientierte* Abwicklung aller Vorgänge anstelle arbeitsteiliger Abwicklung auf der Basis eines *bereichsübergreifenden Informationsverbundes,* der eine durchgängige, integrierte Datenbasis für alle Vorgänge der Auftragsabwicklung bzw. Leistungserstellung bereitstellt.

Die Idee von CIM ist also, durch eine hohe raum-zeitliche Verfügbarkeit aller relevanten Informationen für alle Schritte der betriebswirtschaftlichen, logistischen und technologiebestimmten Verfahrensketten derzeit getrennte Abläufe zu beschleunigen, zu verbessern und kostengünstiger zu gestalten. Wie weit ein solches Konzept reicht bzw. im Einzelfall reichen soll, ist eine weitere, nicht ganz triviale Frage. Im Extremfall einer „harten" Voll-Integration ist eine Vernetzung aller obengenannten Einsatzbereiche des Rechners vorzunehmen.

Die Art und Reichweite der Kopplung sowie die resultierende Art und Weise der Nutzung eines derartigen Systems haben natürlich Konsequenzen auf die erforderliche Qualifikation des Personals bei der Planung und Nutzung des Systems.

CIM ist daher eher als Leitidee für einen langfristigen Prozeß der Organisations- und Technikentwicklung als ein kurzfristig erreichbarer Zustand zu sehen.

Im folgenden sollen zunächst vorfindbare Ansätze von CIM-Architekturen sowie ihre weitere Entwicklung und Perspektiven dargestellt werden. Dieser eher technischen Betrachtungsweise schließen sich Überlegungen über damit verbundene Organisationskonzepte an. Auf beiden ergeben sich mögliche Forschungsfelder, Strategien und Umsetzungsmethodiken, die im Abschnitt 2.5 näher beleuchtet werden.

2.3 CIM-Ebenen-Modell

Bild 2.1 gibt die allgemeine Struktur eines CIM-Systems unter Beachtung verschiedener Ebenen wieder [1].

Es zeigt die drei wesentlichen Entwicklungslinien, aus denen der Ansatz zu einer integrierten CIM-Lösung entstand:
- die *Verwaltungsinformationssysteme,* über die bei vielen Firmen der Einstieg in die EDV begann. Sie sind durch die Bewältigung großer Datenmengen bei geringen Anforderungen an die Rechenleistung der Computer gekennzeichnet.
- die *Produktionsinformationssysteme,* die die PPS-Systeme umfassen, aber zunehmend auch die direkte Rechnersteuerung der Werkzeugmaschinen und Roboter übernehmen.

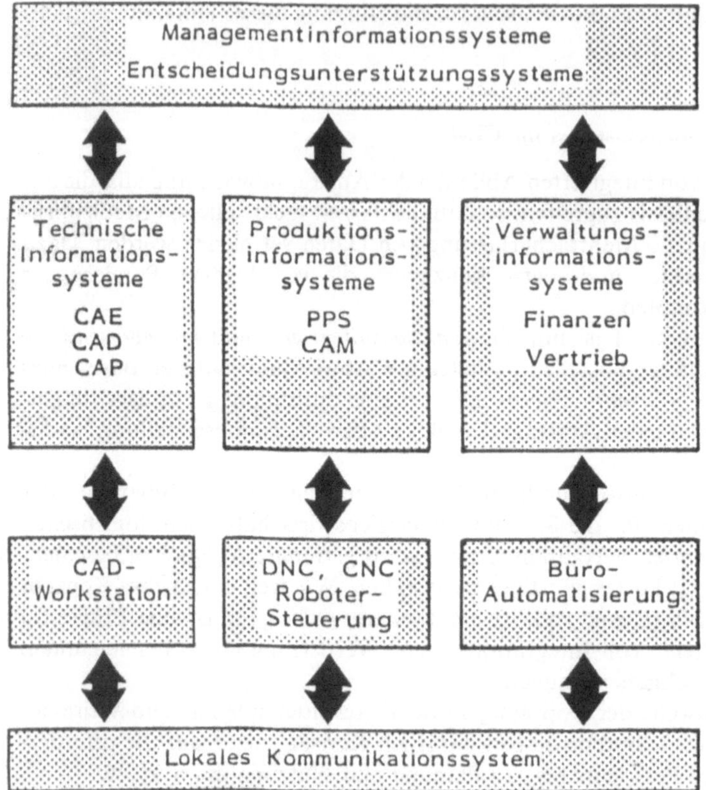

Bild 2.1. Allgemeine Struktur eines CIM-Systems

– die *technischen Informationssysteme,* die mit der graphischen Datenverarbeitung und ihren Hauptanwendungen CAD und CAE zu den Schlüsseltechnologien von CIM-Systemen gehören.

Die technische Entwicklung von CIM-Konzeptionen wird von verschiedenen Gebieten der Informatik, der Elektronik und anderen Ingenieurwissenschaften wesentlich beeinflußt. Gegenstand der Entwicklungsarbeiten sind (vgl. Bild 2.2)
– das Kommunikationssystem,
– Workstations,
– Daten-/Methodenbanken,
– Anwendungssoftware [2].

Die unterste Ebene in Bild 2.2 stellt die Kommunikation zwischen verschiedenen Rechnern, Workstations, NC-Maschinen, Robotern etc. her. Die Aufgabe wird hier die Standardisierung der unterschiedlichen Netze bzw. Protokolle sein. Ansätze dazu sind das Produktions-Netz MAP und das Büro-Netz TOP.

Die zweite Ebene repräsentiert die Arbeitsplätze (Workstations) in den Bereichen CAD, CAM, PPS und Office, die je nach Anwendung über unterschiedliche graphische Fähigkeiten verfügen müssen.

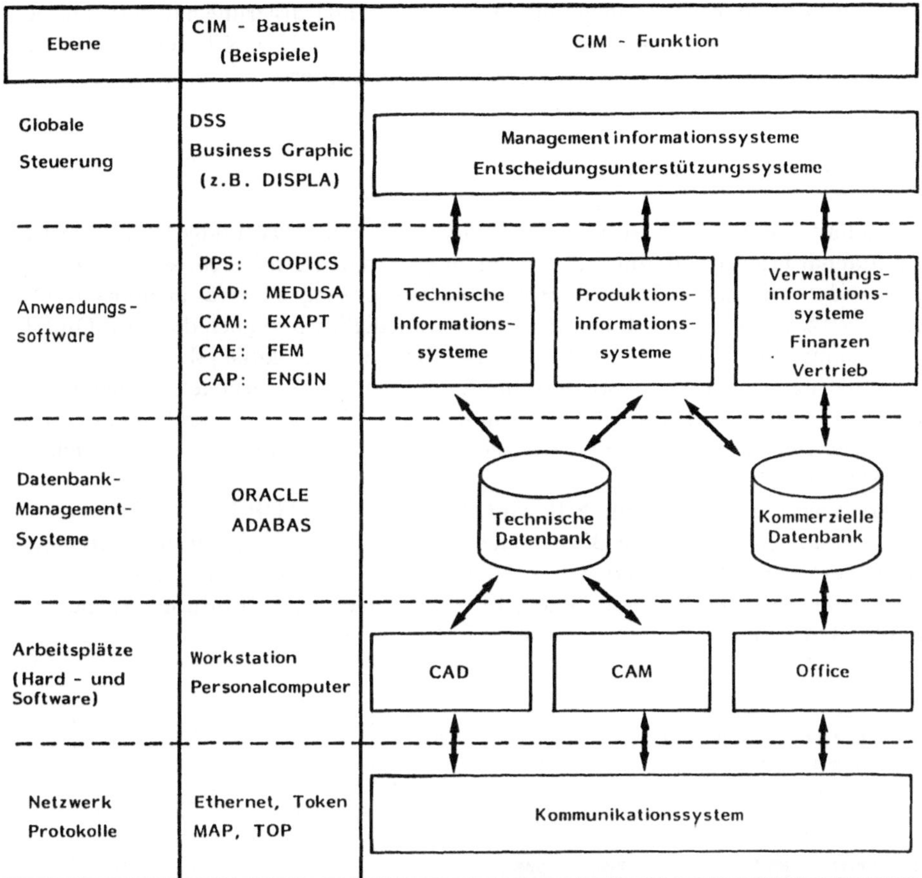

Bild 2.2. CIM-Ebenenmodell

Auf diesen beiden Hardware-Ebenen bauen die Softwaresysteme auf. Als Grundlage für die Anwendungssoftware dient das Datenbankmanagementsystem (DBMS). Hier zeichnet sich die Trennung in eine kommerzielle und technische Datenhaltung ab, wobei jedoch in Zukunft ein verstärkter Durchgriff von einer zur anderen Datenklasse realisiert werden sollte. Gegenwärtig besteht jedoch noch keine Klarheit, ob es möglich ist, die technischen Daten im gleichen DBMS zu halten wie die kommerziellen Daten. Die verstärkten Forschungsbemühungen im Bereich der technischen Datenverwaltung weisen jedoch auf eine weiterhin getrennte Datenhaltung hin [3].

Die größte Vielfalt von Softwarepaketen weist die vierte Ebene der Anwendersoftware auf. Vor allem die bis heute weitgehend getrennt verlaufende Entwicklung in den drei Hauptbereichen (vgl. Bild 2.1)

– Technische Informationssysteme (CAD, CAE, CAP),
– Produktionsinformationssysteme (PPS, CAM),
– Verwaltungsinformationssysteme

erschwert eine Integration. Die Bemühungen einer Standardisierung haben sich bisher auf die Bereiche der graphischen Datenverarbeitung (z. B. GKS, IGES) und der NC-Schnittstellen (EXAPT, EUROAPT, usw.) konzentriert.

2.3.1 Kommunikationssysteme

Die Vielfalt von NC- und Robotersteuerungen bzw. von EDV-Endgeräten erfordert eine Standardisierung, damit eine Vernetzung der Geräte möglich wird. Zwei eng miteinander verbundene Entwicklungen versuchen Lösungen hierfür anzubieten: Die beiden Netze MAP und TOP unterscheiden sich lediglich bezüglich der im ISO/OSI-Schichtenmodell auf Layer 7 und Layer 1 definierten Protokolle [4].

Da Fertigungsanlagen besonders empfindlich auf Verzögerungen reagieren, benutzt MAP auf Layer 1 das Token Passing-Prinzip, während TOP nach dem CSMA/CD-(Ethernet)-Zugriffsverfahren (Kollisionsverfahren) arbeitet. Beide halten sich an das ISO/OSI-Schichtenmodell.

Somit wird es möglich sein, z. B. ein CAE/CAD/CAP-TOP-LAN zu installieren, das die gesamten technischen Bürobereiche verknüpft und die Daten über ein Gateway an die Fertigung weiterleitet, u. U. auch über größere Entfernungen an das Produktionsnetz, das NC-Maschinen, Roboter, Lager- und Transportsysteme verknüpft (Bild 2.3).

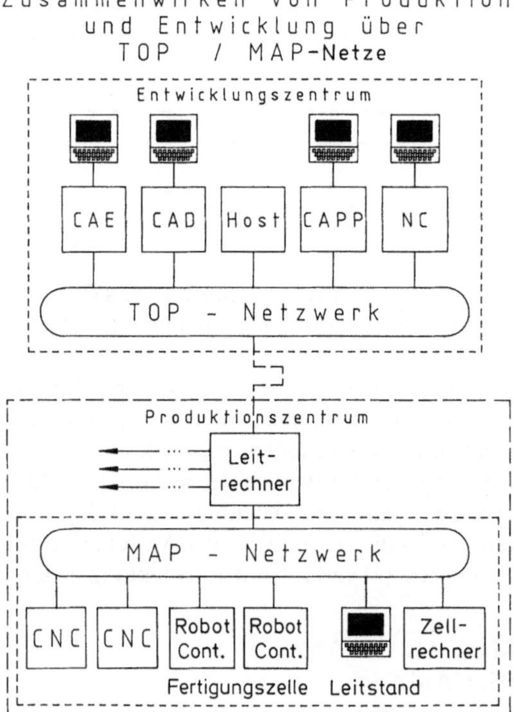

Bild 2.3. Zusammenwirken von Produktion und Entwicklung über TOP- und MAP-Netze

2.3.2 Daten und Methodenbanksysteme

Daten- bzw. Methodenbanksysteme stellen den Kern der CIM-Software dar. Sie ermöglichen die logische Verknüpfung von Daten und stellen Basisdienste für den Benutzer bereit.

Neben der Datenverwaltung werden in Zukunft verstärkt Methoden mit in die Datenbanken integriert werden, um einen flexiblen Problemlösungsprozeß zu ermöglichen. Insgesamt ergibt sich damit folgende Systemarchitektur [3]:
- Datenverwaltungssystem,
- Methodenverwaltungssystem,
- Informationsteil für Methoden und Daten,
- Mensch-Maschine-Kommunikation,
- Ablaufsteuerung für den Einsatz der Methodensoftware,
- Tools zur Anpassung und Weiterentwicklung der Software.

2.3.3 Anwendungssoftware

Eine große Vielzahl hinsichtlich angebotener Softwarepakete herrscht in folgenden CIM-Teilbereichen:
- CAE/CAD,
- CAP,
- CAM,
- PPS.

Die Standardisierung auf diesen Gebieten betrifft z. B.
- die Erzeugung von graphischen Elementen und
- die Übergabe von graphischen und technologischen Informationen.

Dem ersten Punkt sind z. B. die Standards GKS und PHIGS gewidmet. Graphische Outputs wie z. B. Kapazitätsdiagramme, Layouts von Materialflußsystemen etc. sollen, wenn sie systemunabhängig sein sollen, die Standards berücksichtigen.

Allerdings zeichnet sich z. Z. das Problem ab, daß Hardwarehersteller z. B. unter dem Begriff GKS unterschiedliche Funktionsnamen und Funktionen anbieten, so daß der Standard teilweise wieder unterlaufen wird.

Zukünftig werden, vor allem aus Geschwindigkeitsgründen, verstärkt hochintegrierte Chips (VLSIs) zum Einsatz kommen, die GKS-Funktionen direkt durch die Hardware realisieren. Die Übergabe von graphischen und technologischen Informationen ist seit Jahren Gegenstand umfangreicher Arbeiten.

Am weitesten verbreitet ist der IGES-Standard. Er wird z. Z. für den Austausch von 3-D-Geometriedaten erweitert [5].

Im Rahmen eines CIM-Konzeptes reicht diese Erweiterung jedoch nicht aus, da neben Konturdaten auch technologische Daten übergeben werden müssen. Ziel einer Standardisierung muß es daher sein, die vollständigen Produktinformationen graphisch und technisch definieren und weiterverarbeiten zu können.

Erste Schritte in diese Richtung sind die Arbeiten an Standards wie z. B. PDDI, das im Rahmen des ICAM-Projektes in den USA entwickelt wurde, das ESPRIT-Projekt CAD*I und PDES, das neben reinen Produktdaten auch Informationen über Fertigung, Qualitätskontrolle etc. beinhaltet.

2.3.4 Entscheidungsunterstützungssysteme

Die Einbindung von Entscheidungsunterstützungssystemen (DSS) in ein CIM-Konzept soll es der Firmenleitung ermöglichen, auf Ergebnisse im CIM-Informationssystem zurückzugreifen und bei zeitkritischen Entscheidungen auch direkt mit den Teilbereeichen zu kommunizieren.

Das Angebot von geeigneter Software hierzu wächst schnell, vor allem für den PC-Markt.

Entscheidend für die Akzeptanz durch das Management wird neben einer ausreichenden Funktionalität der Hilfsprogramme vor allem der leichte Zugriff auf Daten in den verschiedenen Datenbanken sein.

Die DSS stellen den bisher am wenigsten integrierten Bestandteil eines CIM-Konzeptes dar, da die Entwicklung lange Zeit völlig parallel zu den Entwicklungen in den technischen Bereichen ablief [6].

2.3.5 Beschreibung der Datenflüsse im Funktionsmodell

Das Funktionsschema eines CIM-Modells ist heute in den verschiedensten Variationen aus unterschiedlichen Quellen (z. B. Hardwarehersteller, wissenschaftliche Institutionen, Softwarehäuser etc.) bekannt. In der Regel beschränken sich diese Funktionsschemata auf die Darstellung der technischen Informationsfunktionen und deren Integration. Dies entspricht sicherlich dem gegenwärtigen Stand der Technik der Integration.

Zukünftig werden jedoch wichtige Funktionen der Büroautomatisierung in einem CIM-Konzept mit zu realisieren sein. Die Trennung von technischer und kommerzieller Datenverarbeitung, die sich auch in der Datenhaltung niederschlägt, wird zwar nicht aufgehoben werden, ein stärkerer Durchgriff auf die jeweiligen Datenbestände erscheint jedoch sinnvoll.

In Bild 2.4 werden die oben definierten CIM-Komponenten und die wichtigsten Beziehungen untereinander dargestellt.

Aus dieser Darstellung können einige Entwicklungen abgeleitet werden:
- Die Integration CAD-CAP/CAPP wird in Zukunft noch verstärkt werden.
- Die Betriebsdatenerfassung (BDE) wird zukünftig nicht als geschlossener Block zu betrachten sein. Teile der BDE werden vom CAQ und andere vom PPS erfüllt werden.
- Teilfunktionen aus dem Bereich CAM werden mit vom PPS übernommen.
- Managementinformationssysteme (MIS) und Entscheidungsunterstützungssysteme (DSS) werden eine enge Verbindung zum PPS-System eingehen.

Die oberste Ebene, in der die Managementinformationssysteme und die Entscheidungsunterstützungssysteme angesiedelt sind, erfährt nach einer gewissen Ernüchterungsphase eine Renaissance, da z. B. mit Methoden der künstlichen Intelligenz aus

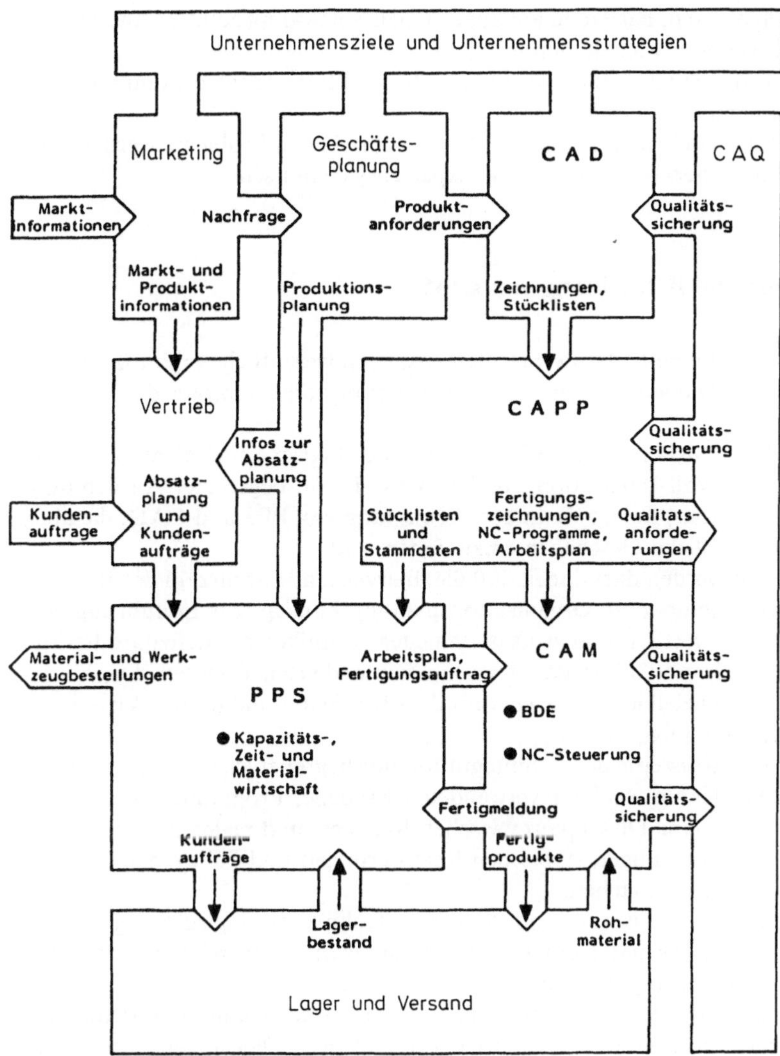

Bild 2.4. CIM-Gesamtdarstellung

den in der Vergangenheit relativ unhandlichen Datenbanken Wissen extrahiert werden kann.

2.3.6 Perspektiven der Technikentwicklung

Zusammenfassend lassen sich für die weitere Entwicklung der CIM-Technologien folgende Perspektiven formulieren:
– Die betriebliche Realisierung eines CIM-Konzeptes wird auch in Zukunft langwierig und aufwendig sein.

– CIM-Lösungen müssen, basierend auf allgemeinen Softwareprodukten, individuell angepaßt und weiterentwickelt werden.
– Ein wichtiger Entwicklungsschub wird durch die funktionelle Integration von Verwaltung und Produktion erreicht.
– Wesentliche Hilfsmittel zur Lösung der oben beschriebenen Probleme werden Methoden der künstlichen Intelligenz (z. B. Expertensysteme) sein.

2.4 Organisatorische Betrachtung von CIM

Der überwiegenden Mehrzahl der Betriebe fehlen derzeit wesentliche organisatorische und DV-technische Voraussetzungen für die Realisierung von Konzepten der Vollintegration.

Die realistische CIM-Perspektive für die Masse der Betriebe sind nicht maximalistische Konzepte der Voll-Integration, sondern CIM-Inseln begrenzter Ausdehnung und einzelne Integrationspfade, z. B. in der Verbindung von PPS und CAD, die aber in das gesamte betriebliche Geschehen einzubinden sind.

Nicht übersehen werden darf dabei, daß die überwiegende Mehrzahl der Betriebe auch nicht ansatzweise über ein Organisationsplanungskonzept zur Einführung von integrierten Systemen verfügt. Das Aufsatteln neuer Techniken auf defizitäre Ist-Zustände in der Organisation führt damit zu nicht intendierten Effekten. Diese sind teilweise positiv, tendenziell jedoch negativ für die Mitarbeiter und für die Wirtschaftlichkeit der Systemnutzung.

Desweiteren sind Konzepte der Vollintegration nur begrenzt leistungsfähig, da die Validität und Güte der im Rechner verwendeten Modelle, Programme und Daten begrenzt ist und somit eine Diskrepanz zwischen Rechner- und realer Welt programmiert ist. Abgesehen von einigen atypischen Realisierungen sind Fälle einer Vollintegration derzeit nicht auszumachen.

CIM heißt zuerst Organisation und dann erst Technik. Schlagwortartig zusammengefaßt heißt das: „Was man nicht weiß, kann man nicht rechnen." Oder „Integration" ist wichtiger als „computerized".

Voraussetzung für das Funktionieren eines CIM-Konzeptes unter den Bedingungen der Praxis ist eine Akzeptanz seitens der Benutzer: „Dienst nach Vorschrift knackt den härtesten Algorithmus." Akzeptanz setzt befriedigende Qualifikation und Arbeitsmöglichkeiten der Systembenutzer voraus.

CIM ist daher eher als Leitidee für einen langfristigen Prozeß der Organisations- und Technikentwicklung als ein kurzfristig erreichbarer Zustand des Rechnereinsatzes zu sehen. Er wird in der Regel auf allen Ebenen der betrieblichen Leistungserstellung nur dann funktionieren, wenn qualifiziertes Personal in einer integrativen Arbeitsorganisation die DV-Systeme kompetent nutzt, mit ihnen kooperiert und sie ergänzt oder unterstützt.

Zentral bleibt, daß der Weg zu CIM ein langwieriger Prozeß ist, der eher auf der Ebene eines Unternehmenskonzeptes als auf der Ebene technischer Vernetzungskonzepte geplant werden sollte. Denn die notwendigen Veränderungen der Organisation, speziell der Kompetenzen, reichen weit über die – auch nicht einfache – Investitionsbetrachtung hinaus. Neben den vielfach diskutierten Problemen der technischen

Schnittstellen sind Fach- und Abteilungsegoismen sowie Akzeptanzprobleme zu sehen, die bei der Erstellung der Basisdaten und bei der Konzeptentwicklung durchaus bedeutsam sein können. Man könnte deshalb sogar umgekehrt die These formulieren, daß CIM eine hervorragende Chance ist, die betriebliche Organisation zu entwickeln, zu „ratio-nalisieren", aber auch mitarbeitergerechter zu machen.

Beteiligte und Betroffene eines längerfristigen Konzeptes der technisch-organisatorischen Integration sind letztlich alle:
- Management- und Führungskräfte,
- planende und disponierende Spezialisten in kaufmännischen, logistischen, technischen und EDV-Abteilungen,
- Instandhaltung und
- Werkstattführungskräfte und Werkstattpersonal.

2.5 Forschungs- und Handlungsfelder, Strategien, Umsetzungsmethoden

Vorstehend wurde für einige Punkte exemplarisch erläutert, daß eine Beeinflussung und Steuerung des langfristigen Prozesses der Rechnerintegration betrieblicher Leistungserstellung ganz wesentlich folgende Defizite zu berücksichtigen hat: es sind Defizite
- der Ist-Situation,
- der Diagnose bezüglich der Ist-Situation,
- der Kommunikation und Kooperation bei der Planung und
- in den quantitativen und qualitativen Planungsressourcen.

Dies bildet den Hintergrund für die Handhabung einzelner Gestaltungsfelder. Bei diesen Feldern handelt es sich um die grundsätzlich nur integriert zu bearbeitenden Faktoren

- Technik,
- Organisation und
- Personal

im betrieblichen Bereich und im betrieblichen Umfeld, in der Weiterbildung oder in der Unternehmensberatung.

Die Globalstrategie sollte darauf hinauslaufen, Forschungsförderung im Zusammenhang von „Arbeit und Technik" nicht als Gegensteuerung oder Veränderung bestehender Strukturen und Prozesse zu verstehen, sondern als Konzept einer konsensfähigen Modifizierung ohnehin laufender Veränderungsprozesse. Auch wenn sicher in vielen Bereichen noch ein erheblicher Nachholbedarf an „Reparatur-Humanisierung" besteht, wird doch davon auszugehen sein, daß die Perspektive und Legitimation eines Programms „Arbeit und Technik" als Idee und als Institution sich primär aus Prozessen der Innovation ableiten muß. Dabei sollte aber nicht nur an technische Innovationen (oft werden es auch bei CIM-Komponenten nur punktuelle Investitionen bleiben), sondern sehr stark auch an organisatorische und soziale Innovationen gedacht werden.

Einzelne Handlungs- und Forschungsfelder kristallisieren sich aus der Entwicklung der angerissenen Probleme heraus. Der Kürze halber sind Defizit-Thesen vorangestellt, an die sich Denkansätze für Lösungsmöglichkeiten anschließen.

2.5.1 Stärkung der betrieblichen Planungskompetenz

These 1. Den meisten Betrieben/Planern ist – Gutwilligkeit und Interesse sehr wohl unterstellt – nur in sehr geringem Umfang klar, welche personellen Voraussetzungen und Folgen technologische Änderungen mit sich bringen bzw. erfordern. Allenfalls sehr globale Trends sind rezipiert.

These 2. Es besteht aber ein massiver Bedarf und eine massive Unsicherheit über die einzuschlagenden Strategien der Entwicklung der Personalstrukturen und des Arbeitskräfteeinsatzes.

These 3. Betrieblich geht es um die Fehlallokation von Ressourcen, humanitär um verschlissene und entwertete Arbeitskraft.

Ansatz. Die Schaffung von Vorgehensweisen, Methoden, Verfahren, die es erlauben, im Planungsstadium personenbezogene Technologieeffekte abzuschätzen und, personenbezogen, technische oder organisatorische Maßnahmen zur Kompensation zu definieren.

Ziel. Ein Verfahren der innerbetrieblichen Technologiefolgenabschätzung als Instrument/Bestandteil der betrieblichen Investitionsplanung. Es soll so einfach sein, daß technische Planer es gegebenenfalls in Kooperation mit der Personalabteilung nutzen.

Instrument. Mehrere Verbundprojekte, die relativ homogen bezüglich Branche und Technologiefeld bzw. Betriebs- oder Unternehmensgröße sind.

2.5.2 Entwicklung personalorientierter Vernetzungstechnologie

These 1. Vom Anwenderbetrieb erworbene Technologie erfüllt nicht dessen spezifische Bedürfnisse, insbesondere im Hinblick auf Friktionen in der Kommunikation.

These 2. Der Betrieb wird aufgrund dieser technischen Unzulänglichkeiten zu belastenden Provisorien gezwungen, die Handlungsspielräume in der Nutzung vertikaler und horizontaler Arbeitsorganisation reduzieren.

Ansatz. Integration von Software- und Personalentwicklungskonzepten unter Berücksichtigung von Betriebsspezifika.

Ziel. Modellhafte betriebliche Softwareanpassung zur Schnittstellengestaltung, die auch unter Gesichtspunkten des Programms „Arbeit und Technik" machbar ist.

Instrument. Softwareentwicklung in Pilotanwendungen relativ homogen nach Branche und Technologiefeld, speziell in kleinen und mittleren Betrieben.

2.5.3 Qualifikationsforschung

Das Problem bei der bisherigen Forschung zum Thema Qualifikation besteht darin, daß mindestens zwei Aktionsebenen zu unterscheiden sind:

– zum einen die mehr soziologisch orientierte Trendforschung,
– zum anderen die mehr pädagogisch-psychologisch orientierte Trainingsmethoden-
forschung.

Beide Richtungen sind zu intensivieren, zum einen um den Qualifizierungsbedarf
besser feststellen zu können, zum anderen um Maßnahmen der Personalentwicklung
und die profesionelle Erstellung von Schulungsunterlagen zu verbessern. Zentraler
Ansatz ist die Entwicklung von Personalentwicklungskonzepten unter den Bedingungen des Übergangs zu neuen Technologien.

These 1. Die Arbeit an und mit computerisierten Betriebsmitteln wird zunehmend
abstrakter. Dadurch wird sie bezüglich der bestehenden Qualifikationsanforderungen
schwer analysierbar.

These 2. Makroanalytische (z. B. IAB) und mikroanalytische Verfahren (z. B. FAA,
TAI, TBS) sind nur sehr bedingt relevant für die Gestaltung von Qualifizierungsmaßnahmen, da die konkreten Qualifikationsinhalte hinter den Kategorien verschwinden.

These 3. Menschengerechte Organisationskonzepte müssen die inhaltliche Stellenbil-
dung besser verstanden haben, da nur so die Überzeugungsarbeit für fortschrittlichere
Organisationskonzepte geleistet werden kann.

These 4. Ein solcher Ansatz darf nicht ausschließlich instrumenten- und experten-
orientiert sein, er muß auch an der Organisationsentwicklung und an Partizipations-
bemühungen orientiert sein.

Ansatz. 1. Qualifikationsforschung, insbesondere hinsichtlich innerbetrieblicher
Maßnahmen,
2. Entwicklung eines Konzepts der Qualifikationsforschung, das sowohl den soziolo-
gischen als auch den pädagogischen Ast verfolgt,
3. Verbindung mehrer Aggregations- und Akzeptanzebenen, wie
   – Rationalisierungs- und Personalkonzepte,
   – Technologie- und Arbeitskräfteeinsatz,
   – Personalentwicklung,
   – Qualifizierungskonzepte,
   – Qualifizierungsmethode,
   – Qualifizierungsmaterialien.

Inhalte. – Probleme und Risiken, Trends, Chancen,
            – Methoden, Vorgehensweisen,
            – Modelle, spezielle Randbedingungen der Modelle

2.5.4 Qualifizierung

These 1. Eine Entwicklung der Personalebene An- und Ungelernte ist in relevantem
Umfang innerbetrieblich nur beschränkt möglich.

These 2. Qualifizierung erfolgt lediglich produkt- und gerätezentriert, meist durch
den Hersteller, ohne Einbeziehung der arbeitssystembedingten Peripherie, von Kom-

munikation und Kooperation und von arbeitsorganisatorischen Gesichtspunkten. Extrafunktionale Tätigkeitsbestandteile sind nicht Gegenstand von Qualifikationskonzepten.

These 3. Fachpersonal und planerisches Personal benötigen Qualifizierung, die innerbetrieblich – insbesondere von kleinen und mittleren Betrieben – nicht zu leisten, u. U. auch nicht zu organisieren ist. Klassische innerbetriebliche Anpaßqualifizierung ist der Komplexität des Gegenstandes Vernetzung unangemessen.

Ansatz. Einbeziehung von betrieblichen und überbetrieblichen Weiterbildungsinstitutionen, die Schulungen im umfassenden Sinn durchführen können.

Ziel. – Aufbau stabiler und kompetenter Ressourcen für breit angelegte Schulungen,
    – effektive Angebote für alle Zielgruppen.

Instrument. Ausweitung von Projekten zur Erforschung und Umsetzung von Qualifikation und Qualifizierung auch auf betriebliche Institutionen; Qualifizierung auch unter Einbeziehung von Abschlüssen (z. B. Facharbeiterumschulung für An- und Ungelernte) als langfristiges Personalentwicklungskonzept.

2.6 Literatur

1 Bullinger, H-J; Lay, K; Warschat, J: CIM in der Fabrik der Zukunft. Kommtech'86 ONLINE GmbH, Velbert 1986
2 Bullinger, H-J; Lay, K; Warschat, J: Perspektiven aus der Integration von CA-Komponenten. Technische Rundschau 22/87
3 Albrecht, R; Lay, K: Die Montageplanung als CIM-Komponente. CIM MANAGEMENT 2 (1986) 4, S. 42–48
4 Dieterle, G: Der Weg zu MAP und TOP. atp, 28 (1986) 4, S. 162–268
5 Pratt, M J: IGES – the Present State and Future Trends. Computer Aided Engineering J., August 1985, S. 130–133
6 Leary, E J: Decision Support Systems: A Look at Hardware, Software and Planning Procedures, Software and Planning Procedures. IE, Oct. 1985, S. 82–94

3 Konsequenzen und Anforderungen an CIM-Strategien aus gewerkschaftlicher Sicht

ANDREAS DRINKUTH

3.1 Zusammenfassung

Faßt man das Thema CIM zusammen, so läßt sich festhalten:
- CIM als Gesamtkonzept ist heute allenfalls als Ausnahme in der Praxis vorfindbar. CIM ist immer mehr Philosopie oder technologische Gestaltungsideologie als realisierte Praxis. Weil das so ist, eröffnen CIM-Investitionen auch Möglichkeiten zur sozialen Gestaltung.
- CIM kann man nicht „von der Stange kaufen". CIM ist keine Einmalinvestition, sondern ein Investitionsvorhaben für eine nicht genau vorhersehbare Zukunft von 5 bis 10 Jahren und muß somit als Prozeß begriffen werden.
- CIM ist ein Rationalisierungsmittel und keine eigenständige Rationalisierungsstrategie. Es ist die technisch-organisatorische Ausgestaltung der jeweiligen Unternehmenskonzepte im Rahmen logistischer Optimierungsversuche.
- Viele der gegenwärtig verfolgten CIM-Strategien können kontraproduktiv wirken, weil sie arbeitsteilige und überholte Fertigungsstrukturen verfestigen, statt sie schrittweise zu überwinden, weil sie für Klein- und Mittelbetriebe inadäquat sind und vor allem: Sie sind von der Technik und nicht vom Menschen her angelegt.
- CIM als arbeitsorientierte Gestaltungsstrategie gibt es allenfalls ansatzweise als Konzept. In betrieblichen Planungsprozessen spielt ein arbeitsorientierter Gestaltungsansatz gegenwärtig keine Rolle.
- Arbeitnehmerinteressenvertretungen sind gegenwärtig inhaltlich (CIM als „systemische Rationalisierung") und von ihrem traditionellen Vertretungsverständnis her überfordert, auf die als Prozeß angelegten CIM-Entwicklungen Einfluß zu nehmen.
- Im Rahmen öffentlicher Forschungsförderung werden gegenwärtig nur technikorientierte Konzepte gefördert. Ein arbeitsorientierter Gestaltungsansatz spielt kaum eine Rolle.

3.2 Tendenzen der CIM-Entwicklung

3.2.1 Erwartungen

CIM – konzipiert als prozeßinnovative Rationalisierungsstrategie – wird in der gegenwärtigen Diskussion als technologischer Kern für die „Fabrik der Zukunft" begriffen.

Als deren Anforderungen werden definiert: kundenspezifische Fertigung, hohe Produktqualität und hohe Termintreue. Das verlangt z. B.
- in wechselnden Losgrößen zu fertigen,
- die Lieferbereitschaft zu erhöhen und die Liefertermine im voraus genau zu bestimmen,
- die Durchlaufzeiten der Aufträge zu verkürzen,
- die Vielfalt der Produkte zu vermehren und somit deren Funktionsumfang und Komplexität zu erhöhen,
- den Produktionszyklus eines Produktes zu verkürzen,
- das in Materialien und Halbfertigprodukten gebundene Kapital zu minimieren.

Immer mehr Unternehmen glauben, diese veränderten Marktanforderungen, außer durch Einführung neuer Werkstoffe und Bearbeitungsverfahren, nur durch flexible Automatisierung (CIM) lösen zu können. CIM ist dabei der technologische Teil logistischer Optimierungsstrategien, wie sie z. B. deutlich werden in Absichten
- zur Verringerung der Fertigungstiefe und Auslagerung von Teilefertigungspaketen an Zulieferbetriebe (make or buy),
- zur Neudefinition von Mehrfachverwendungsteilen für die verschiedensten Produkte, um trotz Produktvielfalt Automatisierungseffekte in der Fertigung erreichen zu können,
- zur logistischen Optimierung, die der Verkürzung der Durchlaufzeiten Vorrang vor der Einzelmaschinenoptimierung einräumt,
- zu Variantenkonstruktionen,
- zur Losgrößenoptimierung (Ziel: Losgröße 1), die selbst bei Massenproduktion die Kleinserienfertigung erlaubt.

Schlußfolgerungen. Im Mittelpunkt von CIM steht die *Technik der Zukunft* mit der man glaubt, den Widerspruch zwischen Flexibilität und Produktivität (durch Automation) überwinden zu können. Der Mensch bleibt als offensichtlich „anpaßbare Restgröße" in den Planungen außer Betracht. Es wird versucht, Flexibilität über Technik anstatt über die Gestaltung der Arbeitsorganisation und die Qualifizierung der Arbeitnehmer zu erreichen. Gewerkschaften geht es jedoch um die *Arbeit in der Zukunft* – mit angepaßter Technik. Das verlangt nach einem anderen arbeitsorientierten Gestaltungsansatz für die Fabrik der Zukunft. In ihm wird die Kompetenz des Menschen zum Ausgangspunkt zukünftiger Gestaltungslösungen gemacht. Ein solcher Ansatz wäre technisch-organisatorisch möglich und vor allem für Klein- und Mittelbetriebe auch ökonomisch sinnvoller.

3.2.2 CIM als Teil logistischer Optimierungsstrategien

Die Steigerung der Produktivität und die Reduzierung der Fertigungsstückkosten wurden bisher fast ausschließlich durch die Optimierung von Abläufen an einzelnen Arbeitsplätzen erreicht. Logistische Optimierungsstrategien gehen von einer ganzheitlichen Betrachtungsweise der Produktionsabläufe aus.

Daraus folgt, daß betriebliche Abläufe nicht mehr von unten, also vom Arbeitsmittel und Arbeitsplatz her, sondern von oben, also von der Organisation des gesamten Produktionsprozesses verändert werden.

Ziel ist die *logistische Gesamtoptimierung*, bei der die logistische Kette (Beschaffung, Produktion, Distribution) unter Einschluß von Lieferanten und Abnehmern optimiert werden soll. Das betrifft die Produktgestaltung, die Fertigungsorganisation und -steuerung, die Layoutplanung der Fabrikation, die Hersteller-Lieferanten-Beziehungen, die Standortwahl von Unternehmen, die Arbeitsorganisation, den unternehmensinternen und -externen Informationsverbund, aber auch die Angebote von Dienstleistungsunternehmen wie Beratungsfirmen, Forschungseinrichtungen und Speditionen. Der Gesamtablauf der Produktion wird auf Aufträge hin organisiert und nicht auf die Optimierung von Teilbereichen ausgelegt. Begrifflich stehen dafür Just-in-Time-Konzepte.

Logistische Strategien stellen erhebliche Anforderungen an die technologische und organisatorische Struktur der Teilbereiche. Denn diese müssen in der Lage sein, die verschiedenen Vorgaben zu erfüllen, ohne ökonomisch vollkommen unwirtschaftlich zu werden. Das, was als gesamtbetriebliche ökonomische Effektivität angestrebt wird, muß durch organisatorische und technische Flexibilität in den Teilbereichen als Produkt realisiert werden.

Diese Flexibilität soll auf der Datenebene mit CIM realisiert werden. Es führt die technische Seite der Produktionsplanung (CAD, CAP, CAM CAQ) und die administrative Seite (PPS-Systeme) zusammen, um auf dieser Basis planend und steuernd in das betriebliche Geschehen eingreifen zu können.

Schlußfolgerungen. Wer CIM-Konzepte nach menschengerechten Kriterien gestalten will, muß logistische Optimierungsstrategien der Unternehmen mit berücksichtigen. Sie bestimmen im wesentlichen den Rahmen der Gestaltung auf der betrieblichen Ebene. Dazu sind die von den logistischen Optimierungsstrategien ausgehenden Zwänge und Gestaltungsfreiräume für die einzelnen Teilbereiche zu analysieren. Sie auszuloten, bedarf arbeitsorientierter Gestaltungsleitlinien, die in Form von sozialen CIM-Pflichtenheften konkretisiert werden müßten. Die zu entwickelnden Gestaltungsvorstellungen werden auf das Gesamtsystem rückwirken, wobei deren Umsetzung als Prozeß zu organisieren wäre. Im Rahmen solcher Prozesse sind je nach Realisierungsstufe Freiheitsgrade vorhanden, die für arbeitsorientierte Gestaltungsansätze genutzt werden können. Doch selbst wenn humanorientierte Gestaltungsleitlinien vorhanden wären, bestünde ein erhebliches Gestaltungsdefizit bei Entscheidungsträgern (wozu auch Betriebsräte gehören sollten!), Planern und Benutzern, die es außerordentlich schwer haben, den Gesamtprozeß zu überschauen und zu beeinflussen. Auch wird CIM in seinen Rückwirkungen auf gesellschaftliche Bereiche unterschätzt und verharmlost, wenn z. B. die Lagerhaltung als Folge vernetzter Strukturen auf die Straße verlagert wird oder Zulieferbetriebe in die technologischen Abhängigkeiten von Großbetrieben gezwungen werden.

3.2.3 Entwicklungsstand

CIM soll die verschiedenen betrieblichen Funktionen über ein integriertes EDV-System miteinander vernetzen. Kernbereiche sind Konstruktion und Entwicklung, Produktions- und Fertigungsplanung und -steuerung, Qualitätswesen, Vertrieb und Materialwirtschaft. Hauptsächlich verfolgt werden gegenwärtig punktuelle DV-

Unterstützungen von Konstruktion, Arbeitsvorbereitung und Fertigung. Die Integration von NC-Programmierung mit CAD hat sich weiter verstärkt; allerdings nur in der Schnittstelle von Konstruktion zu Arbeitsvorbereitung. Der Zugriff aus der Werkstatt auf die Geometriedaten der Konstruktion wird als möglicher arbeitsorientierter Gestaltungsansatz kaum verfolgt.

Im Anfangsstadium befindet sich die Koppelung von CAD mit CAP. Einen weiteren Integrationspfad bildet der Zugriff auf Betriebsdaten, die durch PPS-Systeme verarbeitet werden, um eine effektivere Produktions- und Werkstattsteuerung zu erreichen. Dazu ist es notwendig, die Art der erfaßten Daten (Mengen, Zeiten, Personen usw.), die Art der Erfassung (automatisch, manuell), die Detailliertheit und Aktualität (Arbeitsgang, genaue Rückmeldung, Meilensteine usw.), die Art der Verarbeitung (z. B. Verknüpfung von Daten), die personelle Zuständigkeit (Erfassung, Zugriff), die Datensicherheit und den Datenschutz festzulegen.

Insgesamt läßt sich jedoch festhalten, daß vernetzte Fabrikstrukturen in der betrieblichen Praxis bisher allenfalls in Teilbereichen anzutreffen sind.

Schlußfolgerungen. Von geschlossenen CIM-Realisierungen kann heute noch nicht gesprochen werden. Gegenwärtig werden Teilbereiche der rechnergestützten Fabrik miteinander integriert. Damit werden allerdings Festlegungen getroffen, die die zukünftigen CIM-Strukturen und somit die Arbeitsbedingungen der Arbeitnehmer bereits heute festlegen. Das ist um so problematischer, als die gegenwärtig geführte Diskussion um rechnergestützte Fabrikstrukturen sich auf technisch-organisatorische Lösungen und Gestaltungsoptionen verengt. Sollten arbeitsorientierte Lösungen zum Tragen kommen, müßte nach Gestaltungsansätzen gesucht werden, die von einem Gesamtbild zukünftiger Arbeitsbeziehungen ausgehen. Daraus wären Anforderungen an rechnerunterstützte Fabrikstrukturen abzuleiten. Solche Anstrengungen werden bisher nicht gemacht. Das gilt besonders für die öffentliche Förderung (vgl. Programm Fertigungstechnik 1988 bis 1992). Ein Umsteuern ist dringend geboten und beim gegenwärtigen CIM-Entwicklungsstand noch möglich.

3.2.4 Friktionen

CIM als Anspruch an eine neue Fertigungsphilosopie, die den Widerspruch zwischen markterforderlicher Flexibilität und kostenoptimaler Produktion aufheben soll, stößt in der betrieblichen Realisierung auf eine Reihe von Widersprüchen, die sich in Zukunft durchaus als kontraproduktiv erweisen können. Fraglich ist z. B., ob die betriebliche Arbeitsteilung nur durch einen optimaleren Datentransfer überwunden werden kann. Nach gewerkschaftlicher Auffassung müßte Arbeitsteilung selbst abgebaut werden. Und das geht nur durch neue Formen der Arbeitsorganisation, wie z. B. Gruppenarbeit in Fertigungsinseln, die auf einen weitgehend autonomen Umgang mit den jeweiligen Arbeitsaufgaben ausgelegt ist (vgl. 3.3). Statt dessen werden arbeitsteilige Strukturen fortgeschrieben oder wieder neu geschaffen und mit einem Computernetz überzogen. Das wird im Arbeitsprozeß nach allen bisherigen Erfahrungen zu Planungsstörungen führen. Je hochgradiger die Arbeitsteilung ist, desto genauer müssen die Arbeitsfolgen aufeinander abgestimmt werden. Sie hängen somit aufs engste voneinander ab. Störungen in einem Bereich wirken ganz unmittelbar auf vor- bzw. nachgelagerte Bereiche.

Es ist jedoch nicht nur die Arbeitsteilung: Viel häufiger sind es die zum Teil aus dieser hervorgegangenen traditionellen Konkurrenzen und Widersprüche zwischen verschiedenen Abteilungen, wie z. B. zwischen der Entwicklung bzw. Konstruktion und der Fertigung, zwischen der Teilefertigung bzw. Montage und der Qualitätssicherung, zwischen Vertrieb und Produktion, die den Informationsaustausch behindern. Das informelle, aber produktionsentscheidende „Schubladenwissen" einzelner Abteilungen verhindert durchgängige Informationsstrukturen, bei denen jeder auf alles zugreifen kann. Da die Informationstransparenz jedoch mit der Rechnervernetzung angestrebt wird, müßte entweder die reale Situation im Computer abgebildet oder die betriebliche Aufbau- und Ablauforganisation den Rechnerstrukturen und Datenverarbeitungs-Erfordernissen angepaßt werden.

Beides erscheint schwierig, wenn nicht sogar unmöglich. Wer offenbart schon zum Zwecke des besseren Datenaustausches seine informellen Kontakte und Strukturen (z. B. „Zuruf", „Klüngel", Konkurrenzen usw.)? Reduziert sich das Rechnerabbild des Betriebes auf die offiziellen Strukturen, dann sind dadurch betriebliche Störungen vorprogrammiert. Aber auch die andere Alternative, Aufbau- und Ablauforganisation computergerecht zu verändern, wird scheitern, wenn sie arbeitsteilige Strukturen im neuen Gewand wiederbelebt. Flexibilität und kostenoptimale Produktion lassen sich nicht mit zentralistisch angelegten Vernetzungskonzepten erreichen. CIM muß deshalb mit der sozialen Gestaltung der Fertigungsorganisation gemeinsam geplant und realisiert werden.

Schlußfolgerungen. Je komplexer ein CIM-Konzept ist, je mehr versucht wird, das Wissen und Können der lebendigen Arbeit in Programmsysteme zu algorithmisieren und dadurch möglichst zeitaktuelle Daten mit Leben zu erfüllen, desto undurchschaubarer und störungsanfälliger werden solche Systeme. Die bisherige Abhängigkeit vom Menschen schlägt in eine neue Abhängigkeit von einer Informationsmaschine und sie bedingenden Strukturen um. Das birgt gleichzeitig eine neue Qualität von Investitionsrisiko vor allem für kleinere und mittlere Unternehmen. Der Wunsch, Flexibilität und kostenopitmale Produktion durch technisch-organisatorische Lösungen zu realisieren, kann sich also durchaus in sein Gegenteil verkehren.

Die angestrebten Ziele lassen sich adäquat nur realisieren, wenn die Arbeitnehmer mitmachen (Akzeptanz), wenn die Arbeitsteilung abgebaut und nicht durch Netzstrukturen verfestigt wird und wenn die Kompetenz und Qualifikation der Arbeitnehmer gleichgewichtig bei der Planung, Auswahl, Einführung und Einbettung in bestehende Strukturen berücksichtigt wird. Das erfordert jedoch eine andere Betrachtungsweise zukünftiger Fabrikstrukturen, die den Menschen als Ausgangspunkt technisch-organisatorischer Gestaltungslösungen sieht und nicht die Technik, der der Mensch und die Organisationsstrukturen anzupassen sind.

3.2.5 Folgen für die Arbeitnehmer

Neue Formen der Arbeitskontrolle/Einschränkung dispositiver Möglichkeiten/Zunahme von Bildschirmarbeit

Zentralistisch ausgerichtete rechnergestützte Fabrikstrukturen (wie sie gegenwärtig mit CIM verfolgt werden) ermöglichen neue Formen der Arbeitskontrolle. Im Rahmen eines optimierten Gesamtprozesses spielt die einzelne Fertigungsmaschine (und damit die Kontrolle des einzelnen Arbeiters) nicht mehr die entscheidende Rolle, wenn es insgesamt gelingt, die Durchlaufzeiten zu verringern und Materialbestände zu senken – also eine Gesamtoptimierung des Produktionsprozesses zu erreichen.

Die angestrebten CIM-Lösungen versuchen ein Rechnermodell zu entwickeln, in dem der rechnerintern abgebildete Produktions-Ist-Zustand dem aktuellen Produktions-Ist-Zustand entspricht. Das beinhaltet die Gefahr, daß komplexe reale betriebliche Situationen zu stark an das im Vergleich dazu einfachere Rechnermodell angepaßt werden müssen. Das führt zu organisatorischen Maßnahmen, z. B. zum Zwang zur permanenten Datenerfassung („Gläserne Arbeit") oder zu der Rechnerlogik angepaßten Arbeitsabläufen –, die die menschlichen Dispositions-, Flexibilitäts- und Autonomiespielräume einengen.

Die Integration von Datenbeständen mit dem Ziel, Mehrfachspeicherungen zu vermeiden, schafft eine Vielzahl neuer Abhängigkeiten. Die Überschaubarkeit der Wirkungen, die bei Datenänderungen auftreten können, nimmt ab. Selbst wenn formal dezentralisierte Entscheidungsalternativen durch das System angeboten werden, kann die fehlende Transparenz faktisch dazu führen, daß sie nicht wahrgenommen werden. Die vorgeschlagenen Lösungen können hinsichtlich ihrer Angemessenheit wegen fehlender Kenntnis der Rahmenbedingungen nicht mehr hinterfragt werden.

Durch die Vernetzung steigt die Bedeutung der rechnerintern vorhandenen Daten für die Aufgabenerstellung, insbesondere der Arbeitsvorbereitung, und damit der Anteil der Bildschirmarbeit. Da in allen heute realisierbaren Vernetzungen, z. B. zwischen CAD und PPS, der Datenaustausch oder Anfragen aus einem Bereich in den anderen nur mit Kenntnis beider Programme möglich ist, ist ein Arbeiten mit verschiedenen Benutzeroberflächen erforderlich. Fehlende Schnittstellen schränken also die Benutzerfreundlichkeit von Bildschirmarbeit in vernetzten Strukturen erheblich ein.

Schlußfolgerungen. Der Formwechsel der Kontrollinstanz wird den klassischen Akkord als Leistungsanreizsystem tendenziell überflüssig machen. Die Lohn-Leistungs-Relationen werden neu verhandelt werden müssen. Zu klären ist dabei, welchen Stellenwert Lohn-Leistungs-Bedingungen in Zukunft überhaupt haben werden, wenn die Einzeloptimierung gegenüber der Gesamtoptimierung des Fertigungsprozesses zurücktritt.

Der Zugriff des Managements auf das unmittelbare Arbeitsgeschehen („gläserne Arbeit" und „gläserner Mensch") berührt darüber hinaus wichtige Fragen der Arbeitsgestaltung bei CIM-Systemen wie z. B. die Datenschnittstelle von Arbeitssystemen:
– Wie „zeit-aktuell" vollständig müssen z. B. Aufträge an- oder abgemeldet werden?
– Welche Ereignisse wie Materialfehler, Maschinenausfälle usw. sind zu erfassen und rückzumelden?
– Wie sind die Aufträge vom Arbeitsvorrat und Zeitpunkt her zu steuern?
– Wie weitgehend kann und darf der Kontrollzugriff des Managements gehen?
– Wer behält oder erhält welche Kontrolle?

Die menschlichen Dispositions- und Flexibilitätsspielräume (Mischarbeit) werden vor allem durch die Mensch-Maschine-Schnittstelle (Software-Ergonomie) bestimmt. Um größte Spielräume und somit humanorientierte Gestaltungslösungen zu ermöglichen, sind Benutzeranforderungen an softwaretechnische Lösungen zu formulieren (soziale Pflichtenhefte) und zu erproben.

Es sind technisch-organisatorische Gestaltungskonzepte zu entwickeln und zu erproben, die trotz der Abhängigkeit von Bildschirmarbeit eine weitgehend autonome Arbeitsgestaltung ermöglichen.

Kompetenzabgrenzungen zwischen Personen und Abteilungen/Verantwortungsbereiche

Die informationstechnische Vernetzung betrieblicher Funktionsbereiche kann verschiedenartige aufbau- und ablauforganisatorische Konsequenzen haben. Die in den Betrieben gewachsenen Kompetenzstrukturen werden dadurch in Frage gestellt; Konflikte für die Betroffenen sind vorprogrammiert.

So haben traditionell Konstruktion und Arbeitsvorbereitung klar voneinander getrennte Verantwortlichkeiten und Zielsetzungen. Die Konstruktion ist für die Produktdefinition verantwortlich und die Arbeitsvorbereitung für deren technische Realisierung. Die Aufgaben von Konstrukteuren und Arbeitsplanern vermischen sich im Rahmen rechnergestützter Strukturen und lösen sich u. U. hierdurch auf.

Vernetzte rechnerunterstützte Arbeitsprozesse können zunächst dazu führen, daß klare Verantwortlichkeiten zugunsten unverbunden nebeneinanderstehender Teilverantwortungen aufgegeben werden.

Schlußfolgerungen. Es fehlt an einem Gesamtkonzept, wie bei rechnergestützten Strukturen die Arbeit zwischen Konstruktion, Arbeitsvorbereitung und Fertigung neu zu verteilen ist („betrieblicher Gesamtarbeiter"). Statt dessen werden technisch-organisatorische Konzepte, die in sich selbst oft nicht stimmig sind, auf vorhandene Strukturen aufgesetzt, und so wird versucht, „naturwüchsig" eine neue Aufgaben- und Kompetenzverteilung durchzusetzen. Die dabei entstehenden Widersprüche und Konflikte sind gegenwärtig schwer abschätzbar.

Aus gewerkschaftlicher Sicht wäre es notwendig, die Frage des „betrieblichen Gesamtarbeiters" als Rahmenkonzept zu entwickeln und in jeweils konkreten betrieblichen Zusammenhängen unter Einbeziehung der betroffenen Arbeitnehmer zu konkretisieren. Daraus wären Anforderungen an zukünftige Arbeits- und Technikstrukturen rechnergestützter Fabriken abzuleiten (soziale Pflichtenhefte).

3.2.6 CIM und Mitbestimmung

Der gesamtsystemische Rationalisierungsansatz von rechnergestützten Vernetzungsstrategien stellt vollkommen neuartige Anforderungen an die betriebliche Interessenvertretung der Arbeitnehmer, aber auch an die Beratung von Vertrauensleuten und Betriebsräten durch Gewerkschaften.

Selbst wenn Betriebsräte rechtzeitig über die Gesamtvorhaben unterrichtet werden, sind sie meistens überfordert, weil ihr herkömmlicher Lösungsansatz punktbezogen reaktiv und nicht prozeßbegleitend ist. CIM-Systeme sind bereichsübergreifende Systeme, die stufenweise bzw. als Teilsysteme eingeführt werden. Der reale Endzustand ist häufig unklar und dementsprechend auch der Status der derzeitigen Ausbaustufe. Damit sind auch die sozialen Auswirkungen auf Beschäftigte unbestimmt.

Trotzdem wird von den Betriebsräten verlangt, ihre Schutzfunktion wahrzunehmen, um zukünftig negative Folgen für die Arbeitnehmer abzuwenden, obwohl das Ausmaß und die Konsequenzen der gesamtsystemischen Rationalisierungsstrategien für die Arbeitnehmer häufig nicht einmal den Unternehmensleitungen bzw. den von ihnen Beauftragten klar ist.

Darüber hinaus fühlen sich Betriebsratsgremien (die sich üblicherweise nicht aus Ingenieuren oder Technikern zusammensetzen) fachlich überfordert, die entsprechenden Konzeptionen zu beurteilen und darauf gestaltend Einfluß zu nehmen. Planungs- und Einführungsabläufe von CIM-Konzepten würden eine prozeßbegleitende Beteiligung und Einflußnahmen betrieblicher Interessenvertreter erfordern. Das bricht sich nicht nur an den traditionellen Vorgehensweisen von Betriebsräten (z. B. Unternehmensentscheidungen nachträglich sozial zu korrigieren oder Arbeitsgestaltung nur im Zusammenhang mit Eingruppierungsfragen aufzugreifen), sondern auch an der unterschiedlichen Betroffenheit verschiedener Beschäftigtengruppen und Abteilungen hinsichtlich der Auswirkungen solcher Systeme. Wenn z. B. die traditionell gewachsene Kompetenzverteilung zwischen Maschinenarbeiter, Arbeitsverteiler, Meister und Fertigungssteuerung in Frage gestellt wird, dann bedarf es dazu eines Gesamtansatzes betrieblicher Gestaltungspolitik, der versucht, die tendenzielle Spaltung der Arbeitnehmer in Rationalisierungsgewinner und -verlierer zu vermeiden.

Schlußfolgerungen. Dringend notwendig erscheint die Entwicklung und Erprobung eines prozeßbegleitenden Befähigungs- und Beteiligungsmodells für Arbeitnehmervertreter. Es muß arbeitsorientierte Gestaltungsleitlinien und -modelle für rechnergestützte Fabrikstrukturen bereitstellen (soziale Pflichtenhefte für CIM) und den Zugriff auf zusätzlichen externen Sachverstand für Arbeitnehmervertreter ermöglichen (Beratungsstrukturen). Betriebliche Interessenvertreter müssen eigene Kompetenz gegenüber den Gestaltungsvorstellungen der Arbeitgeber entwickeln können. Dazu sind Mittel für Sachverständige zur Unterstützung von Betriebsräten sowie für deren bezahlte Freistellung, besonders in Klein- und Mittelbetrieben, bereitzustellen.

3.3 Arbeitsorientierte Anforderungen an CIM-Systeme

Hinsichtlich des Systemdesigns hätten arbeitsorientierte CIM-Konzepte folgende Rahmenbedingungen zu erfüllen: Sie müssen
- dem Handelnden einen Zugang zur realen Praxis ermöglichen und diese nicht nur durch simulierte Scheinwelten, wie etwa am Bildschirm, ersetzen;
- im Arbeitsprozeß selbständige Zielbildungen ermöglichen mit der Chance, daraus eigene Konsequenzen zu ziehen;
- Handlungs- und Entscheidungsspielräume für Arbeitspersonen und Arbeitsgruppen erhalten und erhöhen und den autonomen Umgang mit Arbeitsaufgaben erlauben.

Für die soziale Gestaltung des Arbeitsprozesses unter der Bedingung rechnergestützter Strukturen müssen komplexe Arbeitsaufgaben an Arbeitsgruppen verteilt und Systemlösungen gefunden werden, die menschliche Stärken unterstützen. Dazu ist eine neue Funktionsteilung zwischen Mensch und Fertigungssystem zu definieren.

Dispositive, der Fertigung vorgelagerte Entscheidungen sind auf Maschinenarbeiter und Vorgesetzte im Rahmen eines Gesamtkonzepts betrieblicher Aufgabenstrukturen neu zu verteilen.

Der Arbeiter könnte z. B. folgende Aufgaben übernehmen:

- Ableiten der Maschinenprogramme aus Geometriedaten durch Einsatz von leistungsfähigen Softwaretools,
- Optimieren dieser Programme aufgrund eigener Fähigkeiten und Erfahrungen, um die Bearbeitungszeiten zu minimieren,
- Festlegen der Bearbeitungsreihenfolge zur Minimierung der Stillstandzeiten und Optimierung der Rüstzeiten,
- Programmieren des Handhabungssystems,
- Ausführen der übrigen Aufgaben, die der Betrieb der Fertigungszelle erfordert, wie Werkzeugwechsel, Aufspannen komplexer Werkstücke und Entgraten,
- Zuordnen von Bearbeitungsaufträgen zu Maschinen,
- schnelle Entscheidung über Eilaufträge,
- autonome Pausengestaltung.

Damit würde das Werkstattpersonal viele Tätigkeiten der Arbeitsvorbereitung und Fertigungssteuerung ausführen. Das macht allerdings einen eigenständigen Planungsbereich nicht überflüssig, denn die gesamte Fertigungsplanung, das Festlegen von Eckdaten der Durchlaufterminierung, die Auftragsverwaltung und Terminierung ebenso wie die Stammdatenverwaltung, Standardarbeitsplätze und Mengenplanung – also eine hinreichend exakte Prognose der mittel- und langfristigen Arbeitssituationen – werden außerhalb der Werkstatt durchgeführt werden. Die der Werkstatt vor- oder nachgelagerten Bereiche (z. B. Einkauf, Verwaltung oder Konstruktion) sind in die Gesamtbetrachtung mit einzubeziehen, um zu solidarischen Gestaltungskonzepten zu kommen. Das Planungssystem müßte als offenes Informations- und Kommunikationssystem ausgelegt sein und den Zwecken der verschiedenen Gruppen (z. B. sowohl Werkstattpersonal als auch Management) dienen. Es müßte in den Ablaufzwängen bewußt unvollständig ausgelegt sein, um dem Benutzer selbständige Entscheidungen und die eigene Gestaltung seiner Arbeit zu ermöglichen.

Schlußfolgerungen. Für die personelle Gestaltungsseite folgt darauf: Ausgehend von einem Gesamtkonzept betrieblicher Aufgabenverteilung wären solidarische Personaleinsatzkonzepte zu entwickeln, die die Spaltung von Belegschaften in Rationalisierungsgewinner und -verlierer möglichst verhindern.

Für die technische und organisatorische Gestaltung sind persönlichkeitsfördernde Lösungen für die Werkstatt und deren Koppelung mit dem gesamten Betrieb zu entwickeln. Dazu gehören Schnittstellen zwischen den Teilsystemen, die diesen Anforderungen genügen.

3.4 Anforderungen an eine arbeitsorientierte Forschungs- und Technologieförderung von CIM

Im BMFT werden gegenwärtig eine Reihe von Aktivitäten geplant. So soll CIM ein Thema im Rahmen des Programms „Arbeit und Technik" der Bundesregierung werden. Das Programm Fertigungstechnik (1988–1992) will zukunftsorientierte CIM-Lösungen breitenwirksam fördern. Vor allem klein- und mittelständische Betriebe erhalten daraus in den nächsten Jahren Zuschüsse für Prozeßinnovationen. Gefördert werden eine Reihe von Aktivitäten im Softwarebereich, die unmittelbare Wirkungen auf die Reichweite von Gestaltungsoptionen bei CIM haben werden. Ansätze zur CIM-Förderung gibt es auch im Bereich der Innovationsförderung. Der Technologietransfer soll durch 13 regionale CIM-Informationszentren beschleunigt werden.

Arbeitsorientierte Aspekte von CIM sind gegenwärtig in der öffentlichen Förderung ausgeblendet. Gefördert wird die Technik der Zukunft. Den Arbeitnehmern geht es jedoch um ihre Arbeit in der Zukunft, mit einer dafür geeigneten Technik. Da dieser Gestaltungsansatz nicht verfolgt wird, werden Chancen, durch öffentliche Förderung arbeitsorientierte Lösungsansätze zu fördern, vertan.

Schlußfolgerungen. Im Interesse einer möglichst sachdienlichen Verwendung öffentlicher Gelder wäre es dringend notwendig, die unterschiedlichen Förderaktivitäten des BMFT miteinander zu koordinieren und zu verzahnen. Dabei müßte aus Gewerkschaftssicht vorrangig ein arbeitsorientierter Gestaltungsansatz für CIM verfolgt werden. Dazu werden folgende Empfehlungen gegeben:
– Es sind humanorientierte Gestaltungsleitlinien für CIM zu entwickeln, die im Rahmen eines Verbundvorhabens erprobt, evaluiert und ausgebaut werden können.
– In einem Verbund von Anbietern und Anwendern ist eine genügend große Anzahl von Pilotfällen über einen mehrjährigen Zeitraum zu fördern, um Gestaltungserfahrungen für arbeitsorientierte CIM-Strukturen zu gewinnen. Dieser Verbund ist projektbegleitend zu evaluieren, so daß während der Laufzeit Erkenntnisse in die Förderprogramme von „Arbeit und Technik" und „Fertigungstechnik" zurückfließen können.
– Neben menschengerechten CIM-Lösungen bzw. -bausteinen sind arbeitsorientierte CIM-Pflichtenheftkonzepte zu entwickeln.
– Die Fördermaßnahmen sind durch vorlaufende und rückgekoppelte Technologiefolgenabschätzungen über CIM-Entwicklungen zu ergänzen.
– Die geplanten CIM-Technologietransferzentren hätten sowohl Gestaltungswissen zu entwickeln und weiterzugeben als auch humanorientierte Gestaltungsvorgaben bei ihren Beratungen anzulegen. Als Modell dafür kann das BZI-Projekt mit seinen integrierten technischen, arbeitsorganisatorischen, sozialen und qualifikatorischen Beratungsleistungen dienen. Im BZI werden auf Anforderung betrieblichen Entscheidungsträgern (also auch Betriebsräten) Beratungsleistungen zur Verfügung gestellt.
– Betriebsräten und ihnen betrieblich zugeordneten Experten sind Mittel für Sachverständige und zusätzliche Freistellungen bereitzustellen.
– Im Rahmen der Gesamtförderungsaktivitäten von CIM sind gewerkschaftlich eigenständige Beratungskapazitäten zu fördern.
– Die indirekt-spezifische CIM-Förderung ist mit qualitativen Auflagen zu versehen. Dazu ist die „zukunftsorientierte, breitenwirksame" Anlage inhaltlich mit Humanisierungskriterien auszufüllen. Ein solches Konzept würde den breiten Transfer von Humanisierungslösungen beschleunigen, nachträgliche „Reparaturhumanisierung" eindämmen, die Evaluierungen des Programmerfolges bzw. -mißerfolges erleichtern und Klein- und Mittelbetriebe vor Investitionsrisiken zentralisierter

CIM-Lösungen schützen. Sämtliche CIM-Aktivitäten des BMFT sollten in ein aufeinander abgestimmtes Gesamtkonzept integriert und durch einen programmbegleitenden Ausschuß gesteuert werden.

3.5 Literatur

1 Bleicher, S (Hrsg.): CIM – oder die Zukunft der Arbeit in rechnerintegrierten Fabrikstrukturen. Ergebnisse einer Fachtagung der IG Metall, Frankfurt 1987
2 Bleicher, S, Stamm, J (Hrsg.): Fabrik der Zukunft. Flexible Fertigung, neue Produktionskonzepte und gewerkschaftliche Gestaltung, Hamburg 1988
3 Bochum, U., Meißner, R: Logistik auf Abruf – Neue Rationalisierungsstrategien und ihre Herausforderungen. Eine Dokumentation des DGB, März 1988
4 Der Bundesminister für Forschung und Technologie: Programm Fertigungstechnik 1988 – 1992
5 Seliger, G: Bleibt der Mensch? Die Zukunft der Arbeit aus der Sicht des Ingenieurs. Referat auf der Fachkonferenz der IG Metall: Perspektiven der sozialen Gestaltung von Arbeit und Technik, 6./7.05.1988 in Frankfurt

4 CIM – Technische Entwicklungstendenzen und Auswirkungen auf die Organisation, Qualifikation und Wirtschaftlichkeit

WALTER EVERSHEIM

4.1 Thematik und Ausgangsbasis

Der Aufbau vernetzter informationsverarbeitender Systeme ist in der heutigen Industrie eine Rationalisierungsmaßnahme, die in allen betrieblichen Bereichen und über den einzelnen Betrieb hinaus weitreichende Änderungen der bekannten Arbeitsstrukturen bewirkt.

Durch den integrierten EDV-Einsatz vom Auftragseingang bis zur Auslieferung der Produkte kann die Auftragsabwicklung gestrafft und damit die Wettbewerbsfähigkeit erhalten oder verbessert werden. Computer Integrated Manufacturing (CIM) umfaßt dabei technische und administrative Datenverarbeitung in planenden und fertigenden Unternehmensbereichen gleichermaßen (Bild 4.1). Die Tätigkeiten der planenden Bereiche, wie Konstruktion und Arbeitsvorbereitung, besitzen für eine Integration die gleiche Relevanz wie die Steuerung der Fördermittel oder die Einbin-

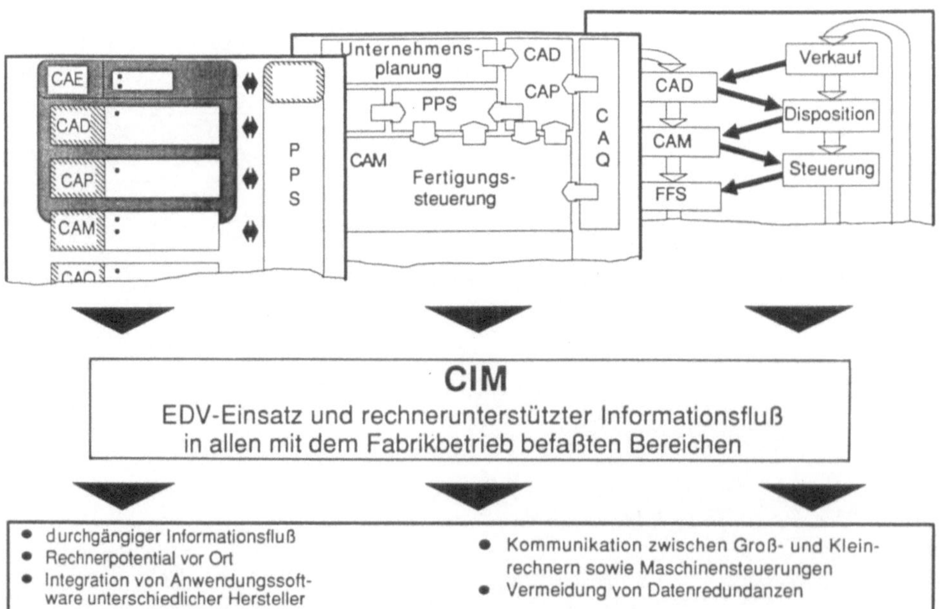

Bild 4.1. Kennzeichen des Computer Integrated Manufacturing

dung der CNC-Werkzeugmaschinen in die immer komplexer werdenden Produktionsprozesse [1].

Unabhängig von der jeweiligen Systemdarstellung und -strukturierung liegt allen CIM-Konzepten die Verwirklichung einer einheitlichen Integrationsidee zugrunde:

EDV-Einsatz und rechnerunterstützter Informationsfluß in allen mit dem Fabrikbetrieb befaßten Bereichen.

Zur Optimierung des Gesamtablaufs sind sowohl Informationen, die den Produktionssystemen als Eingangsinformationen zur Verfügung gestellt werden müssen, als auch die im System erzeugten Informationen zu nutzen. Um einen schnellen und reibungslosen Informationsfluß zwischen allen Betriebsbereichen zu gewährleisten, ist daher eine umfassende Informationsstrategie zugrunde zu legen. Das heißt, daß die Planung neben dem Maschinenbau auch die Informationstechnik einbeziehen muß.

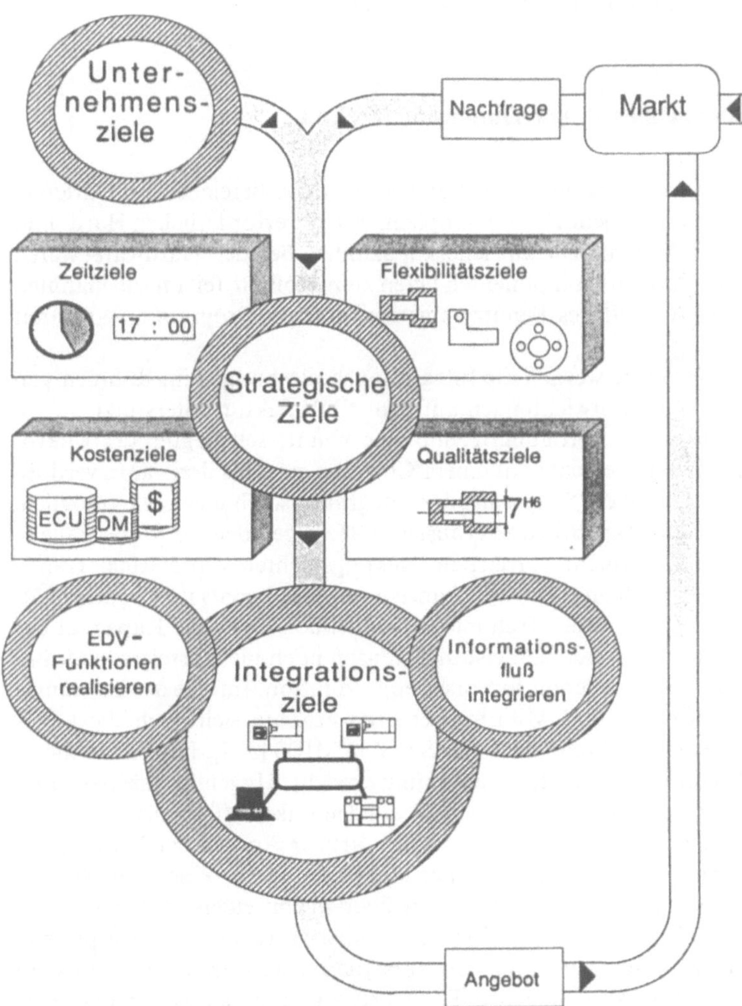

Bild 4.2. Zielsetzung des CIM-Einsatzes

Da die Integration der Informationsverarbeitung im Idealfall alle Unternehmensbereiche umfassen muß, ist eine auf das Gesamtunternehmen abgestimmte *Vernetzungsstrategie* unabdingbare Voraussetzung, um die verfolgten Zielsetzungen in vollem Umfang zu erreichen.

Die Integrationsbestrebungen im Rahmen von CIM-Konzepten dürfen nicht losgelöst von der Zielehierarchie eines Unternehmens gesehen werden (Bild 4.2). Die klassischen Unternehmensziele, wie z. B. die Sicherung und Erweiterung des Marktanteils, sind und bleiben Basis für alle strategischen Entscheidungen bzw. Zielsetzungen im Unternehmen.

Die Realisierung der Unternehmensziele wird entscheidend durch die Beschleunigung der Informationsverarbeitung und -weitergabe beeinflußt. Aus diesem Grunde müssen die Unternehmen vermehrt Funktionen rechnerunterstützt durchführen und die Integration des Informationsflusses vorantreiben, um ein den jeweiligen Marktanforderungen adäquates Produktangebot vorweisen zu können.

4.2 Entwicklungstendenzen in der Dimension Technik

Bereits vor zwanzig Jahren hatte man das Ziel, verschiedene Bereiche zu integrieren. Eine Realisierung war damals jedoch nicht möglich, weil die erforderlichen Hard- und Softwarekomponenten fehlten. Die Speicherkapazitäten bei der Hardware waren begrenzt. Vorhandene Softwarekomponenten liefen zum größten Teil im sogenannten Batch-Betrieb ab. Ein Eingriff des Benutzers in das laufende Programm war damit nicht möglich.

Seit Beginn der 80er Jahre werden die Integrationsbestrebungen im Rahmen von CIM durch fortschreitende Entwicklungen auf dem EDV-Sektor unterstützt.

Durch Fortschritte in der Fertigungstechnologie konnte seit Beginn der Mikroelektronik die Zahl der Bauelemente auf einem Chip alle zwei bis drei Jahre verdoppelt werden (Bild 4.3). Durch die Steigerung der Integrationsdichte wurde es möglich, immer neue Funktionen wirtschaftlich zu realisieren. Heutige hochintegrierte Bauelemente, sogenannte VLSI-Elemente, erreichen Packungsdichten von 500 000 Transistoren pro Chip. Bauelemente mit 10 Mio. Transistoren sind bereits im Gespräch [2].

Durch diese Entwicklung in der Technologie vervielfachte sich die Kapazität der Speicherchips auf 1 MByte, wobei die Leistungsgrenzen noch nicht erreicht sind. Ein Chip mit 4-MByte-Speicher ist bereits in Vorserienproduktion. Infolge der Leistungssteigerung der Speicherchips und Mikroprozessoren erhöhte sich auch die CPU-Rechnerleistung in wenigen Jahren von 1 MIPS auf 50 MIPS [3, 4]. Parallel zu dieser Entwicklung wurde eine erhebliche Kostensenkung erreicht. Ungefähr alle vier Jahre konnten die Herstellkosten pro Funktionseinheit um den Faktor 10 reduziert werden.

Dadurch begünstigt, hat ein geradezu explosionsartiger Anstieg der Leistungsfähigkeit von Rechnern stattgefunden. Rechner stehen heute für eine Vielzahl von Aufgaben zur Verfügung; die Leistungsfähigkeit überstreicht einen breiten Bereich. Das Spektrum reicht dabei von Personal Computern über Workstations, mehrplatzfähigen Mini- und Superminirechnern bis zu Großrechnern (Main-frames). Es entsteht so ein Nebeneinander von verschiedenen Rechnertypen und -klassen, wobei eine Vernetzung zum Zwecke des Informationsaustausches erforderlich wird [5, 6].

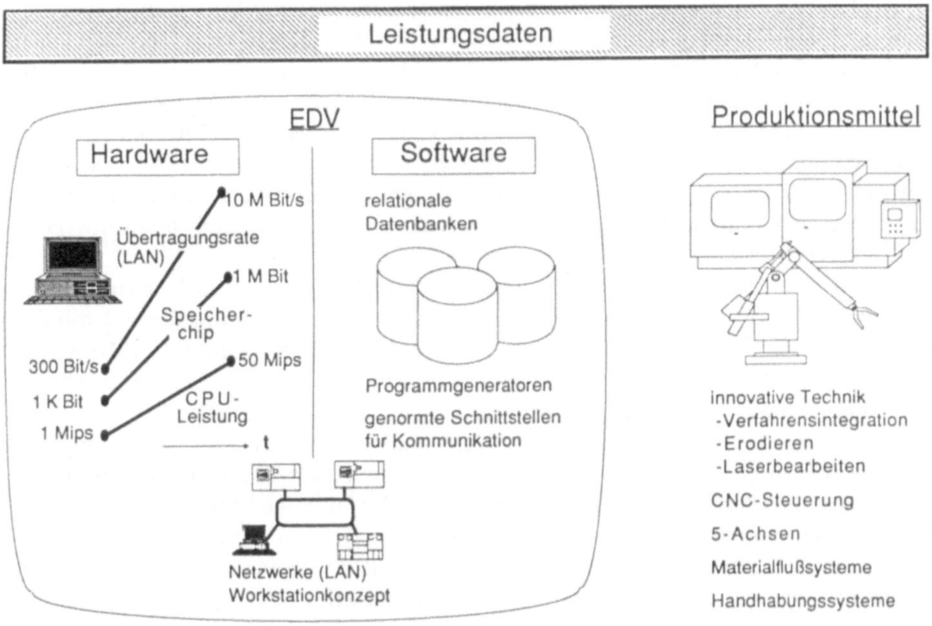

Bild 4.3. Entwicklungsstand von Produktionsmitteln und EDV

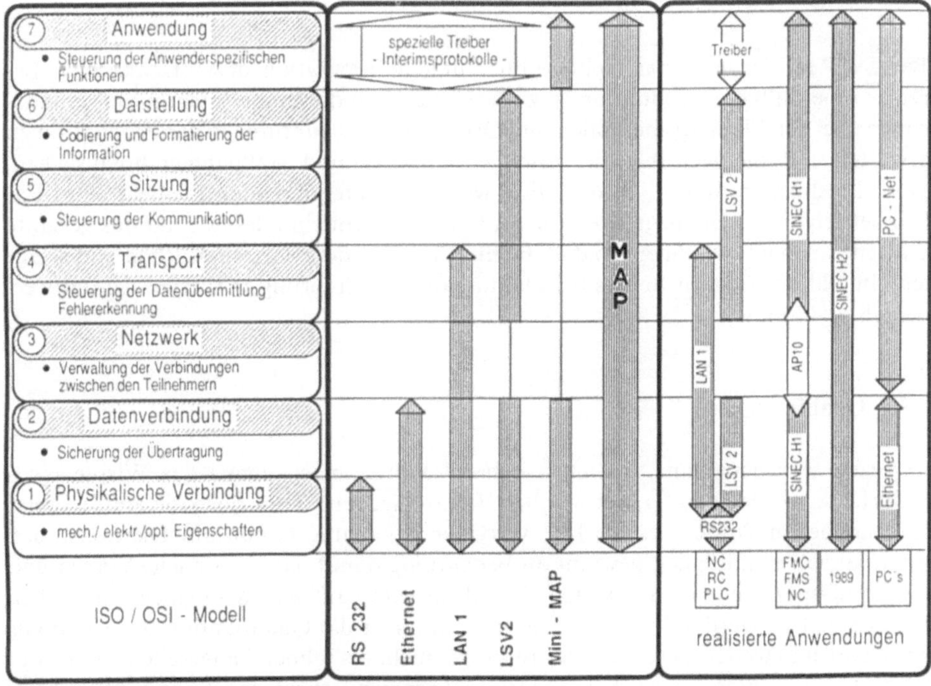

Bild 4.4. ISO/OSI-MAP-Interimsprotokolle

Realisiert werden kann der durchgängige Informationsfluß in einem Fabrikbetrieb nur dann, wenn geeignete Schnittstellen zwischen den in einzelnen Bereichen genutzten EDV-Systemen geschaffen werden. Diese Schnittstellen sollen eine definierte Übertragung der auszutauschenden Informationen gewährleisten.

Bestrebungen zur *Standardisierung von EDV-Schnittstellen,* die Hard- und Softwareprobleme lösen helfen, sind seit geraumer Zeit im Gange. Leitfaden hierzu ist die inzwischen zur Philosopie gewordene offene Systemarchitektur der einzelnen Komponenten, deren Schnittstelle sich am ISO-Referenzmodell des „Open Systems Interconnection" (OSI) orientiert (Bild 4.4).

Als Beispiel für Kommunikationsstandards und Protokolle sind hier zu nennen: TOP für die Bürowelt, MAP für die Rechnervernetzung im Fertigungsbereich mit der für zeitkritische Anwendungen zugeschnittenen Mini-MAP-Version CNMA sowie ISDN für die überbetriebliche Kommunikation über ein digitales Fernsprechnetz.

Zusammenfassend ist festzustellen, daß heute leistungsfähige EDV-Komponenten zur Verfügung stehen. Dadurch ist eine inner- und überbetriebliche Vernetzung und rechnergestützte Integration der verschiedenen Bereiche wirtschaftlich realisierbar. Es ergeben sich hierdurch für einen Produktionsbetrieb vielfältige Möglichkeiten, so daß die sich abzeichnende Entwicklung auch oft als „Dritte industrielle Revolution" bezeichnet wird. Diese Veränderungen haben, wie leicht erkennbar ist, Auswirkungen auf andere Bereiche, wie z. B. Qualifikation, Organisation und Wirtschaftlichkeit.

4.3 Auswirkungen auf andere Dimensionen; Problemfelder
und Lösungsansätze

Bei der Realisierung einer rechnerunterstützten Integration der verschiedenen Bereiche innerhalb der Produktion ist zu beachten, daß durch die Integration Veränderungen bei den Planungsmethoden und Organisationsstrukturen in der Produktion zu erwarten sind, die weit über die bisherigen Umfänge und Maßnahmen hinausgehen. Der „Produktionsfaktor" Information wird zum integrierenden Element eines Fabrikbetriebes. Die Bilanzgrenzen für ein CIM-Konzept sind deshalb auf das gesamte Unternehmen auszudehnen, so daß die Einflüsse aus dem wirtschaftlichen und sozialen Umfeld des Unternehmens bei Planung und Realisierung mitberücksichtigt werden (Bild 4.5) [7].

4.3.1 Qualifikation

Experten sprechen heute von etwa 6 bis 7 Jahren, nach denen das Wissen eines Mitarbeiters – gleichgültig, auf welcher Hierarchieebene – nur noch die Hälfte seines ursprünglichen Wertes besitzt. Der Wert der Erfahrung nimmt ab. Die konstante, lebenslange Lernfähigkeit gewinnt an Bedeutung, damit das persönliche Wissen und die berufsspezifischen Fähigkeiten der Mitarbeiter auf einem möglichst aktuellen Stand gehalten werden können. Eine Investition in die Qualifikation des Personals wird jedoch in weiten Bereichen der Industrie nicht als lohnend angesehen, zumal der Wirtschaftlichkeitsnachweis hier ebenso schwierig zu erbringen ist wie generell beim

> # CIM
> ## - Hilfsmittel für das Unternehmen -

- Unternehmensziele gleich - Hilfsmittel neu

- zuerst Gesamtplanung - dann stufenweise Einführung

- langfristiger paralleler Einsatz konventioneller und
  zukunftsorientierter Techniken

- schlüsselfertige CIM-Systeme nicht verfügbar

- CIM-Lösungen erfordern Eigenleistungen

- Investition in Qualifizierung von Personal

- CIM nicht um jeden Preis

- CIM auch für Mittelbetriebe wirtschaftlich

- Transfer von CIM-Erfahrungen

- Partnerschaft zwischen Anbieter und Anwender

- CIM erfordert
    - neue Planungsmethoden
    - neue Organisationsstrukturen
    - neue Techniken

- CIM bedingt neue Bilanzgrenzen: wirtschaftlich, technisch,
  organisatorisch und sozial

Bild 4.5. Kernaussagen zu CIM

Einsatz der modernen Produktionstechniken. Die leistungsfähigste Technik, die mit noch so großem Aufwand geplant und realisiert sein kann, nützt jedoch nichts, wenn das Personal sie nicht bedienen kann.

Der insgesamt steigende Bedarf an Qualifikation im Rahmen der beruflichen Aus- und Weiterbildung kann mit den bestehenden Modellen institutionalisierter Bildungsarbeit nur schwer gedeckt werden. Neue Konzepte der Aus- und Weiterbildung sollten sich aufgrund der durchweg positiven Erfahrungen am dualen Ausbildungssystem, nach dem in der Bundesrepublik Deutschland die berufliche Erstausbildung funktioniert, orientieren (Bild 4.6). In der praktischen Ausbildung gewinnt die überbetriebliche Komponente an Bedeutung. Hier sind Modelle zu entwickeln, um auch kleinere und mittlere Unternehmen in die Lage zu versetzen, ihren Bedarf an qualifiziertem Personal selbst ausbilden zu können.

Je nach Zielgruppe der Qualifizierungsmaßnahme sind unterschiedliche Lerninhalte relevant. Es ist zu betonen, daß auf allen Mitarbeiterebenen Aus- und Weiterbil-

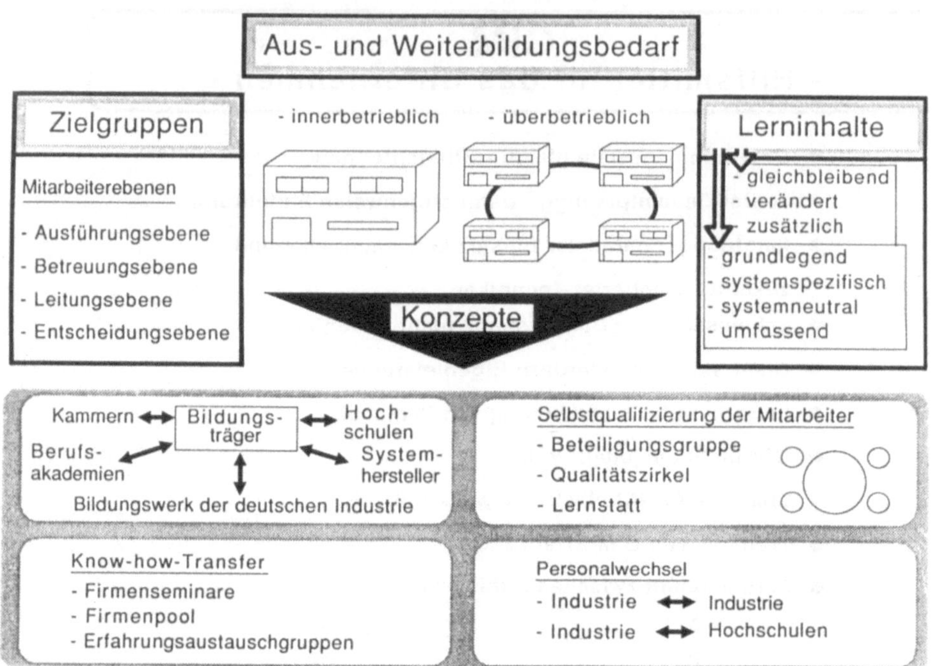

Bild 4.6. Konzepte zur beruflichen Aus- und Weiterbildung

dungsbedarf besteht. Auf operationaler Ebene liegen die Schwerpunkte im Bereich speziellen Wissens über die Handhabung der am Arbeitsplatz installierten Systemkomponenten. Auf der Leitungsebene sollte übergreifendes Wissen zur Verfügung stehen, um den Einsatz der modernen Produktionstechniken besonders im Zusammenhang mit anderen als dem eigenen Produktionsbereich beurteilen zu können. Vor allem im Hinblick auf Auswahl und Einführung neuer Techniken stehen entsprechende umfassende Wissensinhalte für die Entscheidungsebene im Vordergrund [8].

Wesentliche Anstrengungen sind im Abbau lernhemmender Arbeitsstrukturen zu unternehmen. Es müssen die zeitlichen Randbedingungen seitens der Unternehmen geschaffen werden, die dem Arbeitnehmer eine weiterreichende Qualifizierung erlauben. „Learning-by-doing" darf nicht so interpretiert werden, daß der Arbeitsnehmer sich im Moment der Technikanwendung mit dem gerade eben ausreichenden Wissen ausstattet, um seine Arbeitsaufgabe erfüllen zu können.

Die Angst vor dem Lernen, die sich besonders bei den Arbeitnehmern einstellt, die selbst schon längere Zeit der beruflichen Ausbildung entwachsen sind, muß durch pädagogisch geschultes Lehrpersonal abgebaut werden. Der desolate Arbeitsmarkt für junge Lehrkräfte bietet hierfür genügend Potential. Neben den Voraussetzungen, die vom Betrieb geschaffen werden müssen, ist allerdings auch auf die Verantwortung des Arbeitnehmers für die eigene Qualifikation hinzuweisen.

Eine weitere Möglichkeit der Qualifizierung bietet der Know-how-Transfer in Form von Firmenseminaren, Firmenpools oder Erfahrungsaustausch-Gruppen. Soweit Wettbewerbsinteressen nicht betroffen sind, können in dieser Form kleinere und mittlere Unternehmen Ressourcen größerer Unternehmen nutzen. Ein solcher Know-how-Transfer kann ebenso auf einem geplanten Personalaustausch basieren; normalerweise erfolgt er durch Personalwechsel. Das Lernen zu lernen, also die Aneignung geeigneter Lerntechniken und der Motivation, diese Techniken auch anzuwenden, ist Voraussetzung für die berufsbegleitende Weiterbildung, die im Erwerb von jeweils aktuellem Spezialwissen besteht.

Eine entscheidende Umstrukturierung der beruflichen Aus- und Weiterbildung muß ihren Niederschlag auch in tarifpolitischen Vereinbarungen finden. Hier sind z. B. Fragestellungen der Nutzung von Arbeitszeitverkürzungen als Weiterbildungszeit bei entsprechender Einkommensentwicklung zu diskutieren.

4.3.2 Organisation

Die Organisation in einem Unternehmen wird permanent durch unternehmensinterne und -externe Einflüsse geprägt. Sie ist heute noch überwiegend durch tayloristische Züge geprägt [9]. Die starre Abgrenzung von Funktionsbereichen war Folge des komplexer werdenden Produktionssystems.

In den einzelnen betrieblichen Abteilungen sind in den letzten Jahren Lösungen geschaffen worden, um die sprunghaft anwachsende Menge von Informationen verarbeiten und übersichtlich verwalten zu können. Da es zunächst galt, lokale Probleme zu bewältigen, entstanden getrennte EDV-Lösungen, beispielweise in den Personalbüros zur Lohnabrechnung, in den kaufmännischen Abteilungen zur Finanzbuchhaltung oder für die Produktion zur Produktionsplanung und -steuerung. Mit dem zunehmenden Einsatz von EDV-Systemen, angefangen vom PC bis zu großen Rechneranlagen, sowie deren Vernetzung ist eine Verlagerung von lokalen Einzelproblemen zu strukturellen Gesamtproblemen zu erkennen. Probleme liegen in den häufigen Konstruktionsänderungen, in der manuellen Übertragung von Daten von einem System auf ein anderes (Bild 4.7) und in einer fast unübersehbaren Papierflut.

Bei der Betrachtung der rapiden Entwicklung der Informationstechnik stellt sich die Frage, ob die bisher übliche Organisation im Unternehmen noch Gültigkeit hat. Es lassen sich Tendenzen der zukünftigen Unternehmensorganisation ableiten, die im folgenden anhand von einzelnen Thesen umrissen sind:

1. EDV-Architektur sowie Aufbau- und Ablauforganisation müssen aufeinander abgestimmt sein. Rechnerhierarchien werden in Zukunft die Leitungsebenen der Unternehmen beeinflussen.
2. CA-Systeme führen zu einer Änderung der Organisation innerhalb der betroffenen Abteilungen. Bei CA-Systmen im CIM-Verbund ergibt sich eine grundsätzlich neue Ablauforganisation, da die Möglichkeit besteht, viele dieser Tätigkeiten an einem Arbeitsplatz durchzuführen. Die Reduzierung der Durchlaufzeit ergibt sich dabei von selbst durch die komfortablere und schnellere Ausführung der Teilaufgaben. Dabei entfallen ebenfalls unproduktive Zeiten zur Informationsbeschaffung.
3. Neue Technologien und Informationssysteme erfordern ein gesamtbetriebliches Informationsmanagment. Das Informationsmanagement sollte organisatorisch zwischen den EDV-Abteilungen auf der einen Seite und den restlichen betrieblichen Abteilungen auf der anderen Seite eingebettet sein. Damit kann es seine

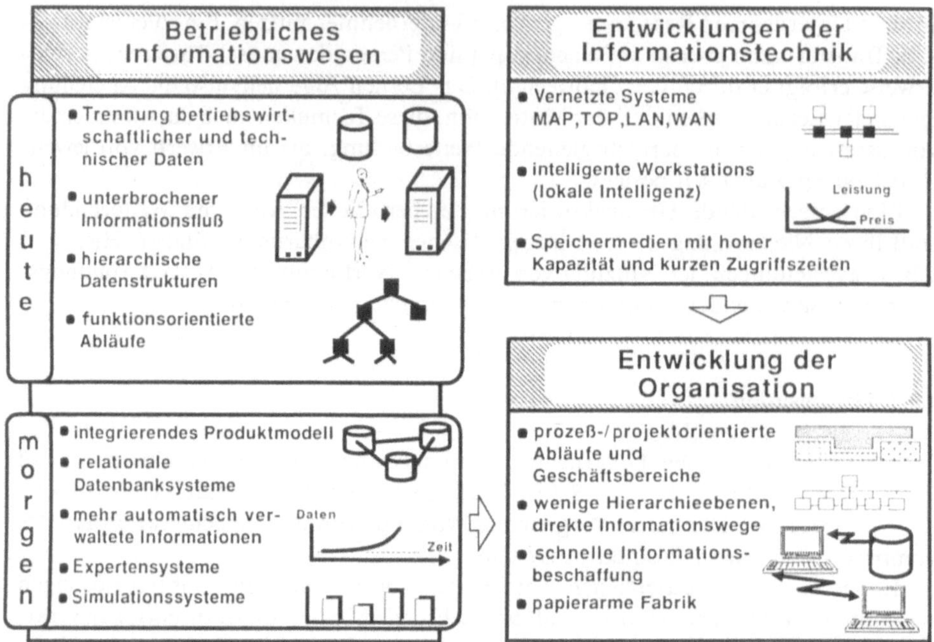

Bild 4.7. Entwicklung der Organisation durch neue Informationstechniken

Hauptaufgaben, die Koordination und Vermittlung von EDV-Leistungen und Informationsbedarf, an zentraler Stelle wahrnehmen.

4. Zur Einführung moderner Systeme und Technologien müssen zunächst die notwendigen Voraussetzungen in der Ablauforganisation geschaffen werden. Nach der Einführung erfolgt die stufenweise Optimierung der Ablauf- und der Aufbauorganisation.

5. Integrierte Systeme können nur dann effizient genutzt werden, wenn auch ihre Einzelkomponenten autark sind. Die Nachteile der Arbeitsteilung dürfen nicht dazu führen, daß integrierte Systeme aufgebaut werden, bei denen alle Aktivitäten zentral gesteuert werden. Im Hinblick auf eine hohe Transparenz müssen kleinere Regeleinheiten gebildet werden, die miteinander kommunizieren können. So ist es beispielsweise durchaus sinnvoll, für die einzelnen Systeme mehrere kleine Rechner einzusetzen, die auf das jeweilige Anwendungsgebiet zugeschnitten sind. Dabei müssen jedoch die Daten der Systeme abgeglichen werden, um sie aktuell und redundanzfrei halten zu können [10, 11].

4.3.3 Wirtschaftlichkeit

Für die Bewertung und darüber hinaus für die kostenrechnerische Behandlung neuer Produktionskonzepte in der Innovationsphase und im Betrieb ist das Prinzip der dem Zweck angepaßten Differenzierung zu berücksichtigen. Eine diesem Prinzip folgende Berechnung bezieht sich auf

– die Investitionsrechnung,
– Prozeßentscheidungen oder
– die Produktbewertung.

Basierend auf der verbreiteten betrieblichen Kostenrechnung, gegliedert in Kostenarten-, Kostenstellen- und Kostenträgerrechnung, liegen bei einer zweckorientierten Kostenrechnung umfangreiche Kostendaten vor. Die Schwachstellen der betrieblichen Kostenrechnung im Hinblick auf technische Entscheidungen sind allgemein bekannt:

– Es sind die Gemeinkostensätze von vielen hundert Prozent, die zwar rechnerisch exakt ermittelt werden, dem eigentlichen Zweck der Kostenzuteilung nach Verursachern aber nicht mehr entsprechen.
– Es besteht kein Zusammenhang zwischen Kostenverursachung und berechneten Kosten. Weitere Mängel sind die Vernachlässigung neuer technischer Entwicklungen, mangelnde Detaillierung der Kostenarten usw. [12–14].

Anhand der weitverbreiteten Struktur der betrieblichen Kostenrechnung läßt sich zeigen, an welchen Stellen praxisgerechte, zweckorientiert differenzierte Kostenrechnungsmethoden ansetzen sollten. In der Kostenartenrechnung können z. B. neue Kostenarten eingeführt werden. Der Bedeutung der Informationsverarbeitung in der Produktion, die heute bereits als zusätzlicher Produktionsfaktor bezeichnet wird, entspricht die Einführung von Informationskosten, dies in Analogie zu Lohnkosten und Materialkosten, d. h. im Sinne von Kosten für Produktionsfaktoren.

In der Kostenstellenrechnung besteht, auch aufgrund der neuen Formen der Arbeitsorganisation, die Notwendigkeit, die Gliederung der Kostenstellen und die zugrundeliegenden Gliederungsprinzipien auf ihre Gültigkeit und Zweckmäßigkeit zu überprüfen.

Das gilt auch für die Auswahl der Kostenträger in der sich anschließenden Kostenträgerrechnung. Insbesondere für die Kosten der Flexibilität ist festzustellen, daß nicht nur die Kostenträger, die aktuell produziert werden, Verursacher und Nutznießer der Flexibilität sind und mit den entsprechenden Kosten belastet werden sollten. Die herkömmliche Kostenstellengliederung in Verbindung mit den üblichen Verteilungsschlüsseln, denen überwiegend das Prinzip der Kostenverursachung zugrundeliegt, werden den Anforderungen neuer Produktionstechniken nicht mehr gerecht.

Durch eine zweckorientierte Bewertung können Entscheidungen z. B. für oder gegen eine Vernetzungsstrategie auf der Grundlage von Kosten herbeigeführt werden. Diese spiegeln die tatsächlichen produktionstechnischen Gegebenheiten wider, so daß langfristig Unternehmensressourcen geschont und der Unternehmenserfolg verbessert werden kann.

4.4 Abschätzung des Forschungs- und Entwicklungsbedarfs

Der Forschungs- und Entwicklungs (FuE)-Bedarf zur menschengerechten und wirtschaftlichen Anwendung von Vernetzungsstrategien und rechnerunterstützter Integration von Produktionsprozessen besteht darin,

– innerhalb der genannten Dimensionen und
– zwischen den Dimensionen

das durch neue Produktionstechniken offensichtlich vorhandene Gestaltungspotential wissenschaftlich systematisch abzuleiten. Hierauf aufbauend sind in interdisziplinärer Arbeit (durch Techniker, Betriebswirtschaftler, Arbeitspsychologen etc.) geeignete Strategien zu entwickeln. Die wissenschaftlich-interdisziplinäre Arbeit in Verbundprojekten, d. h. die aktive Beteiligung der betroffenen Anwender, ist in jedem Fall zu propagieren.

Innerhalb der *Dimension Technik* besteht derzeit immer noch das Defizit zwischen den realisierbaren und tatsächlich realisierten Bausteinen zur rechnerunterstützten Integration und Vernetzung. Viele leistungsfähige Bausteine sind heute am Markt erhältlich, aber die Kopplung bzw. Vernetzung dieser Bausteine erfordert zunächst einen erheblichen Entwicklungsaufwand.

Zur Zeit fehlen Projekte, die sich mit der organisatorisch-technischen Seite einer Informationsvernetzung beschäftigen. Die Entwicklung herstellerunabhängiger Konzepte für ein sogenanntes Informationsmanagement steht noch aus. Ansätze sind zwar zu erkennen, ein realisierbares Konzept fehlt jedoch. Hier ist ein erheblicher FuE-Bedarf festzustellen, und zwar sowohl bei der Konzeptentwicklung als auch bei der späteren Realisierung (Pilotinstallationen).

Ein weiterer Bereich in der Dimension Technik betrifft die Interaktion Mensch–Technik. Hierzu zählt in erster Linie die bedienerfreundliche Gestaltung von Benutzeroberflächen, aber auch die Gestaltung von Rechnerarbeitsplätzen.

Aus der Problematik, die hierbei berücksichtigt werden muß, leiten sich die Forderungen an den zukünftigen Aufbau oder die Erweiterung von Anwendungssystemen ab. Bedeutet heute das Arbeiten mit verschiedenen Rechnern oder Programmsystemen das Umschalten und Zurechtfinden in einer anderen Umgebung, würde eine Konsistenz zwischen Anwendungssystemen sogar die routinemäßige Benutzung eines selten gebrauchten Moduls gestatten.

Bestehende Ansätze aus dem Bereich der Software-Ergonomie müssen jedoch in Zukunft in erheblichem Maße weiterentwickelt werden, um eine Realisierung schnell, einfach und kostengünstig zu ermöglichen.

Benutzeroberflächen für die angesprochenen Systemeigenschaften benötigen vielfältiges Wissen. Dazu gehört das Wissen über die Interaktionsformen und Schritte, den Systemzustand und die jeweilige Dialoggeschichte, über die Funktionalität des Gesamtsystems und die spezifischen Benutzereigenschaften. Aufbau und Funktion dieser Wissensbasis können mit konventionellen Programmiertechniken nicht realisiert werden. Ansatzmöglichkeiten sind im Bereich der künstlichen Intelligenz zu finden, die jedoch erst am Anfang ihrer Entwicklung steht und für einen industriellen Einsatz noch langjährige Entwicklungsarbeit erfordert.

Innerhalb der *Dimension Organisation* bedarf es in erster Linie der Vermittlung des nötigen Know-hows zur Realisierung einer Vernetzung und rechnerunterstützten Integration. Der Technologietransfer stellt ein großes Feld zukünftiger Forschungs- und Entwicklungsaktivitäten dar. So besteht z. B. die Möglichkeit, durch Verbundprojekte einen Technologietransfer innerhalb bestimmter Anwendungsgebiete zu erreichen. Solche Projekte ermöglichen den Anwenderfirmen, herstellerunabhängige Konzepte zu realisieren.

Während das Marketingbestreben der Herstellerfirmen zur Zeit die CIM-Diskussion bestimmt, kann mit der Entwicklung von CIM-Zentren eine unabhängige, neutrale und fachlich kompetente Institution geschaffen werden. In diesen CIM-Zentren sollten, aufbauend auf bestehenden Systemen, schrittweise Funktionen aus den verschiedenen Unternehmensbereichen rechnerunterstützt realisiert und informationstechnisch verknüpft werden.

Die Erarbeitung geeigneter Schulungsmaßnahmen ist ein weites Gebiet, wo ein erheblicher Bedarf an FuE-Aktivitäten besteht. Seminare, Handlungsanleitungen, Fortbildungseinrichtungen, Ausbildung der Ausbilder sind nur einige Stichworte, die dieses Gebiet umreißen. Hier sind vielfältige Projekte denkbar. So sollten z. B. Anleitungen zur Durchführung innterbetrieblicher Schulungsmaßnahmen sowohl in Richtung allgemeiner EDV-Kenntnisse als auch in Richtung von Kenntnissen über den Rechnereinsatz in einzelnen Gebieten des Produktionsprozesses erarbeitet werden.

Abschließend bleibt festzustellen, daß im behandelten Themengebiet ein erheblicher FuE-Bedarf besteht. Dieser Bedarf wird von zur Zeit laufenden Projekten nicht annähernd gedeckt. Eine umfassende Förderung anwenderorientierter und herstellerunabhängiger Projekte ist aus diesem Grunde wünschenswert und sehr zu begrüßen.

4.5 Literatur

1 Autorenkollektiv: Strategien auf dem Weg zu CIM. In: Produktionstechnik auf dem Weg zu integrierten Systemen. Aachener Werkzeugmaschinen-Kolloquim 1987, VDI-Verlag, Düsseldorf, 1987

2 Sprung zum Jahr 2000 – Innovation ungebremst. Hard and Soft, Dezember 1986, S. 12–20

3 Ruge, I: Heutiger Stand und Entwicklungstendenzen in der Mikroelektronik. DVS-Sondertagung „Mechanisierung, Automatisierung und Einsatz von Industrierobotern beim Lichtbogenschweißen. Fellbach, März 1985

4 Klemisch, O: CAD/CAM-Anwendung bei einem Hersteller von KFZ-Teilen. Vortrag, Austographics, Wien, September 1986

5 Reineck, R: Herstellerunabhänige Vernetzungsstrategie im Hochgeschwindigkeitsbereich. Datacom 5/87, S. 62–66

6 Gremminger, K: Lokale Netze – das Rückgrat der rechnerintegrierten Produktion. CIM-Management 3/86, S. 6–12

7 Eversheim, W; Brachtendorf, Th; Koch, L: Changes in the Role of Production Management in the CIM-Era. Annals of the CIRP, Vol. 35/2/1986

8 Schreuder, S; Heeg, FJ: Lernen als dynamischer Vorgang. Die Computer Zeitung Nr. 1, 1987

9 Autorenkollektiv: Organisationskonzepte für die Produktion von morgen, in: Produktionstechnik auf dem Weg zu integrierten Systemen. Aachener Werkzeugmaschinen-Kolloquim 1987, VDI-Verlag, Düsseldorf, 1987

10 Hellwig, H-E; Paulus, G: Informationsverteilung in integrierten Produktionssystemen. VDI-Z 128 (1986) 1/2, S. 1–12

11 Tress, D-W: Kleine Einheiten in der Produktion. Zfo 3 (1986), FBO-Verlag

12 Horvàth, P: Aktuelle Probleme des Rechnungswesens infolge neuer Fertigungstechnologien, in: 5. Stuttgarter Unternehmergespräch – Veränderte Fertigungstechnologie und Unternehmensführung, Stuttgart, 1985

13 Cooke, PNC: Rethinking Investment Appraisal for CIM. The FMS Magazine, July 1986, S. 154–156

14 Issler, R: Wie zuverlässig ist eine Kalkulation? io Managment Zeitschrift 56 (1987) 3, S. 157–158

5 Organisatorische Prinzipien und technische Grenzen von CIM-Konzepten

Klaus-Dieter Fröhner

5.1 Anmerkungen zur volks- und betriebswirtschaftlichen Bedeutung der Vernetzung

Bei der Auslegung der Produktionsprozesse hat man in der Vergangenheit große Rationalisierungsreserven erschlossen, indem man sehr eng umgrenzte Fertigungsaufgaben herausschälte und für diese leistungsfähige Maschinen und angepaßte Arbeitsplätze entwickelte. Mit der Wandlung der Absatzmärkte von Produzenten- zu Käufermärkten zeigte sich, daß die vorhandenen Produktionsstrukturen nicht geeignet sind, die erhöhten Anforderungen an Lieferzeit und Terminsicherheit bei sich gleichzeitig vergrößernder Produktvielfalt zu gewährleisten.

Die sich daraus ergebenden Forderungen nach flexibler Produktion wurden bisher hauptsächlich mit Hilfe flexibler Fertigungsmittel realisiert. Die Erfahrungen mit diesen Fertigungsmitteln zeigen, daß die Flexibilität derselben jedoch sehr spezifisch ist. Sie bezieht sich im wesentlichen auf die schnelle Herstellung eines weitgehend (im Rahmen der technologischen Möglichkeiten) beliebig geformten Einzelteiles beziehungsweise Produktes. Wir wollen dies als *Erstellungsflexibilität* bezeichnen. Sie ist häufig auf eine begrenzte Anzahl von technologischen Verfahren beschränkt.

Die begrenzte Flexibilität hat ihre Ursache in dem Umstand, daß die Wertschöpfung im Unternehmen durch die Kombination von Personal, Technologie und Organisation realisiert wird. Ein hohes Maß an Flexibilität in der Produktion kann deswegen nur umgesetzt werden, wenn zur Verfügung stehende Betriebsmittel, wie Werkzeuge und Vorrichtungen sowie Material und Arbeitspersonen, in einem geplanten Zusammenspiel möglichst viele Aufgaben bewältigen können. Diese Flexibilität wollen wir als *Kombinationsflexibilität* bezeichnen. Sie erstreckt sich auf den ganzen Produktionsprozeß vom Vertrieb über die Fertigung und Montage bis zum Versand. Hilfsmittel zu deren Realisierung können insbesondere betriebliche und überbetriebliche Netze sein.

Diese *Netze* sind sowohl geeignet, in geringerem Umfang die Erstellungsflexibilität als auch in sehr viel größerem Umfang die Kombinationsflexibilität zu beeinflussen bzw. deren Realisierung zu unterstützen. Die beschleunigte Installierung solcher Netze scheint vom volkswirtschaftlichen Standpunkt unumgänglich, will die deutsche Volkswirtschaft ihre starke Stellung am Weltmarkt bei komplexen technischen Produkten, die entsprechend den Kundenwünschen vornehmlich in Einzel- und Kleinserienfertigung hergestellt werden, behaupten.

Die Einführung inner- und überbetrieblicher Netze birgt jedoch aufgrund der notwendigen Kapitalintensität und der Möglichkeit, daß die technischen Produkte veralten, zwei Risiken, die vorab diskutiert werden sollten:

a) Aufgrund der hohen Produktivität und des großen Investitionsumfangs bei realisierten flexiblen Technologien (FFS-Systeme) mit der daraus folgenden geringen Teilbarkeit des technischen Apparates hat man nur selten die Möglichkeit, Fehlplanungen von Investitionen zu korrigieren. Aus den Folgen der Investition in solche Technologien ergibt sich, daß die erwünschte höhere Erstellungs- und Kombinationsflexibilität auch negative strukturelle Folgen haben kann:
   - geringe Teilbarkeit des technischen Produktionsapparates,
   - Erhöhung des Fixkostenblockes,
   - teilweiser Ersatz mehrerer unterschiedlicher Produktionsmaschinen durch ein System,
   - hohe Formalisierung des Informationsflusses und
   - geringere Möglichkeiten zur Kompensation von Fehlplanungen.
b) Aufgrund der großen Kapitalintensität und der spezifischen Einsatzmöglichkeiten von Netzen wird die Einführung derselben insbesondere in mittleren Unternehmen der Einzel- und Kleinserienfertigung über Jahre verteilt werden. Dies setzt den stufenweisen, modularen Aufbau der Systeme in den Betrieben voraus. Es bedeutet aber auch, daß solche zentrale technologische Elemente nicht schnell veralten dürfen. Dies kann jedoch nicht ausgeschlossen werden.

Das bedeutet nun keineswegs, daß Innovationen zu unterlassen sind. Es gibt vielmehr Ansatzpunkte für differenzierte Einführungsstrategien und Maßnahmen.

5.2 Betriebliche Ablauforganisation, existierende Planungsweisen und Vernetzung

Will man die Möglichkeiten des zukünftigen Einsatzes von inner- und überbetrieblichen Netzen abschätzen, so ist es notwendig, diese im Kontext der heute existierenden Produktionsbedingungen zu sehen. Dabei wollen wir uns auf die konkrete Ausprägung der Einzel- und Kleinserienfertigung beschränken.

Deutsche Unternehmen stellen in einem höheren Maße als solche in anderen hochentwickelten Ländern (z. B. USA, Japan) kundenspezifische, angepaßte Produkte für eine Vielzahl von verschiedenen Marktsegmenten her. Dies wird meist mit einem hohen Eigenfertigungsanteil bei hoher Fertigungstiefe realisiert. Die Produkt- und Produktionsstrukturen sind deshalb meist komplex. Die Variabilität der Produktion wurde und wird meist durch den Aufbau verrichtungsbezogener Gliederungen realisiert [4, 8].

In der Konstruktion entstanden so auf spezielle Verrichtungen spezialisierte Abteilungen wie Hydraulik, Pneumatik, Elektronik. In der Vorfertigung ist die Abteilungsgliederung nach dem Werkstattprinzip immer noch dominant. Auch die Montage ist meist wie die Vorfertigung ein mehrstufiger Fertigungsvorgang aufgrund der verrichtungsbezogenen Gliederung.

Sehr extensiv wird die verrichtungsbezogene Gliederung im Bereich der Vorfertigung realisiert. Dies wird gefördert durch die marktgängigen Produktionssteuerungssysteme, bei denen die Planung bewirkt, daß artgleiche Bearbeitungsvorgänge aufgrund der elementaristischen Planungsweise auf sehr leistungsfähigen, aber spezialisierten Maschinen realisiert werden. Diese werden entsprechend ihrer Technologie, ihren Arbeitsraumabmessungen und ihrem Automatisierungsgrad zu sehr speziellen Gruppen artgleicher Maschinen zusammengefaßt. Die Qualifikation der betrieblichen Mitarbeiter stabilisiert diese Organisationsform, da die Berufsbilder in der Metallverarbeitung bis zur Neuordnung vornehmlich in Anlehnung an die in der Vergangenheit auf dem Markt angebotenen Werkzeugmaschinen und die Einbettung derselben in die betriebliche Organisation entstanden. Die Wechselbeziehungen zwischen Technologie, Qualifikation und Organisation sind deshalb im Werkstattbereich relativ starr, insbesondere auch dann, wenn geringer qualifizierte Mitarbeiter eingesetzt werden (siehe Bild 5.1). Da die skizzierten betrieblichen Bedingungen nicht flexibel genug sind, versucht man heute, durch die folgenden drei Planungsprinzipien eine Anpassung an die Markterfordernisse zu erreichen [3]:

Das logistische Prinzip. Nicht die Optimierung der Teilaufgaben, sondern die Flußoptimierung rückt in den Vordergrund. Dabei werden in einigen Bereichen bewußt hohe Kosten in Kauf genommen, z. B. der vermehrte Einsatz von teuren Bearbeitungszentren, in denen eine Vielzahl von technologischen Bearbeitungen, darunter auch sehr einfache Bearbeitungsvorgänge, realisiert werden. Dadurch verkürzen sich die Durchlaufzeiten erheblich. Flußoptimierte Fertigungen haben einen hohen Massendurchsatz, der bei häufiger zeitgerechter Bereitstellung und Fertigung von Aufträgen mit geringen Materialmengen auch unter Einbeziehung von externen Lieferanten realisiert wird.

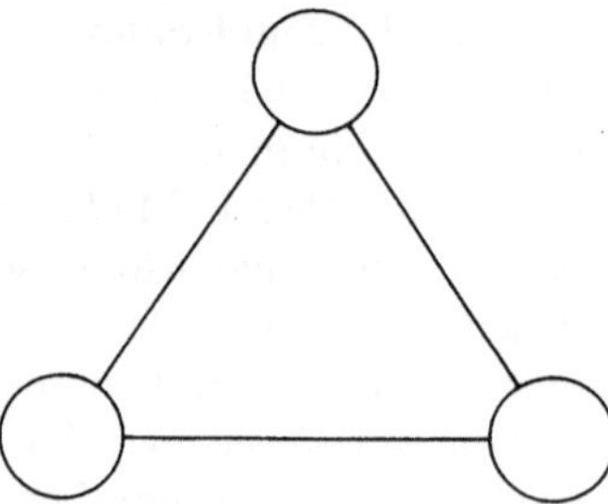

Bild 5.1. Häufig anzutreffende Bedingungen für Beziehungen zwischen Technologie, Organisation und Qualifikation im Werkstattbereich

Das Prinzip der Reduktion von Abweichungen. Dabei wird z. B. eine verbesserte Koordination von Personal, Maschinen und Material im Rahmen der Produktions- und Steuerungssysteme durch eine gezielte Einsteuerung von Aufträgen angestrebt. Eine weitere Möglichkeit ist die Einhaltung eines hohen Qualitätsstandards durch Qualitätszirkel. Dadurch soll die Fertigungslosgröße während des gesamten Fertigungsablaufes gleich bleiben und Nacharbeit möglichst gering sein. Da Qualitätszirkel eine parallele Organisation sind, kann es Schwierigkeiten bei deren Integration geben.

Das Prinzip der flexiblen Automatisierung. Das Prinzip der flexiblen Automatisierung kommt der Denkweise von Ingenieuren zur Bewältigung der anstehenden Probleme am nächsten. Es steht zum einen in der Tradition der Substitution vieler Bereiche menschlicher Arbeit durch Maschinen, der tragenden und erfolgreichen Ingenieursleistung. Zum anderen unterstützt es das planerische Vorgehen von Ingenieuren, das eine stark technologiebezogene Haftung hat. Es sind sehr umfangreiche Planungen zur Realisierung flexibler Automatisierung notwendig.

Bedenkt man, daß die hier skizzierten Prinzipien die Bedingungen der zukünftigen Produktion konstituieren, so fällt der geringe Stellenwert des „Produktionsfaktors" Mensch auf. Außerdem wird auch deutlich, daß bei den vorhandenen Planungsweisen eine umfassende Koordination von der Konstruktion bis zur Auslieferung der Produkte nicht im Vordergrund der Überlegung steht.

Auf dem Hintergrund der betrieblichen Bedingungen und der existierenden Planungsweisen ist es deswegen fraglich, ob Netze in bestehenden Betrieben flächendeckend von der Konstruktion bis zum Vertrieb eingeführt werden sollten. Dies wird meist auch erschwert durch die vorhandenen komplexen Betriebsstrukturen. Dabei wollen wir einmal davon absehen, ob überhaupt die betriebliche Ingenieursleistung zur Inbetriebnahme und Betreuung solcher Anlagen vorhanden ist.

Wir halten dagegen eine schrittweise Einführung von Netzen für sinnvoll. Sie sollte mit einer Reorganisation der Fertigung verbunden werden, z. B. nach dem Prinzip der Fertigungssegmentierung. Die folgenden Netze könnten z. B. im Rahmen eines schrittweisen Aufbaus der betrieblichen Vernetzung installiert werden (Bild 5.2):
- funktionsbezogene Netze (Strategische Planung, PPS, BDE),
- produktgruppenbezogene Netze (Produktgruppen 1, 2, 3) und
- systembezogene Netze (Hauptproduktion, Ersatzteilproduktion, Vorrichtungsproduktion).

Dabei ist auch die Qualifizierung der Mitarbeiter und die Organisationsentwicklung entsprechend den speziellen Bedingungen und Bedürfnissen zu berücksichtigen. Solche Vorgehensweisen könnten exemplarisch entwickelt und begleitet werden.

5.3 Technische Grenzen, Implementierungshindernisse und Folgerungen

Die Integration der Informationsverarbeitung durch Netze ist heute Stand der Diskussion. Dabei wird der Integrationsgedanke häufig auf die Integration von Datenbeständen und auf den flexiblen Zugriff auf dieselben reduziert. Der Last- und Verfügbarkeitsverbund von Rechnern wird unter anwendungsorientierten Gesichtspunkten

	Investions-volumen	Investions-risiko	Qualifi-zierungs-erfodernisse
Funktionsbezogene Netze	○	○ / ◖	○
Produktgruppenbezogene Netze	◖	◖ / ●	◖ / ●
Systembezogene Netze	◖	○ / ◖ / ●	○ / ◖ / ●

Bild 5.2. Bewertung von Netzen bezüglich Investitionsvolumen, Investitionsrisiko und Qualifikationserfordernissen. ○ gering, ◖ mittel, ● groß

kaum diskutiert. Auch wird die notwendige Integration der Netztechnik mit Planungs- und Steuerungsmethoden kaum angesprochen. Damit werden wesentliche Voraussetzungen zum betriebsnahen wirtschaftlichen Einsatz von Netzen nicht thematisiert.

Von ihren technischen Ausprägungen her erlauben Netze zwar eine integrierte Koordination auf dezentralen Rechnern. Es müssen bei einer solchen Lösung jedoch folgende Probleme beachtet werden [4]:

- Es bestehen immer noch Schwierigkeiten bei der On-line-Kopplung von Rechnern unterschiedlicher Hersteller.
- Die System-Software der Rechner ist meist nicht in der Lage, jedes beliebige Netz zu bedienen. Hier sind zum Teil wesentliche Erweiterungen notwendig.
- Daten- und Anwendersoftware, die im Einzelfall eingesetzt werden, sind nicht an die Anforderungen von integrierten Lösungen angepaßt. Vor dem Einsatz ist deshalb ein Integrationskonzept notwendig, in dem die Daten- und Funktionszusammenhänge dargestellt werden. In der Praxis ergeben sich besonders dann Schwierigkeiten, wenn der Zugriff auf solche Daten nicht über Datenbanken erfolgt.
- Bei der Konzipierung von verteilten Datenbanken macht es besondere Schwierigkeiten, die richtige Verteilung aus Anwendersicht zu installieren. Die Probleme der technischen Handhabung treten gegenüber denen der Definition in den Hintergrund.
- In der Produktion verwendet man unterschiedliche Rechnertypen. Da auch Prozeßrechner angesprochen werden, sind an Netze höchste Anforderungen bezüglich Verfügbarkeit, Ausfallsicherheit sowie Echtzeitverhalten und Schnittstellenformalisierung (z. B. MAP) zu stellen.

- Die Netz-Bausteine sind zusätzliche Glieder im Informationsverarbeitungsprozeß, die ausfallen können beziehungsweise ein Zeitverhalten haben. Das Problem ist dynamisch, da eine gegenseitige Beeinflussung von Bearbeitungsprozessen eintreten kann. Das bedeutet zusätzlichen Aufwand für den Notbetrieb bezüglich der Kommunikation.
- In den Kommunikationsnetzen verhält sich die Belastungsverteilung sehr dynamisch, was zu Wartezeiten führen kann. Die Abschätzung des dynamischen Verhaltens von Netzen ist schwierig, so daß Simulationsuntersuchungen in der Auslegungsphase zu empfehlen sind.
- Die Forderung nach 100%iger Datensicherheit erscheint selbstverständlich und muß von den Lieferanten garantiert werden. Der Aufwand, um dies zu erreichen, ist allerdings oft beträchtlich, so daß auf diesem Gebiet auch alternative Wege geprüft werden müssen.
- Dies macht z. T. verständlich, warum die Integration über Netze noch nicht so weit fortgeschritten ist, wie man aufgrund der umfangreichen Diskussion in der Literatur erwartet hätte [6]. Daß die Integration der besonderen Ausprägung spezifischer Merkmale bedarf, wird in [1] bezüglich der PPS differenziert belegt.
- Die relativ differenzierten Ausprägungen von technisch-betriebswirtschaftlich-organisatorischen Merkmalen in den traditionellen Bereichen von der Konstruktion bis zur Fertigung haben ein hohes Maß an Formalisierung bei den Informationen zur Folge, was lange, personalintensive Vorarbeiten verlangt. Um gleichzeitig in der durch Netze verbundenen Produktion ein genügendes Maß an Variabilität zu erhalten, ist es notwendig, den Menschen stärker in den Mittelpunkt zu stellen. Die Vielzahl von technischen Randbedingungen kann nämlich Produktionsbedingungen entstehen lassen, die die Konzentrierung auf die weitgehend automatisierte Produktion zur Folge haben würde.

Die Implementierungshindernisse würde man z. T. umgehen, wenn man neue Bereiche für den Einsatz von Netzen erschlösse; z. B. eine bessere Integration und veränderte Organisationsformen in Konstruktion, Marktforschung und Vertrieb. Hier würde das schnelle Umsetzen des vorhandenen kreativen Potentials im Vordergrund stehen. Dies würde sehr motivierend auf die Mitarbeiter wirken. Man hätte auch die Möglichkeit, inner- und außerbetriebliche Netze zu verbinden. Dies würde die Produktinnovation erheblich beschleunigen. Es ergäbe sich auch der Vorteil, daß das Beharrungsvermögen aufgrund getätigter Investitionen und geprägter Bedingungen hier geringer ist als in anderen Unternehmensbereichen.

Als Forderung läßt sich daraus ableiten, den Menschen stärker in den Mittelpunkt der Bemühungen zu rücken, da sein kreatives Potential wesentlich zu einer Wertschöpfung beitragen kann, die sich den sich verändernden Bedingungen anpaßt.

5.4 Zentrale Annahmen zu Personal, Organisation und Technologie

Die existierenden Planungsweisen und Organisationsformen müssen neu überdacht werden, soll das latent vorhandene integrative Potential von Netzen menschengerecht und wirtschaftlich genutzt werden. Dazu muß eine für die Vernetzung angemessene Sichtweise eingeführt werden. Hier eignet sich die *potentialorientierte Betrachtungs-*

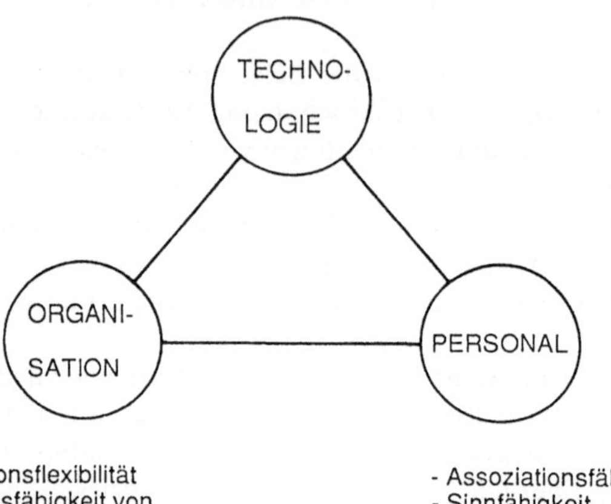

Bild 5.3. Angestrebte Beziehungen bei potentialorientierter Produktionsweise

weise [3]. Sie bezieht bei der betrieblichen Kombination von Technologie, Organisation und Personal den Menschen stärker in die Überlegungen mit ein, da sie seine Sinn-, Assoziations- und Zielbildungsfähigkeit zum Gegenstand der konzeptionellen Betrachtungen macht (Bild 5.3).

Bei diesen Betrachtungen wird davon ausgegangen, daß die flexiblen Technologien – zu denen auch die Netze gehören – sehr spezielle und spezifische Fähigkeiten haben, wie wir in Abschnitt 5.3 gesehen haben. Die mit Hilfe der Netze realisierte Flexibilität ist zudem nicht kostenfrei. Ein weiterer bedenkenswerter Punkt ist, daß die flexiblen Technologien marktgängige Technologien sind. Es wird sogar unterstellt, daß ihr Einsatz unabdingbar ist, daß man aber mit ihnen keinen entscheidenden Wettbewerbsvorteil erringen kann. Selbst wenn man die Aussage in dieser Stringenz nicht aufrecht erhalten kann, wird doch deutlich, daß der Organisation und dem Personal nach der Phase der ersten Einführung neuer Technologien wieder ein hoher Stellenwert zukommen wird [3].

Im Gegensatz zur Experimentierfreudigkeit zu Beginn der 70er Jahre wird heute Flexibilität in planenden und verwaltenden Bereichen der Produktion kaum mit organisationstheoretischen Ansätzen in Verbindung gebracht, sondern meist mit komplexer Software. Die Organisationsmärkte sollten jedoch auch zur Integration von Planung, Disposition und Durchführung genutzt werden. Damit können sie die Kombinationsflexibilität mit Hilfe von Software sinnvoll ergänzen, was insbesondere dann gelingt, wenn aufgrund einfacher, überschaubarer Betriebsabläufe die Durchsichtigkeit der Organisation gewährleistet ist.

Die sinnvolle Kombination der flexiblen Technologien und der organisatorischen Regelungen in Form von Anweisungen oder Software verlangt nach Ausführungs-,

Überwachungs- und Kontrollfähigkeiten, die den Zusammenhang der Produktion als Ganzes zur Voraussetzung haben. Nur so läßt sich komplexe Produktion im Feld der sich ändernden Umweltbedingungen realisieren. Die Flexibilität der Mitarbeiter muß so ausgeprägt sein, daß sie einen angemessenen Beitrag zur Koordination des Betriebsprozesses leisten können. Die Qualifikation muß ausreichen, um sowohl die dynamischen Umweltveränderungen verarbeiten als auch aus denselben neue Anforderungen an den Produktionsprozeß ableiten zu können.

Geht man davon aus, daß in Zukunft auch komplexere Teiltätigkeiten im gesamten Produktionsbereich automatisiert werden, so sind zur Initiierung, Überwachung und Kontrolle des Produktionsprozesses die simultanen und assoziativen Fähigkeiten des Menschen in großem Umfang gefragt. Diese Aufgaben verlangen die volle Einbeziehung der menschlichen Eigenschaften zur komplexen, wertenden Informationsverarbeitung. Diese Ausprägung soll mit dem Begriff Assoziationsfähigkeit belegt werden.

Als weiteres Merkmal menschlicher Fähigkeiten muß die permanente Überprüfung der eigenen Tätigkeit auf Sinnhaftigkeit beachtet werden. Unterschiedliche Tätigkeiten sind für verschiedene Individuen von unterschiedlicher Wichtigkeit. Dies wird wesentlich durch die Konstellation persönlicher Bedürfnisse, Motive und Ziele und durch die gesellschaftlichen Normen und Werte bestimmt. Die jeweils zugeordnete Sinnhaftigkeit der Tätigkeit bestimmt somit, in welchem Umfang sich die arbeitenden Menschen in die Tätigkeit einbringen. Da der Mensch die Fähigkeit hat – im Gegensatz zu Maschinen – sich auf neue Ziele einzustellen und Ziele zu finden, sollte dies berücksichtigt werden. Die Ziele wird der Mitarbeiter aber nur dann in vollem Umfang umsetzen, wenn sie sinnhaft sind.

5.5 Folgerungen und Forschungsfelder

Aus dem skizzierten Sach- und Problemstand können exemplarisch die folgenden Problembereiche herausgezogen werden. Es werden nur solche Probleme benannt, die in firmenbezogenen Lösungen nicht oder kaum beachtet werden:
- Es gibt keine integrativen Planungsphilosophien und Planungshilfen zur Realisierung vernetzter Systeme.
- Es gibt keine systematisch herausgearbeiteten Ansatzpunkte, die beim Aufbau einer firmenbezogenen Strategie zur Einführung von Netzen behilflich wären.
- Im technisch-verwaltenden Bereich sowie im Werkstattbereich von Produktionsbetrieben gibt es nur einen begrenzten Kenntnisstand zu Vernetzungsmöglichkeiten; dadurch können z. B. Flexibilisierungspotentiale der Produktion nicht genutzt werden.
- Es gibt keine ausreichenden Handlungsmuster zur Gestaltung der Arbeitsorganisation im Kontext mit der Betriebsorganisation.
- Es gibt keine Hinweise, welche Handlungs- und Dispositionsspielräume Netze in Verbindung mit Software und sonstiger flexibler Technologie bieten.

Dadurch ergeben sich ansatzweise Forschungsfelder, die aufgrund der Ausführungen in die folgenden Bereiche einzubetten sind:

- Konkretisierung von Produktionsphilosophien und Strategien, die die Stellung des Menschen im Zusammenhang mit flexiblen Technologien, wie z. B. Netzen, neu definieren,
- Aufbau von Einführungsstrategien für den schrittweisen Aufbau von Netzen unter Einbeziehung der Betroffenen,
- Herauskristallisieren von Einsatzbereichen von Netzen, die die Umsetzung des kreativen Potentials des Menschen verbessern,
- Analyse der Tätigkeiten in Unternehmen unter dem Blickwinkel einer effektiven Rechnerunterstützung unter Einbeziehung von Netzen,
- Prüfung der Notwendigkeit von Umstrukturierungsmaßnahmen in Aufgabenfeldern an der Grenze zwischen Planung und Disposition.

Bei diesen Betrachtungen ist insbesondere zu bedenken, daß Netze auch in kleinen Betrieben oder betrieblichen Teilbereichen zum Einsatz kommen können.

5.6 Literatur

1 Emmerich, W: PPS-Systeme als CIM-Bausteine. FB/IE 36 (1987) 2: S. 83–88
2 Eversheim, W; König, W; Weck, M; Pfeifer, T: Produktionstechnik auf dem Weg zu integrierten Systemen. VDI-Z 129 (1987) 6, S. 60–65
3 Fröhner, K-D: Der Wandel der Produktionsphilosopie und der Stellenwert menschlicher Arbeit, in: Hackstein, R. u. a. (Hrsg.) 1986, S. 39–56
4 Fröhner, K-D; Heinrich, G: Langfristige Entwicklungen bei der Produktionsplanung und -steuerung. FB/IE 35 (1986) 4, S. 166–170
5 Fröhner, K-D; Wirth, S: Arbeits- und Betriebsorganisation in Japan. Technische Rundschau 34/1987, S. 20–26
6 Lay, G: CIM-Stand und Entwicklungstendenzen der Vernetzung. Die Mitbestimmung 5/1987, S. 235–237
7 Spur, G: Neue Technologien und Arbeitsorganisation. REFA-Nachrichten 3/1985, S. 10–13
8 Warnecke, H-J: Schritte zu einer wirtschaftlich-sozialen Fabrikautomatisierung. Technische Rundschau 18/1987, S. 20–31
9 Wildemann, H: Fertigungssegmentierung. VDI-Z 129 (1987) 11, S. 36–43

6 Probleme der Arbeitsorganisation bei der Einführung rechnerintegrierter Produktionssysteme

HARTMUT HIRSCH-KREINSEN

6.1 Vorbemerkung

Die folgenden Ausführungen beziehen sich auf den ökonomisch für die Bundesrepublik überaus bedeutsamen Bereich der Investitionsgüterindustrie, wobei besonders auf den Maschinenbau eingegangen wird, der mit seiner großen Zahl mittlerer und kleiner Betriebe ein Schwerpunkt des Rechnereinsatzes und der Rechnerintegration geworden ist. Im Zentrum steht dabei die innerbetriebliche rechnergestützte Integration. Ausgeklammert wird die wichtige Frage nach den Entwicklungstendenzen und humanisierungsrelevanten Konsequenzen der rechnergestützten zwischenbetrieblichen Vernetzung, die der gesonderten und ausführlichen Behandlung bedarf.

6.2 Entwicklungstendenzen rechnerintegrierter Systeme

Der derzeitige Stand der Verbreitung rechnerintegrierter Produktionssysteme ist bislang begrenzt, zugleich zeigt sich aber eine relativ starke Tendenz zur Ausbreitung solcher Systeme, die im einzelnen freilich sehr unterschiedliche Schwerpunkte aufweist. Nach den Daten einer 1986/87 vom ISF München hauptsächlich in der Investitionsgüterindustrie durchgeführten Breitenerhebung[1] zeigt sich, daß 1986 nur 9 % aller Betriebe dieses Industriebereichs eine innerbetriebliche On-line-Vernetzung realisiert haben. Zieht man jedoch die Angaben zu geplanten Integrationmaßnahmen in die Betrachtung ein (weitere 14 % der Betriebe), so werden bei einer Verwirklichung dieser Planungen in ein bis zwei Jahren integrierte Systeme in fast einem Viertel aller Betriebe der Investitionsgüterindustrie anzutreffen sein (ca. 23 %), wobei die zu erwartenden Anwenderquoten in der elektrotechnischen Industrie und im Maschinenbau überdurchschnittlich hoch liegen. Ab einer Größe von mindestens 500 Beschäftigten sind mehr als drei Viertel der Betriebe in einer Vernetzung aktiv, und selbst für kleinere Betriebe zeichnet sich ein Einstieg in diese Technik ab.

Die Schwerpunkte der Entwicklung sind durch mehrere *Hauptlinien der Integration* gekennzeichnet, die sich auf die rechnergestützte Vernetzung jeweils unterschied-

---

[1] Diese Erhebung zum Thema „Stand und arbeitsorganisatorische Probleme des Einsatzes mikroelektronischer Systeme in Produktion und Verwaltung der Unternehmen" wurde im Auftrag des RKW durchgeführt. Erste bisher ausgewertete Ergebnisse finden sich in [8, 9].

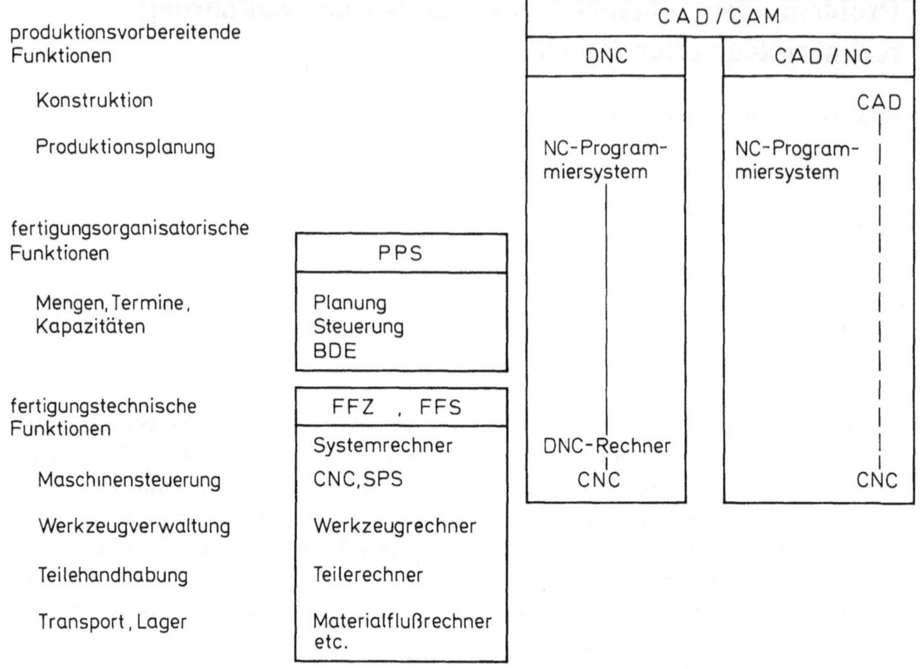

Bild 6.1. Derzeit dominante Entwicklungslinien rechnergestützter Integration

licher Funktionsbereiche des Produktionsprozesses beziehen. Im einzelnen handelt es sich um die Entwicklungslinien (Bild 6.1).

- Flexible Fertigungssysteme (FFS) und Fertigungszellen (FFZ), deren Bestand sich seit 1983, allerdings auf niedrigem Niveau, verdoppelt hat [4]. 1986 verfügten knapp 7% der Betrieb in der Investitionsgüterindustrie über derartige Anlagen.
- Produktionsplanungs- und Steuerungssysteme (PPS), die nach der ISF-Breitenerhebung in rund 15% der Betriebe der Investitionsgüterindustrie anzutreffen sind und deren Verbreitungsrate besonders hoch ist;
- Systeme der rechnergestützten Vernetzung von Konstruktion, Arbeitsvorbereitung und Fertigung (CAD/CAM), die bislang nur in wenigen Betrieben (weniger als 3%) zu finden sind, wobei diese Entwicklungslinie in mehr oder weniger bedeutsame Teillinien der Vernetzung zerfällt (z. B. CAD/NC, DNC).

Diese Entwicklungslinien der Rechnerintegration verlaufen bislang vor allem aufgrund der bekannten Schnittstellenprobleme relativ abgeschottet und abgegrenzt voneinander. Von *CIM-Systemen* kann demgegenüber erst gesprochen werden, wenn die verschiedenen Entwicklungslinien der Rechnerintegration übergreifend und die Schnittstellenprobleme überwindend *zu Gesamtsystemen vernetzt* sind. Dies kann bislang allerdings nur für wenige Betriebe oder einzelne Produktionsbereiche zumeist in Großunternehmen eine realistische Perspektive sein, nicht jedoch für die Masse der Betriebe der Investitionsgüterfertigung.

Realistischerweise ist daher damit zu rechnen, daß in absehbarer Zeit in den Anwenderbetrieben verschiedene Entwicklungslinien der Rechnerintegration nebeneinander herlaufen werden, die in funktionaler Hinsicht ergänzend und/oder konkurrierend ausgelegt sind. Im Hinblick auf die Gestaltungsmöglichkeiten der Betriebs- und Arbeitsorganisation können damit nicht unerheblich differierende Anforderungen verbunden sein. Denn nach allen vorliegenden Befunden verbinden sich mit den verschiedenen Entwicklungslinien der Rechnerintegration nicht nur jeweils verschiedene organisatorische Gestaltungsspielräume, sondern mit ein und derselben Entwicklungslinie korrelieren auch recht unterschiedliche Möglichkeiten der Auslegung der Betriebs- und Arbeitsorganisation [2, 5, 6].

Dies verweist auf ein nur wenig eindeutiges, vor allem nicht – wie häufig in der ingenieurwissenschaftlichen Diskussion angenommen – ausschließlich informationstechnisch bestimmtes Verhältnis von rechnerintegrierten Techniken und der Gestaltbarkeit der Organisation. Vielmehr sind die Auslegung und Konzipierung der produktionstechnischen Systeme und die Gestaltung der Betriebs- und Arbeitsorganisation eingebettet in einen komplexen wechselseitigen Zusammenhang, der in hohem Maße von nicht-technischen, d. h. ökonomischen und sozialen Bedingungen und Faktoren geprägt ist. Es zeigt sich, daß hierbei den Bedingungen und Strukturen des Technikmarktes, den Entwicklungskonzepten der Systemanbieter und den darauf bezogenen Implementationsprozessen rechnerintegrierter Systeme in den Anwenderbetrieben besondere Bedeutung zukommt.

6.3 Die Bedeutung der Anbieter und der Wandel der Systemkonzepte

Die Anbieter rechnerintegrierter Produktionssysteme haben im Hinblick auf die Einsatz- und Nutzungsmöglichkeiten der Systeme und damit einhergehende humanisierungsrelevante Problemfelder im Vergleich zu konventionellen Produktionstechniken eine überaus große Bedeutung. Dies in zweifacher Hinsicht: Zum einen gewinnt die produktionstechnische Entwicklung mit der fortschreitenden Adaption von Rechnertechniken eine völlig neue Dimension der Komplexität, womit steigende Schwierigkeiten der Systembeherrschung verbunden sind. Zum zweiten findet ein rascher Wandel der Herstellerstrukturen mit Auswirkungen auf die technisch-organisatorischen Systemkonzepte statt.

Die Entwicklung rechnergestützter und rechnerintegrierter Produktionssysteme orientierte sich lange Jahre an *tayloristischen Rationalisierungsmustern,* deren Logik auf eine zentralistisch-bürokratische Beherrschung möglichst arbeitsteilig ausgelegter betrieblicher Abläufe hinauslief; eine Logik, welche durch den Rechnereinsatz in deutlich höherem Grade realisierbar zu sein schien als zuvor. Die vorherrschende Leitidee dieser Entwicklungsrichtung war zumindest die „Geisterschicht", wenn nicht gar die „mannlose Fabrik". Ohne Frage kann man mit dem Einsatz rechnerintegrierter Produktionssysteme diesen Zielen ein Stück näherkommen und drängenden betrieblichen Problemen, wie der drohenden Ineffizienz bürokratisierter Strukturen, zu langen Lieferzeiten und Terminungenauigkeiten oder zu hoher Bindung des Umlaufkapitals, begegnen.

Unübersehbar sind jedoch ökonomische, technische und funktionale Grenzen der herkömmlichen Konzeptionen rechnerintegrierter Produktionssysteme. Vielfach werden die Systeme weit unterhalb des Leistungsniveaus genutzt, das ursprünglich in Aussicht gestellt war. Wesentliche Ursachen liegen nicht nur in der störanfälligen Komplexität der Systeme, sondern in ihrer mangelnden Flexibilität und den fehlenden Eingriffsmöglichkeiten, die in hohem Maße in der ihnen zugrundeliegenden tayloristischen Organisationslogik begründet sind. Mehr oder weniger gilt dies für alle drei relevanten Entwicklungslinien rechnerintegrierter Produktionssysteme.

Aus diesen Gründen werden zunehmend Systemarchitekturen und Systemkonzepte diskutiert, gefordert und z. T. auch schon entwickelt, die nicht einer bestimmten Organisationslogik verpflichtet sind, sondern die den potentiellen Anwenderbetrieben grundlegende organisatorische Wahlmöglichkeiten offenlassen. Im Unterschied zu den herkömmlichen Systemkonzeptionen, die auf eine Stabilisierung oder Vertiefung der *hierarchisch-funktionalen Arbeitsteilung* zwischen Disposition und Ausführung drängen oder sie den Betrieben zumindest nahelegen, weisen die sich neu abzeichnenden Systemkonzeptionen weite Spielräume für die *Gestaltbarkeit der Arbeitsorganisation* auf (Bild 6.2). Im Hinblick auf die hierarchisch-funktionale Arbeitsteilung heißt dies, daß die rechnergestützten Systeme sowohl zentralistisch-arbeitsteilig als auch dezentral und weniger arbeitsteilig genutzt werden können. Für den Werkstattbereich bedeutet dies, daß sich mit der Einführung derartiger Systeme im Vergleich zu früher große Spielräume für die (Re-)Integration dispositiver Funktionen, wie Feinterminierung, Arbeitsplanung oder Programmierung, ergeben.

Derartige Entwicklungsansätze finden zunehmend, im einzelnen freilich in sehr unterschiedlicher Weise, in die verschiedenen Linien rechnerintegrierter Produktionstechniken Eingang. Relativ weitreichend finden sich insbesondere Prinzipien der Modularisierung, der informationstechnischen Dezentralisierung und den damit einhergehenden Eingriffsmöglichkeiten bei neueren flexiblen Fertigungssystemen berücksichtigt. Bei der Entwicklung von PPS-Systemen beginnt sich die Realisation solcher Prinzipien sehr zögernd durchzusetzen, bei CAD/CAM-Systemen steht sie dagegen erst am Anfang (Bild 6.3).

Getragen wird diese Entwicklung von einer Verschiebung in den Herstellerstrukturen rechnerintegrierter Produktionssysteme. Neben die zumeist großen und größeren, teilweise aus den USA stammenden Rechner- und Softwarehersteller mit ihren herkömmlichen, der tayloristischen Rationalisierungslogik verpflichteten Systemkonzepten, treten zunehmend neue Anbieter mit flexiblen anpassungsfähigen Systemlösungen auf den Markt. In der Bundesrepublik ist hier in der letzten Zeit insbesondere

	FFZ/FFS	PPS	CAD/CAM	
			DNC	CAD/NC
arbeitsteilige Konzepte		zentralistisch — deterministisch	arbeitsteilig ausgelegt	bürogebunden
offene Konzepte	arbeitsorganisatorisch offen	Rahmenplanung	werkstattoffen	werkstattoffen

Bild 6.2. Arbeitsorganisatorische Implikationen von CIM-Komponenten

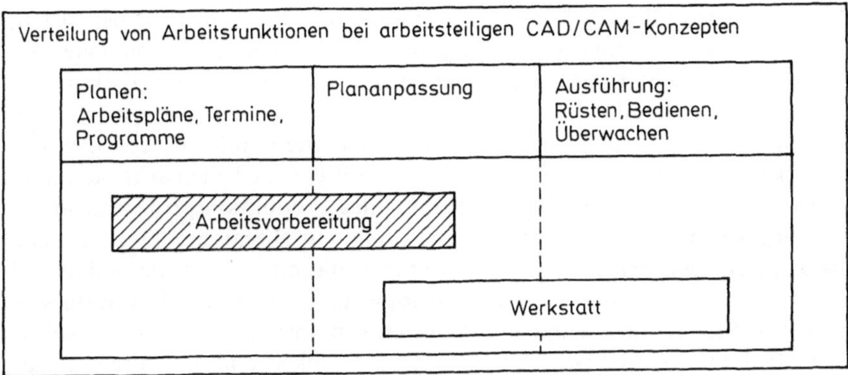

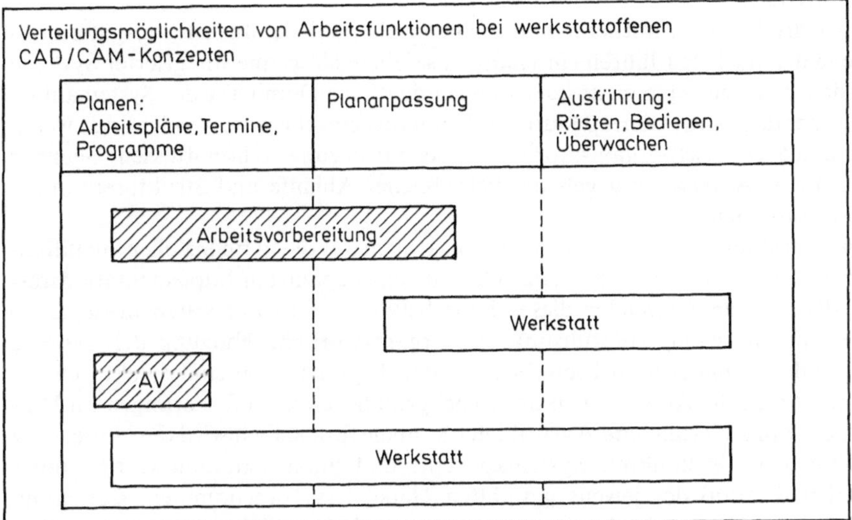

Bild 6.3. Alternativen des CAD/CAM-Einsatzes

das Zusammengehen von Maschinenbaubetrieben mit kleineren System- und Softwarehäusern, die bislang häufig werkstattorientierte Speziallösungen konzipiert haben, unübersehbar. Daneben sind aber auch die Hersteller von in ihrer Grundstruktur zentralistisch-bürokratisch ausgelegten Systemen bestrebt, Systemkonzeptionen anzubieten, die eine gewisse arbeitsorganisatorische Dezentralisierung und insbesondere ein intelligentes Informations-Feedback zulassen.

6.4 Betriebliche Implementationsprozesse

In welcher Weise bei der Einführung rechnerintegrierter Produktionssysteme die jeweiligen technisch-organisatorischen Gestaltungspotentiale genutzt werden und ob sich mit der Systemeinführung humanisierungsrelevante Probleme ergeben, ist in hohem Maße vom betrieblichen Implementationsprozeß der Systeme abhängig. Art und Verlauf der Implementationsprozesse werden dabei von einer Vielzahl ökonomischer und betriebsstruktureller Bedingungen geprägt. Zu nennen sind zunächst betriebliche Ausgangsbedingungen, wie die Stellung der Betriebe auf dem Absatzmakrt, die Verfügbarkeit von bestimmten Qualifikationen auf dem Arbeitsmarkt oder aber die gegebene technisch-organisatorische Struktur des Produktionsprozesses, insbesondere die eingespielten Formen von Arbeitsteilung und Hierarchie. Daneben sind die jeweils eingeschlagenen Prozeduren der Implementation, die Ansatzpunkte und Reichweite der Integration oder auch die den Implementationsverlauf beeinflussenden betrieblichen Akteure und Gruppen sehr wesentlich. Insgesamt bestimmen solche und ähnliche Bedingungen die betriebliche Strategiefähigkeit und die Durchsetzbarkeit spezifischer Anwenderinteressen gegenüber den Anbietern rechnerintegrierter Produktionssysteme.

Bei der großen Zahl mittlerer und kleinerer Betriebe der Investitionsgüterindustrie, die in den nächsten Jahren ein Haupteinsatzbereich rechnerintegrierter Systeme sein werden, zeigt sich eine mehr oder weniger deutliche Dominanz der Systemanbieter gegenüber den -anwendern. Häufig verbleibt den einzelnen Anwendern nur wenig Spielraum, die technisch-organisatorische Systemauslegung zu beeinflussen, vielmehr ist vielfach eine Anpassung gegebener betrieblicher Abläufe und Strukturen an die Systeme erforderlich.

Zurückzuführen ist diese Situation hauptsächlich auf die in finanzieller, qualifikatorischer und vor allem zeitlicher Hinsicht nur sehr begrenzten Implementationsressourcen der meisten Anwender dieses Betriebstyps, die sie nur selten in die Lage versetzen, die Auslegung, Einführung und organisatorische Nutzung der Systeme planvoll und systematisch zu beeinflusen. Diese Begrenzungen sind strukturell bedingt. Zwar legen die Anwender in der Regel grundlegende Anforderungen im Hinblick auf die Konzipierung und Auswahl der Systeme fest, jedoch wird die Umsetzung dieser „Pflichten" in konkrete Systemkonzepte und Implementationsschritte unter dem starken Einfluß des jeweils gewählten Herstellers vorgenommen. Gleichsam naturwüchsig verbunden ist damit vor allem auch die Verpflichtung des Anwenders auf die jeweiligen, mit den Systemen verbundenen, organisatorischen Konzeptionen. Gestützt wird dies durch die häufig anzutreffende, ausschließlich technische Orientierung des Managements in den Anwenderbetrieben.

Dies führt in vielen Betrieben zu einer strukturkonservativen Gestaltung der technisch-organisatorischen Prozeßstrukturen bei der Einführung rechnerintegrierter Systeme: In technischer Hinsicht werden einmal eingeschlagene Wege des Rechnereinsatzes und eingespielte Beziehungen zu Herstellern selten verlassen; in organisatorischer Hinsicht werden nachhaltige Veränderungen der bestehenden, häufig arbeitsteilig ausgelegten Betriebsstrukturen vermieden.

Insgesamt ist vermutlich die Mehrheit der Implementationsprozesse durch die schrittweise Einführung der Rechnersysteme ohne langfristig angelegte umfassende Umstellungskonzeptionen gekennzeichnet. Faktisch basiert die CIM-Einführung auf den bestehenden betrieblichen Strukturen, insbesondere auch der Einbeziehung bestehender und organisatorisch restriktiver Rechnerinseln in den Integrationsprozeß.

6.5 Humanisierungsrelevante Problemfelder

Der derzeit in den meisten Betrieben beobachtbare Verzicht auf nachhaltige Strukturveränderungen bei der technisch-organisatorischen Entwicklung von Produktionsprozessen widerspricht keineswegs den sich wandelnden Marktanforderungen, die,
wie häufig zu hören, auf eine nachhaltige Flexibilisierung der betrieblichen Strukturen
drängten. Denn durch den Einsatz der Rechnersysteme, insbesondere solcher, die eine
erhöhte organisatorische Anpaßbarkeit, verbesserte Eingriffsmöglichkeiten und geringere Starrheiten als frühere aufweisen, werden drohende Probleme der Ineffizienz
sowie die steigenden Kosten bürokratisch-arbeitsteiliger Strukturen zumindest kurzfristig neutralisiert, wenn nicht gar reduziert. Zum zweiten verfügt die überwiegende
Zahl der Betriebe der Investitionsgüterindustrie vermutlich im Unterschied zu anderen Branchen über einen hohen Stand qualifizierter Facharbeiter, der aufgrund gün-
stiger Arbeitsmarktbedingungen teilweise noch ausgeweitet wird und der gleichsam
komplementär zur zentralen Planung, Steuerung und Kontrolle als Elastizitätspuffer
und Korrekturfaktor vor Ort fungiert.

Freilich verbinden sich mit einem solchen betrieblichen Vorgehen nicht unerheb-
liche personalwirtschaftliche Probleme im Hinblick auf eine dauerhafte Verfügbarkeit
über qualifizierte Facharbeiter, die aufgrund der aktuell günstigen Arbeitsmarktlage
vom Management der Betriebe derzeit nicht antizipiert werden. Neben anderen Pro-
blemfeldern[2] dürfte diese personalwirtschaftliche Frage besondere Relevanz gewinnen und soll deshalb hier hervorgehoben werden. Geht man nämlich davon aus, daß
qualfzierte Produktionsarbeit trotz Rechnereinsatz das zentrale Elastizitäts- und
Produktivitätspotential der Betriebe ist, so sind längerfristig schwerwiegende Risiken
für die Anpassungs- und Reaktionsfähigkeit der Betriebe zu erwarten, an die insbesondere im Bereich der Investitionsgüterindustrie hohe und steigende Anforderungen
gestellt werden. Die Probleme einer dauerhaften Verfügbarkeit über Facharbeiter
begründen sich in drei Entwicklungsmomenten, die sich wechselseitig stützen und
ergänzen:

1. Der fortschreitende Einsatz insbesondere herkömmlich ausgelegter Produktionssysteme führt – nach allen vorliegenden Befunden – zu einer allmählichen und fortschreitenden Entwertung zentraler Komponenten von qualifizierter Produktionsarbeit in mehreren Dimensionen:
- durch den Verlust organisierender und koordinierender Aufgaben infolge der Ob-
  jektivierung (Informatisierung und Algorithmierung) des kooperativen Zusam-
  menhangs des Arbeitsprozesses in den rechnergestützten Planungs- und Organisa-
  tionssystemen;
- durch den Bedeutungsverlust wichtiger technisch-fachlicher Qualifikationskompo-
  nenten infolge der ständigen Effektivierung zentraler Programmierung und
  Planung; Facharbeitern kommen bestenfalls nur noch komplementäre Zusatzfunk-
  tionen der überwachten Anpassung und Modifikation der Plandaten in Sonder-
  situationen zu;

---

[2] Vgl. hierzu generell die in einem Gutachten des ISF genannten, zukünftig zu erwartenden
Probleme von HdA beim Einsatz neuer Techniken [1].

– damit verbunden durch ein steigendes Maß an Determinierbarkeit und Kontrollierbarkeit der Arbeitsvollzüge in der Werkstatt; dies bedeutet nicht nur den Wegfall von Autonomie und Improvisationsmöglichkeiten, die gerade aufgrund der sich wandelnden Marktanforderungen wichtig sind, sondern vor allem auch einen verschärften leistungspolitischen Zugriff auf die Leistungshergabe der Arbeiter durch das Management.

2. Erschwert, wenn nicht gar unmöglich gemacht, wird die Reproduzierbarkeit von Erfahrungen und Qualifikationen im Produktionsprozeß als zentrales Merkmal qualifizierter Produktionsarbeit. Facharbeit zeichnete sich bislang durch eine hohe Fähigkeit zur Anpassung an sich wandelnde Anforderungsprofile und zur relativ autonomen Aneignung und Bewältigung neuer Arbeitssituationen aus. Dies setzt voraus, daß die von Facharbeitern auszuführenden Aufgaben in einer Weise strukturiert sind, daß sie nicht nur den Einsatz bereits vorhandener, eingeübter Fertigkeiten und Kenntnisse verlangen. Vielmehr lassen sich diese durch ihre Ausübung immer weiter verbessern und erweitern, vermutlich bis in ein Arbeitsalter hinein, in dem nach gängigen Vorstellungen kaum mehr Chancen zu formalisiertem Lernen gegeben sind. Bei diesem Lernprozeß handelt es sich keineswegs nur um die bloße Akkumulation von Kenntnissen und Fähigkeiten, vielmehr gehört hierzu auch die Erweiterung der verfügbaren Reservoirs an praktischen Problemlösungen und häufig eine zunehmende Sicherheit in Diagnose und Bestimmung der richtigen Intervention. Infolge einer strukturkonservativen Prozeßgestaltung besteht nun die Gefahr, daß diese Potentiale verschüttet werden. Indem auf den Verlust nach wie vor prozeßnotwendigen Erfahrungswissens mit verstärktem Einsatz herkömmlich ausgelegter und auf weitreichende Automatisierung ausgerichteter Rechnertechniken reagiert wird, droht ein sich selbst verstärkender Kreislauf in Gang gesetzt zu werden. Dadurch wiederum werden die Erosionstendenzen qualifizierter Arbeit verstärkt.[3]

3. Es verschieben sich zentrale Momente der gewachsenen Belegschaftsstrukturen (des betrieblichen Gesamtarbeiters) und die Voraussetzungen der eingespielten Praktiken von Personalführung, Personaleinsatz und innerbetrieblichem Aufstieg. Diese Entwicklung ist Konsequenz vor allem einer vermehrten zentralen Planung, Steuerung und Kontrolle durch den Einsatz herkömmlich ausgelegter Organisations- und Planungstechniken und der damit einhergehenden Möglichkeiten eines gezielten und differentiellen Zugriffs auf verschiedene Betriebsbereiche. Damit werden ursprünglich vergleichsweise homogene Tätigkeitsstrukturen tendenziell ausdifferenziert, es können Arbeitsbereiche mit deutlich unterschiedlichen Anforderungen entstehen mit der Folge zunehmend segmentierter Belegschaftsstrukturen. Damit in Zusammenhang können Arbeitsplätze im Bereich der Produktionsvorbereitung (aber auch in der Werkstatt) Schlüsselcharakter gewinnen, wodurch traditionelle Aufstiegswege für Facharbeit blockiert werden; greifbar wird dies am absehbar zunehmenden Einsatz von Ingenieuren im gesamten Produktionsbereich der Betriebe.

---

[3] Vgl. hierzu auch ein gerade abgeschlossenes, am ISF-München durchgeführtes HdA-Projekt, in dem, ausgehend von einem Konzept „subjektivierenden Arbeitshandelns", diese und ähnliche Fragen am Beispiel des CNC-Einsatzes diskutiert werden [3].

Damit verschlechtern sich langfristig die Chancen der Betriebe, qualifizierte Facharbeiter rekrutieren zu können. Denn aufgrund der absehbaren demographischen Entwicklung, der Verschiebung der Bevölkerungsstrukturen, eines deutlich steigenden Bildungsniveaus sowie sich wandelnder Arbeits- und Leistungsorientierungen droht für weite Bevölkerungsteile Produktionsarbeit im Verlauf der 90er Jahre unter den skizzierten Bedingungen in wirtschaftlicher und sozialer Hinsicht zunehmend unattraktiver zu werden.

6.6 Forschungsfelder und Gestaltungspotentiale

Aus dem Gesagten ergibt sich auf folgenden Feldern ein vordringlicher Forschungs- und Gestaltungsbedarf:

1. Technikentwicklung. Hier gilt es, bestehende Entwicklungsansätze, die eine organisatorische Variabilisierung der Systeme erlauben, gezielt zu verstärken. Wesentlich ist hierbei das Aufgreifen neuer Entwicklungsansätze, die von vornherein organisatorische Wahlmöglichkeiten eröffnen und eine qualifikationsorientierte Systemnutzung nicht verbauen. Schon seit längerem existieren weitreichende und systematische Überlegungen und Konzeptionen, die in eine ganze Reihe staatlich geförderter Vorhaben eingegangen sind. Dabei handelt es sich jedoch häufig um einzelne CIM-Komponenten[4] und nicht um integrierte Systeme, deren Auslegung neuartige Gestaltungsprobleme mit sich bringen, etwa im Hinblick auf die Auslegung von Schnittstellen und weiterzuleitender Datenstrukturen, auf eine systemeinheitliche Benutzeroberfläche mit spezifischen qualifikationsorientierten Charakteristika oder auf die Ausgestaltung und Reichweite einer gemeinsamen Datenbasis im CIM-System. Unter anderem sollten hier folgende Maßnahmebündel ins Auge gefaßt werden:

a) Vorangetrieben werden müssen Neuansätze in der Entwicklung der Organisations- und Planungstechniken (PPS und CAD/CAM), da hier herkömmliche Systemkonzeptionen nach wie vor dominieren. Vor allem im Hinblick auf die facharbeiterorientierte Gestaltung der Organisation im Werkstattbereich sind dabei die neueren und teilweise überaus bedienerfreundlichen Steuerungsentwicklungen bei flexiblen Fertigungssystemen und generell im Bereich von CNC-Werkzeugmaschinen als Ausgangspunkt zu nehmen. Deren Komfort und Leistungsfähigkeit dürfen durch die Vernetzung mit CAD oder auch PPS nicht eingeschränkt, sondern müssen zum zentralen Element eines CIM-Konzeptes werden.

b) Bei der Technikentwicklung ist sehr stark auf die spezifischen Erfordernisse von Klein- und Mittelbetrieben abzustellen. Für diese Anwendergruppe müssen Systemkonzeptionen entwickelt werden, die das bisherige Problem dieser Betriebe, aus Kostengründen in der Regel auf unflexible Standardlösungen angewiesen zu sein, verringern oder gar beseitigen. Diesen Betrieben angemessene Systemkonzeptionen müssen mithin nicht nur sehr flexibel und anpaßbar sein, sondern sie

---

[4] Typisch hier etwa neben anderen das PFT-Verbundprojekt Werkstattorientierte Programmierverfahren [7].

müssen über eine entsprechende Modularisierung auch kalkulierbare Einstiege in CIM-Strukturen erlauben.

c) Die Förderung von kleinen, einzelnen oder kooperierenden Systemanbietern als wichtige Bedingung der Fortentwicklung und Verbreitung „alternativer" Systemkonzepte.

2. Implementationsbedingungen. Neben der Förderung organisatorisch variabler informationstechnischer Systeme ist die Schaffung angemessener Implementationsbedingungen für derartige Systeme zentrale Voraussetzung, um das in vielerlei Hinsicht problematische strukturkonservative Vorgehen bei der Systemeinführung zu vermeiden. Grundsätzlich besteht hier freilich noch ein erheblicher Forschungs- und Untersuchungsbedarf, bevor Strategien zu einer zukunftsweisenden Gestaltung von Implementationsprozessen entworfen werden können.

Generell muß es darum gehen, die Voraussetzungen dafür zu schaffen, daß die Implementationsfähigkeit, insbesondere auch kleinerer und mittlerer Betriebe, ganz erheblich gesteigert wird. Dieses Ziel richtet sich sowohl auf die Beziehung zwischen Anwendern und Herstellern als auch auf das in jüngerer Zeit zunehmend bedeutsam werdende Verhältnis zwischen kleineren und mittleren Zulieferbetrieben und Großkunden, in dessen Rahmen sich die Entscheidungen der Zulieferer über den Einsatz technischer Systeme häufig an den Erfordernissen der Großkunden orientieren. Unmittelbar und kurzfristig könnten hier folgende Maßnahmen von Bedeutung sein:

a) Aufbau von Kompetenzen und Know-how in den Betrieben, nicht nur auf der Management-, sondern auch auf der Betriebsratsseite; dies kann beispielsweise durch den weiteren Ausbau von Informations- und Schulungsinstitutionen (z. B. CAD/CAM-Labors) geschehen, die speziell auf die Anwenderprobleme von Klein- und Mittelbetrieben zugeschnitten sind. In diesem Rahmen muß der „Hersteller-Anwender-Dialog" intensiviert werden.

b) Der vermehrte Aufbau externer und herstellerneutraler Beratungskapazitäten für die Einführung von CIM-Komponenten und CIM-Systemen; diese Institutionen dürfen nicht nur technisch, sondern müssen in hohen Maße betriebs- und arbeitsorganisatorisch orientiert sein. Dabei darf nicht nur Managementberatung im Vordergrund stehen, sondern es müssen gleichfalls die Voraussetzungen für eine systematische Betriebsräteberatung geschaffen werden, da ohne deren sachkundige Beteiligung von vorneherein kein konfliktfreier Einführungsprozeß gewährleistet ist.

Längerfristig sollte versucht werden, auf der Basis einer genaueren Kenntnis betrieblicher Implementationsprozesse und unter Berücksichtigung der jeweiligen spezifischen externen und internen betrieblichen Bedingungen Modelle und Regeln einer kalkulierbaren Systemeinführung zu erarbeiten. Der Schwerpunkt muß dabei auf der systematischen Einbeziehung vor allem arbeitsorganisatorischer und personalwirtschaftlicher Dimensionen (s. u.) in die Implementationsprozeduren liegen.

3. Personalwirtschaft. Es müssen Voraussetzungen für die Bewältigung der in mittel- und langfristiger Perspektive aufkommenden personalwirtschaftlichen Probleme geschaffen werden. Bekanntes Hauptziel ist hier der Ausbau von systematischen Weiterbildungs- und Qualifizierungsmaßnahmen für die direkt oder indirekt von der CIM-Einführung Betroffenen. Gleichwohl wird damit den absehbaren Problemen der

Verfügbarkeit über qualifizierte Produktionsarbeit nicht grundlegend entgegengewirkt. Denn die Mehrzahl der Betriebe verfolgt reaktive Konzepte der Personalwirtschaft, in denen die in den 90er Jahren und darüber hinaus auftretenden personalwirtschaftlichen Probleme nicht antizipiert werden. Förderpolitisch sind mithin Maßnahmebündel erforderlich, die die Betriebe schrittweise in die Lage versetzen, diesen Problemlagen zu begegnen. Sowohl Maßnahmen der arbeitsorganisatorischen Gestaltung wie auch der Qualifizierung sind vor diesem Hintergrund zu entwickeln. Genannt seien folgende:

a) Weiterzuentwickeln und für die jeweiligen spezifischen betrieblichen Situationen nutzbar zu machen sind die arbeitsorganisatorischen Konzepte, die im nachhinein nur schwer veränderbare ganzheitliche Tätigkeitsstrukturen beinhalten. Soweit einschätzbar, ist hierbei das Moment der Kooperation im Unterschied zur bisher vorherrschenden Einzelarbeit bei qualifizierter Produktionsarbeit von eminent wichtiger Bedeutung.

b) Der genauen Untersuchung bedürfen die Bedingungen und Voraussetzungen der Aus- und Weiterbildung von qualifizierter Produktionsarbeit unter CIM-Bedingungen. Zu überwinden sind die vorherrschenden, sich auf Einzelarbeit an einzelnen Rechnerkomponenten beziehenden Bildungskonzeptionen zugunsten einer CIM-orientierten Aus- und Weiterbildung, die dem Integrationsaspekt Rechnung trägt.

c) Der weiteren Analyse bedürfen die personellen Fernwirkungen der CIM-Einführung. Hier geht es zum einen um Freisetzungen in Bereichen, die allenfalls indirekt von den neuen Techniken erfaßt werden; zum anderen um die Strukturverschiebungen des betrieblichen Gesamtarbeiters, zu denen bislang bestenfalls vorläufige Befunde und Annahmen vorliegen.

Grundsätzlich sind die Befunde aus diesen und ähnlichen personalwirtschaftlichen Maßnahmebündeln gleichsam als Ausgangsdaten in den Prozeß der Technikentwicklung und in den Entwurf von Implementationsregeln und -modellen einzubringen. Denn sollen die skizzierten humanisierungsrelevanten Probleme minimiert, vielleicht sogar vermieden werden, müssen wünschenswerte Formen der Betriebs- und Arbeitsorganisation Ausgangspunkt für die Wahl und Auslegung des technischen Systems im Hinblick auf einzelne Systemkomponenten und das Konzept ihrer Vernetzung sein.

Sowohl die Realisations- und Verbreitungschancen dieser und ähnlicher forschungspolitischer Maßnahmen als auch das Aufkommen neuer humanisierungsrelevanter Problemfelder und Gestaltungserfordernisse sind an die *Entwicklung sozioökonomischer Bedingungen und Faktoren* gebunden. Eine wirksame Humanisierungspolitik kann daher nur unter Bezug auf sich wandelnde gesamtgesellschaftliche Rahmenbedingungen erfolgen. Im Zusammenhang mit den obigen Ausführung können folgende einzelne Dimensionen als relevant erachtet werden [1]:

– Strukturen des Technikmarktes und Entwicklungsbedingungen produktionstechnischer Systeme etwa im Hinblick auf typische Entwicklungskonstellationen, beteiligte Akteure und Institutionen oder aber die Bedeutung nationaltypischer Anwenderprobleme im Zusammenhang mit der fortschreitenden Internationalisierung der Technikentwicklung;

– Wandel der Betriebs- und Industriestrukturen im Zuge der sich abzeichnenden gesamtgesellschaftlichen Veränderungen etwa in bezug auf Verschiebungen in der

Betriebsgrößenstruktur, Formen zwischenbetrieblicher informationstechnisch gestützter Verflechtungen und generelle Entwicklungstendenzen von Arbeitsteilung und Arbeitsorganisation;
– Veränderungen des Arbeitskräfteangebots infolge der Bildungsexpansion und der demographischen Entwicklung und darauf basierende und sich erst in Zukunft abzeichnende Veränderungen bezüglich Qualifikation, Leistungsbereitschaft oder Erwartungen an Arbeitsbedingungen und Berufsverlauf.

6.7 Literatur

1 Altmann, N; Düll, K; Lutz, B: Zukunftsorientierte HdA-Forschung, Campus Verlag, Frankfurt/New York 1987
2 Behr, M von; Hirsch-Kreinsen, H: Qualifizierte Produktionsarbeit und CAD/CAM-Integration – Erste Befunde und Hypothesen. VDI-Z Bd. 129, Nr. 1, 1987, S. 18–23
3 Böhle, F; Milkau, B: Vom Handrad zum Bildschirm – Eine Untersuchung zur sinnlichen Erfahrung im Arbeitsprozeß, Campus Verlag, Frankfurt/München 1988
4 Fix-Sterz, J; Lay, G; Schutz-Wild, R: Flexible Fertigungssysteme und Fertigungszellen – Stand und Entwicklungstendenzen in der Bundesrepublik Deutschland. VDI-Z. Bd. 128, Nr. 11, S. 369–379
5 Hirsch-Kreinsen, H; Schultz-Wild, R (Hrsg.): Rechnerintegrierte Produktion – Zur Entwicklung von Technik und Arbeit in der Metallindustrie, Campus Verlag, Frankfurt/München 1986
6 ISF-München (Hrsg.): Arbeitsorganisation bei rechnerintegrierter Produktion – Zur Einführung neuer Techniken in der Metallindustrie, KfK-PFT-Bericht 137, 1988
7 Liese, S: Das Verbundprojekt Werkstattorientierte Programmierverfahren. wt.-Z. ind. Fert., Bd. 77, Nr. 1, 1987
8 Lutz, B; Nuber, Ch; Schultz-Wild, R: Aufbruch in eine neue Arbeitswelt: Das große Probieren, Serie „Fabrik der Zukunft". Bild der Wissenschaft, H. 9, 1987
9 Nuber, Ch; Schultz-Wild, R; Fischer-Krippendorf, R; Rehberg, F: EDV-Einsatz und computergestützte Integration in Fertigung und Verwaltung von Industriebetrieben, hektogr. Bericht, ISF-München 1987

7 Personal- und sozialpolitische Aspekte von CIM-Strategien aus der Sicht der Bundesvereinigung der deutschen Arbeitgeberverbände

FRITZ-JÜRGEN KADOR

7.1 CIM: Realität oder Science-fiction?

Sichtet man die Titel einschlägiger Fachzeitschriften, die Veranstaltungsprogramme von Kongressen, Symposien und Fachtagungen oder die Prospekte von Herstellerfirmen der Informationstechnik, so gewinnt man leicht den Eindruck, die rechnergestützte Vernetzung aller Funktionsbereiche sei in vielen Unternehmen schon Realität oder – wo nicht – doch in rasantem Fortschritt begriffen. Unternehmensberater und Softwarehäuser bieten Problemlösungen und Einführungsstrategien an, die auf die betrieblichen Probleme zugeschnitten zu sein scheinen, und phantasievolle Schriftsteller malen die Fabrik der Zukunft in rosigen oder düsteren Farben, je nach persönlicher Grundhaltung. Die Medien schließlich variieren das Thema publikumswirksam, wobei die Wirkung auf das Publikum letztlich doch offen bleibt.

In der Tat sind die technischen Möglichkeiten und Perspektiven der Mikroelektronik teils faszinierend, teils beängstigend. Hierzu nur einige geläufige Schlagworte:
– künstliche Intelligenz,
– Expertensysteme,
– Breitbandnetze,
– flexible Automatisierung,
– Totalüberwachung usw.

Visionen, aus diesen Bausteinen zusammengesetzt, sind inzwischen wohlfeil zu haben. Sie sollen hier nicht im einzelnen wiedergegeben werden. Im Hinblick auf die integrierte Fabrik der Zukunft wird die Diskussion weitgehend von der Vorstellung einer menschenleeren Fabrik beherrscht, die vorwiegend Ängste und Befürchtungen auslöst.

Die Realität in den Unternehmen sieht allerdings anders aus. Integrations selbst einzelner Funktionsbereiche durch rechnergestützte Vernetzung ist die Ausnahme und wirft, wo sie versucht oder praktiziert wird, eine Fülle von Problemen auf. Das geläufigste Beispiel hierfür ist die Verknüpfung von computergestützter Konstruktion und Fertigung (CAD/CAM), deren Probleme bisher kaum in überzeugender und übertragbarer Weise gelöst worden sind. Auch die Vernetzungsstrategien im Bereich der Logistik stecken im Bereich der Anwender eher noch in den Kinderschuhen. Insellösungen dominieren, Integration ist eine Zukunftsvision, die allerdings noch viel zu wenig konkret und in ihrem Wert noch viel zu umstritten ist, als daß sie bereits den Charakter einer konsensfähigen Zielvorstellung haben könnte. Sie erfährt ihre Faszination und ihre Dynamik aus der Vorstellung des technisch Machbaren. Ob sie als verallgemeinerbares Ziel wirtschaftlich und sozial wünschenswert ist, ist zur Zeit eine offene Frage, deren Beantwortung letztlich auch davon abhängt, wie konkret ihre Teilaspekte greifbar werden.

7.2 Versuch einer thematischen Standortbestimmung

Worum es geht, soll an einer Übersicht verdeutlicht werden, die – mit freundlicher Genehmigung des ISI – aus einer im Rahmen einer HdA-Gutachtersitzung präsentierten Folie entwickelt wurde (Bild 7.1). Sie setzt die betrieblichen Funktionsbereiche, in denen rechnergestützte Techniken eingesetzt werden, mit den Gestaltungsfeldern des Technikeinsatzes in Beziehung. Geht man von der bislang vorherrschenden Form eines inselartigen Einsatzes rechnergestützter Techniken aus (beispielsweise CNC-Einsatz in der Fertigung oder CAD-Einsatz in der Konstruktion), so beschreibt der Begriff *Vernetzung* zunächst die vertikale Verbindung der in den einzelnen betrieblichen Funktionsbereichen eingesetzten Techniken. Konzeptionen zu einer solchen Vernetzung oder Integration sind am weitesten für das Gestaltungsfeld Technik entwikkelt.

Bereits bei der betrieblichen Implementation von Insellösungen hat sich jedoch gezeigt, daß es zu den unabdingbaren Erfolgsvoraussetzungen von Innovationsprozessen gehört, die Lösungsansätze nicht isoliert auf das Gestaltungsfeld Technik zu konzentrieren, sondern auch die anderen Felder mit einzubeziehen. Dies entspricht dem umfassenden Innovationsverständnis, das der Gesprächskreis HdA in seinem Thesenpapier „HdA und Innovation" zugrunde gelegt und ausgeführt hat. Erforderlich ist also auch eine horizontale Vernetzung oder Integration der Gestaltungsaspekte.

Ideal- oder genauer Maximalvorstellung im Sinne der hier versuchten Standortbestimmung wäre demnach eine *flächendeckende Integrationsstrategie*, die alle betrieblichen Funktionsbereiche und alle Gestaltungsfelder von vornherein einbezieht und außerdem relevante überbetriebliche Vernetzungslinien – in gleicher zweidimensionaler Betrachtung – berücksichtigt. Das wäre allerdings die Quadratur des Kreises.

Die Entwicklungslinien einer überbetrieblichen Vernetzung sind in der letzten Spalte der Übersicht angedeutet. Sie setzen vor allem bei solchen betrieblichen Funktionsbereichen an, bei denen der Prozeß der innerbetrieblichen Leistungserstellung mit dem außerbetrieblichen Bereich verknüpft ist, also vorwiegend bei Beschaffung und Vertrieb, aber auch bei solchen betrieblichen Stellen, die in erheblichem Umfang Informationen von außen benötigen. Einen guten Einblick in diesen Bereich überbetrieblicher Vernetzung gibt, bezogen auf den Bürobereich, der Zwischenbericht einer vom RKW in Auftrag gegebenen Studie [1].

Auch bei der überbetrieblichen Vernetzung sind die unterschiedlichen Gestaltungsbereiche – wie im innerbetrieblichen Bereich – im Interesse einer gleichermaßen wirtschaftlichen wie menschengerechten Arbeitsgestaltung zu berücksichtigen. Die dabei entstehenden Fragen sollen hier nicht näher behandelt werden.

innerbetriebliche Gestaltungs-felder / Funktions-bereiche	Technik	Ökonomie	Arbeitsschutz	Ergonomie	Organisation	Quailifikation	überbetriebliche Vernetzungslinien
Forschung und Entwicklung							z. B. Fachinformations-zentren, sonstige Daten-banken
Konstruktion	z. B. CAD						
Arbeitsvorbereitung	z. B. CAP						
Beschaffung							z. B. Lieferanten (Just-in-time-Konzepte)
Fertigung	z. B. CNC CAM						
Montage	z. B. Roboter						
Vertrieb							z. B. Händlerorgani-sationen
Verwaltung/ Rechnungswesen							

Bild 7.1. Vernetzung: Funktionsbereiche und Gestaltungsfelder

7.3 Vernetzung: Gesamtstrategie oder Suchprozeß?

In der Praxis findet eine Vernetzung heute in der Regel als allmähliche, nur schrittweise realisierte Verbindung zunächst inselartig begonnener Teillösungen statt. Das
betrifft vor allem die eben als vertikal charakterisierte Vernetzungslinie der verschiedenen betrieblichen Funktionen, schließt aber auch horizontale Integrationsprozesse
im Hinblick auf die unterschiedlichen Gestaltungsfelder nicht aus. Die Nachteile eines
solchen Vorgehens werden oft beklagt:
– Planungsdefizite infolge Fehlens einer umfassenden Konzeption,
– suboptimale Gesamtlösungen infolge eingeschränkter Optionen, die auf vorangegangenen Teilentscheidungen beruhen,
– mangelnde Kompatibilität der eingesetzten Techniken,
– zeitaufwendige und damit teure Umwege zur integrierten Gesamtlösung,
– Reibungsverluste durch Konflikte zwischen einzelnen Funktionsbereichen im Betrieb.

Aber auch die entgegengesetzte Lösung einer flächendeckenden Gesamtstrategie ist
nicht ohne Nachteile:
– Sie ist mangels einschlägiger Erfahrungen und wegen der Komplexität des abzudek-
  kenden Feldes – jedenfalls heute noch – unrealistisch.
– Die Notwendigkeit einer Vernetzung zwischen verschiedenen Funktionsbereichen
  stellt sich in der betrieblichen Praxis meist mit unterschiedlicher Dringlichkeit.
– Vor allem die in den verschiedenen Gestaltungsfeldern auftretenden Probleme sind
  weitgehend noch unbekannt und unerforscht. Das gilt insbesondere für die Fragen
  einer menschengerechten Arbeitsgestaltung, von kombinierten Belastungen über
  Arbeitsorganisation bis Qualifikation.
– Je ausgefeilter eine umfassende Gesamtstrategie wäre, um so mehr wäre sie von
  festgelegten Entscheidungen im Detail charakterisiert (Festlegungen im Hinblick
  auf Technikeinsatz, Arbeitsgestaltung und -organisation, Qualifikation und Qualifizierung). Solche Festlegungen engen aber die Möglichkeit von Lernprozessen
  während der Implementation ein.

Merkmale einer erfolgversprechenden Gesamtstrategie müßten daher neben einer
umfassenden Zielorientierung und vorausschauenden Berücksichtigung möglicher
Probleme Anpassungsfähigkeit und Flexibilität im Hinblick auf unerwartete und
unvorhersehbare Entwicklungen sein. Mit anderen Worten: eine Gesamtstrategie
muß Such- und Lernprozesse auch während der Implementationsphase erlauben.

7.4 Identifizierung offener Fragen der Vernetzung

Grundfrage im Zusammenhang mit der rechnergestützten Vernetzung von Verwal-
tungs-, Produktions- und Vertriebsprozessen ist die nach dem Zielmodell der zugrunde liegenden Integrationsstrategie. Hirsch-Kreinssen [2] bringt die möglichen –
entgegengesetzten – Zielmodelle auf folgenden Nenner: „Auf der einen Seite verbindet sich mit CIM unzweifelhaft das alte ingenieurwissenschaftliche Ideal einer automatischen Fabrik; in den Konzepten der „mannarmen Fertigung" kommt menschli-

cher Arbeit nur noch die Aufgabe zu, sich selbst regulierende Systeme in Gang zu setzen und aus großer Distanz zu überwachen ... Auf der anderen Seite verbindet sich mit den Konzepten einer „Fabrik der Zukunft" das Ziel, ganzheitliche und mit hohen Autonomiespielräumen versehene Arbeitsformen zu realisieren ... Aufs Ganze gesehen greift die Diskussion über die Zukunft der Fabrik weit über die derzeitige wie auch absehbare betriebliche Realität hinaus."
Den Zielen des HdA-Programms entspricht ohne Zweifel in stärkerem Ausmaß das zweite der geschilderten Modelle, wenngleich realistische Lösungsansätze eher zwischen den beiden Polen zu finden sein dürften. Bei der Konzeption einer Gesamtstrategie zur Integration betrieblicher Funktionsbereiche bieten sich normalerweise unterschiedliche Gestaltungsalternativen [3]:

- Welcher Automatisierungsgrad sinnvoll ist, hängt nicht nur von den technischen Möglichkeiten ab, sondern wird auch durch wirtschaftliche und menschliche Gesichtspunkte bestimmt. Der höchstmögliche Automatisierungsgrad bietet nicht immer die wirtschaftlichste und menschengerechteste Lösung.
- Mit Hilfe der Mikroelektronik lassen sich sowohl arbeitsteilige wie auch inhaltsreiche Arbeitsplätze gestalten. Unter Berücksichtigung der individuellen betrieblichen Verhältnisse sollte das allgemeine Ziel sein, Arbeitsinhalte zu schaffen, die den vorhandenen bzw. zu entwickelnden Qualifikationen der Mitarbeiter soweit wie möglich entsprechen. Qualifizierte und durch die Aufgabe motivierte Mitarbeiter werden erfolgreicher mit neuen Techniken arbeiten.
- Die Vernetzung betrieblicher Funktionsbereiche kann mehr auf Zentralisierung oder mehr auf Dezentralisierung abzielen. Lösungen, die stärker rechnerunterstützte Entscheidungskompetenz vor Ort verlagern, sind in der Regel anpassungsfähiger und damit effizienter als ausgeprägt zentralistische Systeme. Sie setzen freilich entsprechende Qualifikationen der Mitarbeiter voraus.
- Der Einsatz der Mikroelektronik ermöglicht ein größeres Ausmaß an Steuerung und Kontrolle von Arbeitsvorgängen als früher. Auch hier kommt es darauf an, nicht das technisch Machbare, sondern das im Interesse des Unternehmens und der Mitarbeiter Vernünftige zu realisieren. Wenn im Zuge der Technisierung einfache und monotone Tätigkeiten immer mehr von der Maschine verrichtet werden, kann der Mensch komplexere, verantwortungsvollere und kreative Aufgaben übernehmen. Es gehört zum gesicherten Führungswissen, daß Mitarbeiter, die mit solchen Aufgaben betraut sind, nicht durch Arbeitsdruck und Überwachung motiviert werden können. Sie benötigen Freiheit und Verantwortungsspielräume, um erfolgreich zu arbeiten. Ein lückenloses Kontrollsystem wäre nicht nur kontraproduktiv, sondern böte auch Argumente zur Verhinderung von integrierten Informations- und Steuerungssystemen.

Eversheim wird dazu folgendermaßen zitiert [4]: „Jeder Manger müsse sich freilich stets vergegenwärtigen, daß CIM als Philosophie für die Informationsflüsse im rechnerunterstützten Fabrikbetrieb zwar die Kommunikation zwischen Menschen, Maschinen sowie Transportgeräten gewährleistet – schnell und zum richtigen Zeitpunkt. Dabei müsse freilich immer wieder gefragt werden: Was bringt die CIM-Komponente im Blick auf die betriebswirtschaftlichen Ziele Kostensenkung, kürzere Durchlaufzeiten und Qualität? Der Slogan von der menschenleeren Fabrik stamme von Wissenschaftlern, Informatikern etwa, die darin zunächst einmal eine Chance erblickten, ihre eigene Disziplin aufzuwerten. ‚Für mich als Produktionstechniker ist immer die Frage, wo können wir helfen? Wo ist es adäquat Menschen daranzusetzen – und dann vielleicht Hilfen zu geben, so daß sie zum Beispiel nicht lange in Betriebsanleitungen blättern müssen.' Also: ‚nicht künstliche Intelligenz, nicht Automatisierung, nicht menschenleere Fabriken um jeden Preis', stellt Eversheim fest und habe den Menschen 'im Hinterkopf mit seinem Intellekt und seinem von Natur aus unheimlich schnellen Rechner.' "

Unter Berücksichtigung solcher Handlungsspielräume sollten Voraussetzungen, Bedingungen und Kriterien für gleichermaßen wirtschaftliche wie menschengerechte Vernetzungsstrategien erarbeitet werden. Die im einzelnen aus Sicht des Autors wichtigen, anwendungsrelevanten Forschungsfragen werden in den folgenden Abschnitten abgeleitet und gestellt.

7.4.1 Wirtschaftlichkeit

Die Vernetzung von betrieblichen und überbetrieblichen Funktionsbereichen ist kein Ziel, das aus sich selbst heraus erstrebenswert ist. Sie ist nur sinnvoll, wenn sie gegenüber der bestehenden Konstellation wirtschaftliche Vorteile bringt. Bei vollintegrierten Lösungen, wie sie durch das Schlagwort CIM charakterisiert oder eher angedeutet werden, ist der ökonomische Nutzen oft unsicher. Hoher Kapitalaufwand, Amortisationszeiten, die nur schwer kalkulierbar sind, die Störanfälligkeit komplexer Strukturen oder hohe Kosten für die Verwaltung und Sicherung der Systeme sind Faktoren, die eine solche Unsicherheit bedingen.

Die Wirtschaftlichkeit ist aber auch abhängig von der arbeitsorganisatorischen Gestaltung der Integrationslösung. Der Grad der Automatisierung, das Ausmaß der Zentralisierung oder Dezentralisierung entscheiden mit über den ökonomischen Nutzen. Das gleiche gilt für die Einführungsstrategie.

Forschung zur menschengerechten Gestaltung von Arbeit und Technik sollte die hier geschilderten Zusammenhänge untersuchen und konkrete Anhaltspunkte über die zugrunde liegenden Beziehungen liefern.

Sie sollte darüber hinaus konkrete Planungs- und Entscheidungshilfen zur Verfügung stellen, einschließlich praktikabler Verfahren erweiterter Wirtschaftlichkeitsrechnungen.

7.4.2 Arbeitsorganisation

Neben Arbeitsschutz und ergonomischer Gestaltung ist eine menschengerechte Arbeitsorganisation ein wesentliches Humanisierungsziel. Die allgemeinen Zielvorstellungen wie Gestaltung inhaltsreicher und verantwortungsvoller Tätigkeiten sowie menschengerechter Kontrollverfahren müssen im Hinblick auf die besonderen Bedingungen der rechnergestützten Integration unterschiedlicher Funktionsbereiche konkretisiert werden:
– Welche arbeitsorganisatorischen Gestaltungsspielräume bieten unterschiedliche Technik-Konstellationen?

- In welcher Weise beeinflußt die Hersteller-Anwender-Konstellation die arbeitsorganisatorischen Gestaltungsspielräume?
- In welcher Weise wirkt die Arbeitsorganisation auf die Wirtschaftlichkeit des Systems ein?
- Welche konkretern Alternativen mehr oder weniger ausgeprägter Dezentralisation sind möglich?
- Wie beeinflußt vorhandenes Qualifikationspotential der Mitarbeiter die angestrebte Integrationsstrategie?

7.4.3 Qualifikation

Wie bei der Einführung neuer Techniken im allgemeinen spielt auch bei der Vernetzung die vorhandene und zu entwickelnde Qualifikation der Mitarbeiter im Unternehmen eine Rolle. Die Tatsache, daß Qualifikation zum Engpaßfaktor bei Innovationsprozessen werden kann, macht es notwendig, qualifikatorische Aspekte von Anfang an in die Planung und Realisierung von solchen Prozessen einzubringen. Im Hinblick auf die Vernetzungsproblematik erscheinen insbesondere folgende Fragen zur Qualifikation von Bedeutung:
- Welche Qualifikationserfordernisse ergeben sich insbesondere für Facharbeiter, um sie in integrierten rechnergestützten Systemen erfolgreich einsetzen zu können?
- Welche Konsequenzen ergeben sich aus der Vernetzung für das betriebliche und darüber hinaus überbetriebliche System der Aus- und Weiterbildung?
- Welche methodisch-didaktischen Anforderungen stellen Vernetzungsstrategien an die Qualifikationspolitik?
- Verändern sich die Ausbildungsinhalte? Wenn ja, wie?

7.4.4 Problemgruppen der Arbeitnehmer

Wenn durch eine Vernetzungsstrategie eine allgemeine Höherqualifizierung der Beschäftigten verfolgt wird, werden die (vorwiegend un- und angelernten) lernungewohnten Mitarbeiter zur besonderen Problemgruppe. Fragen im Hinblick auf diese Gruppe sind insbesondere:
- Können Lernschwierigkeiten durch geeignete didaktische Methoden bis zu einem gewissen Grad überwunden werden? Wo liegen absolute Grenzen?
- Kann auch die hochtechnisierte, integrierte Fabrik der Zukunft Bereiche mit weniger ausgeprägter Technikorientierung gewissermaßen als Auffangmöglichkeit für nicht höherqualifizierbare Arbeitnehmer bieten?
- Welche Lösungsmöglichkeiten ergeben sich für entlassene Arbeitnehmer?

7.4.5 Hierarchie

Wenig erforscht ist bisher die Frage, wie sich bei zunehmender Vernetzung in einem Unternehmen die vertikale und horizontale Arbeitsteilung verändern:
- Wie wirkt sich die Vernetzung auf Hierarchie und innerbetriebliche Kooperation aus?

– Wo liegen Ansatzpunkte für eine vernetzungsadäquate Aufbau- und Ablauforganisation?
– Wie können Arbeitnehmergruppen, bei denen sich Funktionsverluste ergeben, erfolgversprechend reintegriert werden?

7.4.6 Arbeitgeber-Arbeitnehmer-Beziehungen

Die Fragen, die sich in diesem Zusammenhang ergeben, sind so vielfältig, daß im hier gesteckten Rahmen nur einige Beispiele erwähnt werden können:
– Welche Auswirkungen hat eine zunehmende Vernetzung auf das Führungsverhalten im Unternehmen?
– Wie verändern sich Belegschaftsstrukturen?
– Wie verändert sich die Rolle von Betriebsräten?
– Wie sind rechtzeitige Information und Beteiligung der betroffenen Arbeitnehmer sinnvoll zu organisieren?
– Welche neuen Anforderungen an das Management ergeben sich bei integrierten betrieblichen Prozessen?

Angesichts der Tatsache, daß die rechnergestützte Vernetzung aller betrieblichen Funktionsbereiche heute praktisch noch nicht existiert, fehlt für die Beantwortung vieler der hier gestellten und darüber hinaus zu stellenden Fragen das empirische Anschauungsmaterial. Pionierunternehmen werden zeit- und kostenaufwendige Umwege hier wie anderswo kaum erspart bleiben. Vielleicht ist es aber auch wichtig, die richtigen Fragen bereits dann zu stellen, wenn überzeugende Antworten noch nicht in Sicht sind.

7.5 Literatur

1 Drüke, H; Feuerstein, G; Kreibich, R: Büroarbeit im Wandel, Tendenzen der Dezentralisierung mit Hilfe neuer Informations- und Kommunikationstechnologien, RKW-Schriftenreihe Mensch und Technik, Eschborn 1986
2 Technische Entwicklungslinien und ihre Konsequenzen für die Arbeitsgestaltung, in: Hirsch-Kreinssen, H; Schultz-Wild, R (Hrsg.): Rechnerintegrierte Produktion, Zur Entwicklung von Technik und Arbeit in der Metallindustrie, Frankfurt und New York 1986, S. 16
3 Vgl. auch Bundesvereinigung der Deutschen Arbeitgeberverbände: Mikroelektronik und Arbeit, Chance und Herausforderung, Köln 1985, S. 22
4 Eversheim, E, in: Welt vom 22. September 1987

8 Entwicklungstendenzen, Problemfelder, Gestaltungspotentiale und FuE-Bedarf im Zusammenhang mit CIM-Strategien

GUNTER LAY

8.1 Einleitung

Die Einführung neuer Technologien in den Betrieben war bis vor wenigen Jahren auf jeweils einzelne betriebliche Funktionsbereiche bezogen. So wurden in den kaufmännischen Abteilungen, beispielsweise den Finanzbuchhaltungen, die Kostenrechnung oder die Lohn- und Gehaltsabrechnung durch den Einsatz der kommerziellen Datenverarbeitung auf eine rechnerunterstützte Funktionserfüllung umgestellt. In den technischen Abteilungen wurden in der Konstruktion CAD-Systeme insbesondere zu Zwecken der Detailkonstruktion und der Zeichnungserstellung eingeführt. Im Bereich der Planung werden mit Hilfe von CAP-Systemen rechnerunterstützt Arbeitspläne generiert. Um die Steuerinformationen für numerisch gesteuerte Betriebsmittel rechnergestützt erzeugen zu können, setzen viele Unternehmen spezielle NC-Programmiersysteme ein. Diese erlauben es, in einer höheren Programmiersprache, häufig grafisch unterstützt, NC-Programme teilautomatisiert herzustellen. Für die organisatorische Planung, Steuerung und Überwachung der Produktionsabläufe von der Angebotsbearbeitung bis zum Versand sind PPS-Systeme im Einsatz. Hauptfunktionen sind hier Materialwirtschaft und Zeitwirtschaft. Im Bereich der Fertigung ist der Oberbegriff CAM die Klammer um eine Reihe von Einzeltechnologien zur Fertigungsautomation in den Funktionen Fertigen, Montieren, Handhaben, Transportieren und Lagern. Im einzelnen zählen hierzu numerisch gesteuerte Maschinen (CNC), flexible Fertigungssysteme und -zellen (FFS/FFZ), Industrieroboter (IR), rechnergeführte Lagersysteme sowie Maschinen- und Betriebsdatenerfassungssysteme (MDE/BDE).

Diese Formen des Einsatzes neuer Technologien beließen die Zusammenarbeitsbeziehungen zwischen den Abteilungen bei einer Nutzung konventioneller Wege des Informationsaustausches. An den informatorischen Schnittstellen zwischen den betrieblichen Funktionsbereichen setzt nunmehr der Gedanke einer rechnerintegrierten Produktion an. Allen Vernetzungsstrategien gemeinsam sind die Prinzipien *Schaffen eines durchgängigen rechnerunterstützten Informationsflusses zwischen verschiedenen Betriebsbereichen* sowie *Vermeidung der Mehrfacherzeugung und Mehrfachspeicherung gleicher Datenbestände in verschiedenen Betriebsbereichen.*

Aus der Vielfalt der oben geschilderten, in Vernetzungsstrategien einbeziehbaren Einzelsysteme wird deutlich, daß die Realisierung einer Rechnerintegration nicht durch ein Softwareprodukt einer bestimmten Firma in einem Betrieb erfolgen kann. Integration bedeutet den Einsatz einer Vielzahl einzelner Bausteine, die jeweils ein

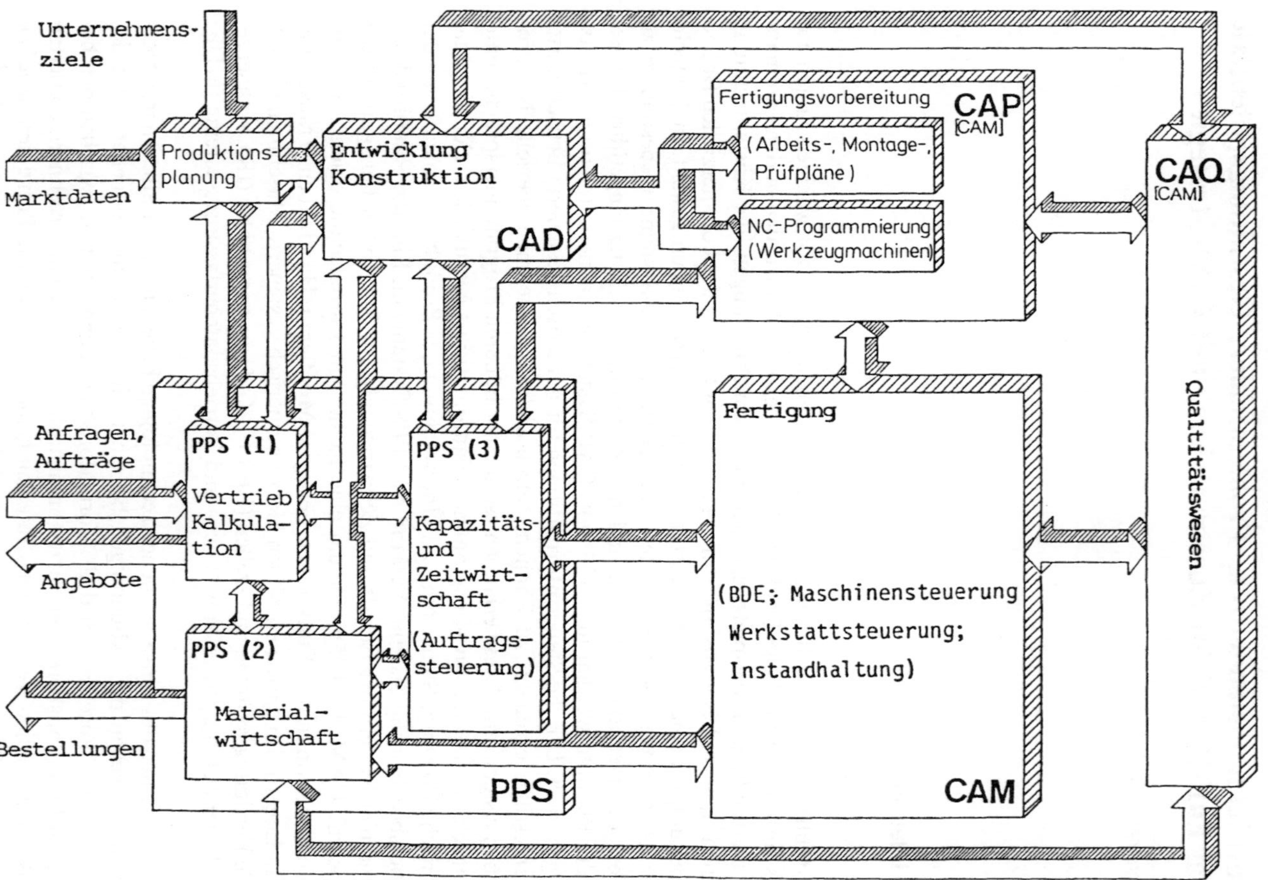

Bild 8.1. CIM-Verknüpfung von CAD, CAP, CAM, CAQ und PPS: Intgrationspfade

Glied zur informatorischen Vernetzung darstellen. Zu diesen Bausteinen zählen beispielsweise (Bild 8.1):
- Geometriedatenübergabe zwischen CAD-Systemen und Systemen der rechnergestützten NC-Programmierung (CAD/NC-Koppelung),
- Stücklistendatenübergabe zwischen CAD-Systemen und dem Materialwirtschaftsbereich von PPS-Systemen (CAD/PPS-Koppelung),
- Übergabe von Daten aus BDE-Systemen an PPS-Systeme (BDE/PPS-Koppelung),
- zentrale Direktsteuerung von CNC-Maschinen (DNC),
- Übernahme von Materialdaten aus PPS-Systemen in die rechnergestützte Konstruktion (CAD),
- Werkstattsteuerung durch zentrale Auftragsveranlassung bzw. Freigabe mittels PPS-Systemen und Umsetzung durch einen Leitstand in der Werkstatt.

Die durch den abteilungsübergreifenden Einsatz innovativer Technologien entstandene neue Qualität wird dadurch verstärkt, daß Innovationen in immer stärkerem Maße nicht mehr nur rein technisch begriffen werden. Zumindest die Gestaltungsdimensionen Organisation und Qualifikation sind neben der Technik als Faktoren erkannt worden, die es gemeinsam zu optimieren gilt, um Innovationen erfolgreich durchführen zu können.

Vor diesem Hintergrund eines umfassenderen Innovationsbegriffs scheinen die oben geschilderten Grundprinzipien betrieblicher Vernetzungsstrategien auch unter Gesichtspunkten einer humanen Produktion nicht zwangsläufig ein negativ zu bewertender Entwicklungsprozeß zu sein: Auf der einen Seite lassen sich Vernetzungsstrategien in der Konzeption und betrieblichen Anwendung so ausgestalten, daß die Rechnerintegration über Abteilungsgrenzen hinaus als weiterer Schritt zur Zentralisierung, Technisierung, Arbeitsteilung etc. wirkt. Es ist auf der anderen Seite ebenso vorstellbar, daß das Potential, das in einer Integration liegt, für eine Qualifizierung der Beschäftigten, ganzheitliche Arbeitsvollzüge, höhere Dispositionsspielräume etc. genutzt wird. Die unter vielfältigen Begriffen geführte Diskussion um unterschiedliche Produktionskonzepte ist daher nicht eine Diskussion über das Ja bzw. Nein zur Rechnerintegration.

Diese ist nicht gleichzusetzen mit dem viel befürchteten technozentrischen Weg. Auf der anderen Seite bedeutet das Verfolgen eines anthropozentrischen Weges nicht notwendigerweise einen Verzicht auf die Rechnerintegration. Der anthropozentrische Weg zu neuen Produktionsstrukturen soll und kann die Chancen, die eine Rechnerunterstützung bietet, aufgreifen und gestalterisch in seinem Sinne nutzen.

Um diesen Anspruch auszufüllen, ist es notwendig,
- Stand und Entwicklung in Angebot und Verbreitung vernetzter Systeme zu kennen,
- die Problembereiche der Vernetzung unter Gesichtspunkten menschengerechter Gestaltung von Arbeit und Technik herauszuarbeiten,
- Forschungsfelder und Gestaltungspotentiale zur Entwicklung menschengerechter CIM-Systeme zu benennen sowie
- Ergebnisse und Erfahrungen aus dem HdA-Programm auf die CIM-Thematik bezogen zu verbreiten und umzusetzen.

An diesem Gliederungsschema orientieren sich die weiteren Darstellungen.

8.2 Stand und Entwicklung in Angebot und Verbreitung vernetzter Systeme

8.2.1 Technischer Stand des Marktangebotes

Die Möglichkeiten zur Realisierung von Vernetzungsstrategien werden ganz wesentlich davon bestimmt, in welchen Bereichen durch die Anbieter von CIM-Komponenten bereits die technischen Voraussetzungen zu solchen Vernetzungen geschaffen worden sind und in welcher Richtung die Weiterentwicklung forciert wird. Die heute am Markt angebotenen CAD-Systeme erlauben in der Regel eine Integration von CAD und Stücklistenerstellung sowie von CAD und NC-Programmierung. Bei fast der Hälfte der angebotenen CAD-Systeme ist die integrierte Stücklistenerstellung zugleich auch die Voraussetzung für einen Datenaustausch zum Materialwirtschaftsbereich eines PPS-Systems. Die Möglichkeit zum Datenaustausch mit dem Zeitwirtschaftsbereich von PPS-Systemen steckt bei fast allen CAD-Systemen hingegen noch in den Anfängen. Insgesamt betrachtet wird in naher Zukunft das Marktangebot an CAD/PPS-Verknüpfungen weiter zunehmen zumal sich immer mehr PPS-Anbieter und Anwenderfirmen selbst mit dieser Verknüpfungslinie beschäftigen. Über 80 % der angebotenen CAD-Systeme, die für den Bereich mechanische Konstruktion konzipiert sind, verfügen über integrierte NC-Module, mit denen weitgehend alle gängigen NC-Bearbeitungsverfahren programmiert werden können. Fast ebenso viele CAD-Systeme in diesem Anwendungsbereich bieten meist mehrere Schnittstellen zu eigenständigen NC-Programmiersystemen an. In Zukunft dürften hier die Veränderungen des Marktangebotes in einer Verbesserung bzw. Steigerung des Leistungsumfangs bereits angebotener NC-Module und NC-Schnittstellen liegen.

Auch die Verknüpfungsmöglichkeiten der CAD-Systeme untereinander haben zugenommen und werden weiter ausgebaut. Dieser Tatsache kommt insbesondere im Hinblick auf die zwischenbetriebliche Vernetzung große Bedeutung zu. Realisiert wird diese Verknüpfung meist über national oder international standardisierte Geometrie- bzw. Produktdatenschnittstellen, wie z. B. IGES. Obwohl bereits über 75 % der CAD-Systeme eine IGES-Schnittstelle anbieten, sind die Datenaustauschprobleme noch keineswegs gelöst, da der internationale Standardisierungsprozeß von Schnittstellenformaten derzeit noch in vollem Gange ist. Parallel dazu steckt die nicht minder komplexe Entwicklung international standardisierter Kommunikationsprotokolle (MAP, ISO-OSI) praktisch noch in den Kinderschuhen; für eine kontrollierbare Vernetzung komplexer DV-Anwendungen ist deren Verfügbarkeit jedoch unerläßlich.

Neben den CAD-Verbindungen über standardisierte Schnittstellen gewann auch das Angebot an systemspezifischen Schnittstellen zwischen CAD-Systemen an Bedeutung. Hierbei spielt eine Rolle, daß wichtige Großkunden einzelner Systemanbieter weitere Systemkäufe vom Vorhandensein spezifischer Schnittstellen zu ihren bereits im Einsatz befindlichen CAD-Systemen abhängig machten. Diese eigens für diese Großkunden entwickelten spezifischen Schnittstellen werden nun auch anderen Interessenten angeboten. Mit dem weiter zunehmenden CAD-Einsatz wird sich dieser Trend fortsetzen.

8.2.2 Bisherige Verbreitung

Für die Realisierung des Gedankens einer rechnerintegrierten Produktion war bis vor kurzem auf betrieblicher Ebene vor allem das *CIM-Modul Koppelung von CAD- und NC-Programmierung* quantitativ relevant. Diese hard- und softwartechnische Lösung zur Nutzung von Geometriedaten aus CAD-Systemen in Systemen der rechnergestützten NC-Programmierung wurde 1985 in mehr als 400 Unternehmen bereits genutzt. Zwei Jahre zuvor betrug die entsprechende Zahl erst 140. Der Diffusionsprozeß verläuft damit sehr schnell.

Inwieweit einzelne Vernetzungslinien auf betrieblicher Ebene, die unter den CIM-Begriff fallen, bei Produzenten fertigungstechnischer Investitionsgüter, die im Rahmen des CAD/CAM-Förderungsprogramms des BMFT finanziell unterstützt werden (N = 1193), bereits verbreitet sind bzw. in den nächsten Jahren in Angriff genommen werden sollen, kann auf der Grundlage von Befragungsergebnissen detailliert werden (Bild 8.2):

– Integrationen von CAD und rechnergestützter NC-Programmierung hatten Ende 1987 bereits mehr als 30 % der in diesem Programm geförderten Firmen im Einsatz; weitere 30 % planten dies für die nahe Zukunft.
– Datenübergabemöglichkeiten von CAD in PPS-Systeme und umgekehrt wollten ebenfalls mehr als 30 % der geförderten Firmen in den laufenden Fördervorhaben bereits verwirklichen. Diejenigen Firmen, die sich dieses Ziel für die nächsten zwei bis drei Jahre vorgenommen hatten, beliefen sich sogar auf mehr als 40 %.
– Die Anbindung von Werkstattsteuerungssystemen mit BDE-Rückmeldung an das PPS-System war mit Abschluß der laufenden Fördervorhaben weniger weit verbreitet (zu ca. 20 %) als die oben genannten anderen Vernetzungslinien. Die Ausbauplanungen der Firmen bewegten sich jedoch auch hier auf dem Niveau, daß 40 % der Firmen damit beginnen wollten.

8.3 Problembereiche der Vernetzung

Da die Vernetzungsziele auf betrieblicher Ebene, wie gezeigt werden konnte, sowohl die kaufmännischen wie auch die technischen Abteilungen tangieren und auch inner-

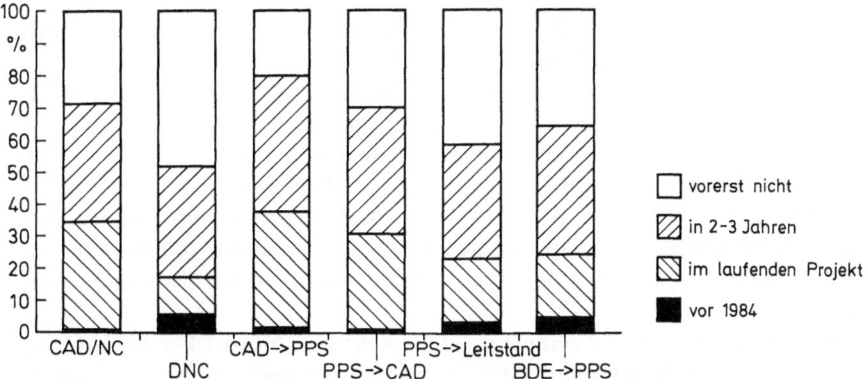

Bild 8.2. Stand und Ausbau von CIM-Komponenten in geförderten Firmen

halb dieser Abteilungen keine wesentlichen Bereiche ausgespart werden, können prinzipiell alle in den Unternehmen tätigen Mitarbeiter als Betroffene begriffen werden. Zur Abschätzung der Art ihrer Betroffenheit soll im folgenden auf verschiedene Problemfelder eingegangen werden.

8.3.1 Bildschirmarbeit, Mischarbeit, Dialoggestaltung

Ein Grundprinzip der vertikalen Vernetzung rechnerunterstützt arbeitender Abteilungen im Betrieb ist die Vermeidung der Ausgabe konventioneller Informationsträger wie Zeichnungen, Listen, etc. zugunsten einer Rechner- und Speicherkoppelung. Es konnte gezeigt werden, daß dieses Grundprinzip zur Zeit in der technischen Datenverarbeitung vor allem für die Nutzung von Geometriedaten aus CAD-Systemen für eine integrierte rechnergestützte NC-Programmierung angewandt wird (die integrierte Verarbeitung von Planungs- und Steuerungsdaten in PPS-Systemen bewirken eine entsprechende vertikale Vernetzung im betriebswirtschaftlichen Bereich der Unternehmen). Dies bedeutet für die Gruppe der NC-Programmierer, daß die Funktionserfüllung in diesem Aufgabenfeld zunehmend von Bildschirmarbeit bestimmt werden wird. Verfolgt man die Entwicklung der zentralen NC-Programmierung über die zurückliegenden Jahre, so lassen sich drei Stufen gegeneinander abgrenzen:
– manuelle NC-Programmierung und Ablochen der Steuerlochstreifen,
– rechnerunterstützte NC-Programmierung auf der Grundlage von Zeichnung und Arbeitsplan,
– rechnergestützte NC-Programmierung unter Nutzung von CAD-Daten.

Während auf der ersten Stufe für den NC-Programmierer die Bildschirmarbeit noch kaum eine Rolle spielte, war auf der zweiten Stufe der Bildschirmdialog bereits ins Zentrum seiner Tätigkeit gerückt. Dennoch bestand ein Teil seiner Aufgabenerfüllung im Lesen und Interpretieren der auf dem konventionellen Datenträger Papier vorliegenden Fertigungszeichnung und in der Arbeitsablaufermittlung auf der Grundlage dieses Mediums. Auf der dritten Stufe vermindert sich der Umgang mit konventionellen Informationsträgern. Die in der zweiten Stufe noch anhand der Zeichnung zu erfüllenden Aufgaben werden nun am Bildschirm wahrgenommen. Auch das „Einfahren" der Programme an der Werkzeugmaschine wurde in der zweiten Stufe meist noch vom NC-Programmierer begleitet; durch die grafische Simulation des Bearbeitungsablaufs am Bildschirm entfällt diese Aufgabe nun weitgehend. Inwieweit Möglichkeiten zur Mischarbeit verbleiben, ist noch unklar.

Die Problematik zweier verschiedener Bildschirmdialoge kann im Bereich der CAD/NC-Koppelung dort auftreten, wo zwei verschiedenartige Systeme datentechnisch miteinander verbunden sind. In diesen Fällen wird die rechnerunterstützte Tätigkeit des NC-Programmierers die Kenntnis zweier Benutzeroberflächen von DV-Systemen erfordern. Der NC-Programmierer muß die CAD-Prozeduren beherrschen, um die für ihn relevanten Informationen aus der CAD-Datenbasis zu separieren und in sein NC-System zu übertragen. Darüber hinaus muß er den NC-Programmierdialog beherrschen.

Während bei der CAD/NC-Vernetzung die dauernde Abforderung des Umgangs mit zwei verschiedenen Benutzeroberflächen von DV-Systemen gegeben ist, stellt sich die Situation bei einer CAD/PPS-Vernetzung potentiell anders dar. In allen heute realisierbaren Vernetzungen zwischen CAD und PPS sind Datenaustausch und Anfragen aus einem Bereich in den anderen nur mit Kenntnis beider Programme möglich. Wenn nun beispielsweise bei Eilaufträgen der Konstrukteur auf Belegungs- und Terminsituationen im PPS-Bereich informatorisch zugreifen will, ist er auf Kenntnisse der PPS-Software angewiesen. Wenn dies jedoch Ausnahmesituationen sein sollen, ist eine permanente Einübung in die PPS-Prozeduren neben der Kenntnis der CAD-Befehle unwahrscheinlich.

Zusammengefaßt könnte dies bedeuten, daß durch die Vernetzung die Bedeutung der rechnerintern vorhandenen Daten für die Aufgabenerfüllung insbesondere der Arbeitsvorbereitung steigt und damit auch der Anteil der Bildschirmarbeit. Darüber hinaus wird bei Vernetzungen die Benutzerfreundlichkeit der Bildschirmarbeit dadurch erschwert, daß ein Arbeiten mit verschiedenen Benutzeroberflächen wahrscheinlich wird.

8.3.2 Transparenz, Verhaltensnormen, Einschränkung dispositiver Möglichkeiten

Verbesserungen, beispielsweise im Bereich rechnerunterstützter Fertigungssteuerung, die durch eine Vernetzung mit rechnerunterstützter Konstruktion, Arbeitsvorbereitung, Betriebsdatenerfassung etc. angestrebt werden, bedingen eine möglichst umfassende Abbildung des gesamten Produktionsprozesses als Informationsstrukturmodell im Computersystem. Menschliche Tätigkeiten müssen, als Teil dieses Produktionsprozesses, mehr oder weniger genau im Prozeßmodell mit abgebildet werden (explizit oder implizit, wenn z.B. Maschinendaten eindeutig mit Personendaten verknüpft sind).

Hieraus können einerseits Gefahren für den Persönlichkeitsschutz entstehen, wie sie z.B. in der Diskussion bei der Einführung und Nutzung von BDE-Systemen aufgezeigt werden (Personenkontrolle als Abfallprodukt aus Fertigungssteuerungsdaten). Andererseits müssen dadurch auch starre Verhaltensnormen vorgegeben werden, ohne die der Komplexitätsgrad des rechnerinternen Produktionsmodells so ansteigen würde, daß er nicht mehr bewältigbar wäre; informelle Kommunikations- und Entscheidungsstrukturen bleiben nur noch in einem Rahmen zulässig, der daraus resultierende Realitätswirkungen dem EDV-System vermittelbar macht.

Die Funktionsfähigkeit eines vernetzten Systems hängt daher unter Umständen von einer Reduktion des Komplexitätsgrades realer betrieblicher Abläufe ab. Spezifische menschliche Fähigkeiten zu flexiblem Verhalten in Ausnahme- bzw. in veränderten Situationen können in Betrieb jedoch nur zum Tragen kommen, wenn diese durch rechnerinterne Ablaufmodelle nicht von vorneherein ausgeschlossen bzw. durch organisatorische Regelungen zum Umgang mit den Systemen so erschwert werden, daß sie erst gar nicht mehr versucht werden. Auch wenn aus ökonomischen Gründen komplexe Programmfunktionen, wie z.B. eine Simulation der Auftragseinlastung, nur mit ausgesuchten, sogenannten kritischen Teilen oder Pfaden arbeiten, ergeben sich unter Umständen gravierende Veränderungen für den faktischen Handlungsspielraum der einzelnen. Diese Veränderungen erwachsen nicht nur aus den benannten „Realitätsreduktionen" vernetzter CIM-Lösungen, sondern auch aus den Anforderungen an die Aktualität und Richtigkeit der Daten im Rechnermodell.

Dies alles birgt die Gefahr, daß versucht wird, die komplexe reale betriebliche Situation zu stark an das im Vergleich dazu einfache Rechnermodell anzupassen. So sind z. B. organisatorische Maßnahmen wie die Zentralisierung dispositiver Tätigkeiten oder das Errichten eines geschlossenen Lagers zwar unter Umständen geeignete Maßnahmen, diese Identität zwischen Modell und Realität zu gewährleisten. Die damit verbundenen Nachteile für die Beschäftigten liegen jedoch ebenfalls klar auf der Hand. Fraglich ist zudem, ob die Reduzierung bzw. Anpassung der betrieblichen Realität auf die soft- und hardwaretechnischen Möglichkeiten nicht letztlich negative ökonomische Effekte hat.

Der Versuch einer komplexen Modellbildung in vernetzten Systemen könnte auf ein anderes Problem stoßen: Die Integration von Datenbeständen mit dem Ziel, Mehrfachspeicherungen zu vermeiden, schafft eine Vielzahl neuer Abhängigkeiten. Die Überschaubarkeit der Wirkungen, die bei Datenänderungen auftreten können, nimmt ab. Auch wenn nun rechnergestützte Systeme demjenigen, der damit arbeitet, Entscheidungsalternativen anbieten, d. h. formal dispositive Möglichkeiten dezentralisiert bleiben, kann eine fehlende Transparenz praktisch dazu führen, Dispositionsvorschläge des Systems zu bestätigen, ohne dispositiv tätig zu werden (und somit vorhandene Freiheitsgrade nicht zu nutzen).

Zusammengefaßt besteht damit die Gefahr, daß die Reduktion komplexer betrieblicher Abläufe auf ein überschaubares Rechnermodell organisatorische Maßnahmen erfordert, um die Wirklichkeit dem Rechnermodell anzupassen. Menschliche Dispositions- und Flexibilitätsspielräume würden somit eingeengt. Im Gegensatz dazu könnten komplexe Abbildungen betrieblicher Realitäten in vernetzten DV-Systemen für die damit Arbeitenden so intransparent werden, daß vom System vorgeschlagene Lösungen hinsichtlich ihrer Angemessenheit unter eventuell veränderten Rahmenbedingungen nicht mehr hinterfragt werden könnten. Dispositive Spielräume würden somit faktisch verkümmern, auch wenn sie im Softwareaufbau vorgesehen wären.

8.3.3 Kompetenzabgrenzung zwischen Personen und Abteilungen

Die informationstechnische Vernetzung betrieblicher Funktionsbereiche kann verschiedenartige aufbau- und ablauforganisatorische Konsequenzen haben. In den Betrieben gewachsene Kompetenzstrukturen werden dadurch potentiell in Frage gestellt. Konflikte für die Betroffenen könnten die Folge sein.

Wenn Konstruktion und Fertigungssteuerung bisher klar getrennte Funktionsbereiche mit relativ überschneidungsfreiem Kompetenzbereich waren, weicht eine Vernetzung von z. B. CAD- und PPS-Systemen diese Abgrenzung auf. Die volle Nutzung der mit einer solchen Vernetzung möglichen Vorteile macht es evtl. erforderlich, daß aus der Konstruktion Eilaufträge in der Fertigungssteuerung direkt priorisiert werden können. Die Konstruktion erfährt dadurch einen Kompetenzzuwachs, dessen Inanspruchnahme möglicherweise mehr Reibungsverluste als Flexibilitätsgewinn bedeutet. Wenn durch eine solche Priorisierung Folgeprobleme der Fertigungssteuerung entstehen, für deren Lösung dann nicht mehr die Konstrukteure geradestehen, kann es sehr schnell zu Effekten kommen, wie sie in einer Frühphase der CNC-Verbreitung auftraten: Die Bedienfelder der CNC-Steuerungen an den Maschinen wurden für die Maschinenarbeiter abgeschlossen, damit in der Arbeitsvorbereitung erstellte Programme nicht mehr geändert werden konnten. Die Flexibilität der CNC-Steuerung wurde somit zugunsten einer klaren Kompetenzabgrenzung zwischen Arbeitsvorbereitung und Werkstatt geopfert. Unzufriedenheit war damit auf Seiten der Werkstatt die Folge. Überträgt man diesen Effekt auf die Vernetzung von CAD und PPS und ihre Möglichkeiten, wäre ein Eingreifen der Konstruktion in die Fertigungssteuerung nur ein Anspruch, der Erwartungen schafft, dessen Realisierung jedoch schnell wieder zugunsten klarer Kompetenzen aufgegeben werden würde.

Eine Diskussion der Kompetenzproblematik für die Vernetzung von CAD und rechnergestützter NC-Programmierung muß sich an den möglichen technisch-organisatorischen Alternativen orientieren (Bild 8.3): Bei Formen der Funktionsverlagerung, die die NC-Programmierung nicht völlig in der Konstruktion ansiedeln, sondern eine Arbeitsteilung in der NC-Programmierung zwischen Konstruktion und Arbeitsvorbereitung vorsehen, zerfällt die klare Zuständigkeit einer Abteilung für die NC-Programmierung; permanente Friktionen sind denkbar. Wird die NC-Programmierung völlig auf das CAD-System und in die Kompetenz der Konstruktion verlagert, taucht die Schwierigkeit auf, daß an die damit betrauten Konstrukteure völlig neue Anforderungen gestellt werden. Technologische Kenntnisse der Bearbeitungsmaschinen werden notwendig. Dieses Know-how ist bisher in der Werkstatt bzw. bei Mitarbeitern vorhanden, die sich aus der Werkstatt in die Arbeitsvorbereitung hochgearbeitet hatten.

Ähnliche Kompetenzabgrenzungsprobleme treten eventuell bei der Auftragsbearbeitung zwischen Verkaufsabteilungen und Produktionssteuerung auf, da deren Aufgaben im Zuge der PPS-Systemeinführung zunehmend ineinandergreifen.

Zusammenfassend läßt sich hier festhalten, daß mit der Vernetzung verbundene Flexibilisierungsmöglichkeiten in der Realisierung mit gewachsenen Kompetenz-

Grundtyp / Einzeltätigkeiten	I			II			III			IV			V		
(Funktionsträger)	Konstrukteur	AV-Progr.	Mitarbeiter der Fertig.	Konstrukteur	AV-Progr.	Mitarbeiter der Fertig.	Konstrukteur	AV-Progr.	Mitarbeiter der Fertig.	Konstrukteur	AV-Progr.	Mitarbeiter der Fertig.	Konstrukteur	AV-Progr.	Mitarbeiter der Fertig.
Separieren der NC-relevanten Geometrie aus der CAD-Datenbasis	O				O				O	O			O		
Programmieren der Werkzeugwege	O				O				O		O				O
Durchführen der Werkzeugwegsimulation	O				O				O		O				O
Programmieren der Technologiedaten	O				O				O		O				O
Durchführen des Postprozessorlaufes	O				O				O		O				O
Prozentanteil	15 %			46 %			4 %			23 %			9 %		

n = 115 realisierte Einsatzfälle (davon 3 % nicht zuzuordnen)

Bild 8.3. Arbeitsorganisatorische Grundtypen der CAD/NC-Integration

strukturen konfligieren können. Neue Kompetenzstrukturen im Rahmen der Einführung vernetzter DV-Lösungen scheinen dauerhaft nur mit neuen, vertikal zusammengefaßten Organisationseinheiten möglich, in denen beispielsweise produktgruppenspezifische Konstruktions-, Arbeitsvorbereitungs-, Fertigungsplanungs-, Fertigungssteuerungs- sowie Fertigungsfunktionen vereint sind.

8.3.4 Lokalisierung von Verantwortung

Ein weiteres Problemfeld, das im Zuge einer informationstechnischen Vernetzung zunehmend in den Vordergrund treten könnte, steht in engem Zusammenhang mit der oben diskutierten Kompetenzproblematik und betrifft die Schwierigkeit, in vernetzten Systemen Verantwortlichkeiten für Arbeitsergebnisse zu lokalisieren. Generell sind dabei zwei gegenläufige Entwicklungen vorstellbar, die jedoch beide mit inter- bzw. intrapersonalen Konflikten einhergehen können. Zwei Beispiele sollen dies verdeutlichen:
Technisch-organisatorische Vernetzungen zwischen rechnergestützter Konstruktion und rechnergestützten Berechnungen mit der Finite-Element-Methode (FEM) sind in alternativen Varianten denkbar. Im Zusammenhang mit diesen Varianten kommt bei einer Arbeitsteilung zwischen Konstrukteur und Berechnungsingenieur der Frage entscheidende Bedeutung zu, wer für die Interpretation der Berechnungsergebnisse die Verantwortung trägt. Während in der Vergangenheit der Konstrukteur für die Tragfähigkeit, Stabilität etc. der von ihm konstruierten Bauteile verantwortlich war, könnte sich hier im Zuge eines zunehmend vernetzten Einsatzes eine Änderung ergeben. Wird nunmehr im Laufe eines Konstruktionsprozesses an einen FEM-Spezialisten der Auftrag erteilt, aufbauend auf den in der CAD-Datenbasis erzeugten Werkstückgeometrien deren Stabilität unter Belastung zu überprüfen, so kann es zu einer Verantwortungsverschiebung kommen, wobei die Identifikation mit dem Konstruktionsobjekt evtl. weder beim Konstrukteur noch beim Berechnungsspezialisten gegeben ist.

Ein ganz anderes Beispiel im Problembereich „Lokalisierung von Verantwortung" ergibt sich durch die Vernetzung von rechnergestützter Konstruktion und rechnergestützter Arbeitsplanung. Diese beiden betrieblichen Funktionsbereiche hatten bisher klar getrennte Verantwortlichkeiten und Zielsetzungen ihrer Arbeit: Der Konstrukteur war für die Funktion des Bauteils verantwortlich, die Arbeitsvorbereitung trug die Verantwortung für die technische Realisierung. Mit der datentechnischen Vernetzung von Konstruktion und Arbeitsvorbereitung bekommen nunmehr die auch bisher schon an die Konstruktionstätigkeit zusätzlich herangetragenen Anforderungen des fertigungs- und montagegerechten Konstruierens neues Gewicht. Damit werden im Konstruktionspflichtenheft neben der Funktionsanforderung an das Bauteil verstärkt Produktionsanforderungen gestellt, die einen Standardisierungsdruck hervorrufen. Die Aufgaben von Konstrukteur und Arbeitsplaner vermischen sich. Traditionelle Aufgabenteilungen und Verantwortungsbereiche lösen sich hierdurch auf, und früher interpersonell ausgetragene (dadurch objektivierbare und für Innovationen sinnvolle) Sachkonflikte, die sich aus dem Erfordernis ergeben, optimale Funktion und optimale Fertigungsgerechtheit eines Bauteils zur Deckung zu bringen, werden nun intrapersonalisiert und somit verdeckt oder durch starre DV-Systemauslegung suboptimal entschieden.

8.3.5 Kontrolle

Durch den Einsatz von Rechnern zur Unterstützung dispositiver Tätigkeiten und bislang nicht routinisierbarer Facharbeit, mehr jedoch noch durch die Vernetzung solcher Systeme erwächst die Gefahr, alle von den Nutzern solcher Systeme eingegebenen Informationen und Daten nicht nur an den jeweiligen Arbeitsplätzen verfügbar zu halten, sondern auch zu zentralisieren. Damit steigen die Möglichkeiten der Kontrolle arbeitsvorbereitender und konstruktiver Tätigkeiten wie auch qualifizierter Facharbeit. Alle Arbeitsschritte und auch -handlungen der DV-Nutzer können und werden zumeist auch in den Systemen ohne großen Aufwand dokumentiert (BDE-Systeme sind gerade daraufhin ausgelegt). In vernetzten Systemen wird damit (zumindest theoretisch) eine jederzeitige Kontrolle des Arbeitsfortschritts, der Arbeitsqualität und eine Zurechnung von Fehlern – unter Umständen ohne daß der Betroffene es bemerkt – möglich. Bisher war mindestens die Schreibtischschublade abschließbar. In komplexen, vernetzten EDV-Systemen dürfte es zumeist die Sicherung der Funktionsfähigkeit und Fehlerfreiheit (und sei es als Vorwand) verbieten, entsprechende programmtechnische Verschlußmöglichkeiten zuzugestehen.

Diese Situation wird auch nicht dadurch entschärft, daß sich etwa die Arbeit von Konstrukteuren oder Disponenten solcher Kontrollbetrachtung meist entzieht, denn zu allererst und in der Hauptsache werden technische Zeichner bzw. Sachbearbeiter ihre Arbeit im intensiven Bildschirmdialog abwickeln und damit betroffen sein.

8.3.6 Kommunikation

Auch das Thema Kommunikation ist auf mehreren Ebenen zu problematisieren. Auf Nebenwirkungen einer computerintegrierten Produktion auf das Kommunikationsgeschehen wurde in den vorigen Abschnitten implizit bereits hingewiesen: Bedingt durch die quasi modellhafte Abbildung des Betriebsgeschehens und die Speicherung betrieblicher Informationen im CIM-System wird die informationelle Verknüpfung in viel stärkerem Ausmaß als früher über das Datenfenster Bildschirm abgewickelt. Dabei werden nicht nur konventionelle Medien wie Papier und Telefon teilweise ersetzt, sondern es finden „Dialoge" mit dem Computer statt, d. h., Arbeitsaufgaben werden in einem interaktiven Prozeß mit dem Programmsystem bearbeitet (wobei Gestaltungsunterschiede z. B. darin bestehen, festzulegen, wer den Dialog führt – der Mensch oder der Computer). Aus diesem Sachverhalt kann man zwar nicht folgern, daß nun zwischenmenschliche Kommunikation im Betrieb durch Kommunikation mit der Maschine ersetzt wird, doch es darf gefolgert werden, daß letztere Kommunikationsform zunimmt und daß es arbeitsgestalterische Überlegungen erfordert, jedem Mitarbeiter im Betrieb weiterhin kommunikativ-soziale Kontakte mit Arbeitskollegen zu ermöglichen.

Eine andere Betrachtungsebene führt zum gerade mit der Einführung von CIM verstärkt beobachtbaren Problem der Verständigung zwischen verschiedenen Fachspezialisten. Waren bei Aufbau von Insellösungen der Rechnerunterstützung vor allem (auch weiter bestehende) Verständigungsprobleme zwischen homogenen Gruppen von Betriebspraktikern (z. B. Konstrukteuren) und Anwendungsprogrammierern (meist „akademische" Informatiker) zu beobachten, so tritt nun als neues Problem hinzu, daß verschiedene Gruppen von Betriebspraktikern zusammenwirken müssen, um das Gesamtsystem Betrieb durch CIM zu optimieren; da ein optimales Gesamtsystem für Teilbereiche im Betrieb jedoch evtl. zu (zumindest vorübergehend) suboptimalen Lösungen der Rechnerunterstützung führen kann, müssen innerbetriebliche Kommunikationsprozesse zum Interessenausgleich zwischen verschiedenen Gruppen initiiert werden, die geeignet sind, Ressortdenken uned Gruppenegoismen nicht zum Tragen kommen zu lassen.

8.3.7 Qualifikation

Ein ganz wesentlicher Handlungsbedarf ergibt sich hinsichtlich der Qualifizierung der Mitarbeiter, die mit und in CIM-Systemen arbeiten sollen, zum einen daraus, daß funktionale Betriebsgliederungen mit ihrer starken (horizontalen) Arbeitsteilung durch die per Computer informationstechnisch auch vertikal vernetzbaren Funktionen des Betriebes einen Druck auf die Betriebsorganisation ausüben, sich zunehmend vertikal auszurichten (Spartenorganisation). Dies ist eine Chance für Arbeitsgestalter, ganzheitliche Arbeitstätigkeiten dort zu schaffen, wo funktionale Trennungen bisher zu extrem arbeitsteiligen Tätigkeiten geführt hatten. Die durch CIM mögliche Flexibilität hinsichtlich der „Neuschneidung" von Arbeitstätigkeiten auf die Bedürfnisse und qualifikatorischen Voraussetzungen einzelner Mitarbeiter hin sollte genutzt werden, um durch planmäßige und von Qualifizierungsmaßnahmen für den Mitarbeiter begleitete Erweiterungen bisher evtl. zu enger Aufgabenzuschnitte vorzunehmen und die arbeitspsychologische Forderung nach einer qualifizierenden Arbeitsgestaltung zu verwirklichen.

Fachliche Qualifizierungsmaßnahmen und auch solche, die mit dem Erlernen des Umgangs mit der „Maschine Computer" zusammenhängen (wobei es wichtig erscheint, nicht nur „Bedienerschulungen" durchzuführen, sondern durch die Vermittlung von Grundlagenwissen eine „Beherrschung" des Systems zu ermöglichen), sind so zu planen und zu gestalten, daß die Belastungen für die Mitarbeiter durch das Nebeneinander von Leistungsabforderung aus den Arbeitsaufgaben und dem Neulernen- bzw. Umlernenmüssen nicht zu groß werden.

Der arbeitswissenschaftliche Streit um die Richtigkeit verschiedener Thesen zum Zusammenhang von neuer Technologie und Qualifikation (Qualifizierungs-/Dequalifizierungsthese, Polarisierungsthese) zeigt, daß vor allem auch sogenannte indirekt Betroffene in die Überlegung mit einzubeziehen sind, wenn man neue Arbeitssysteme plant. Durch CIM verschwinden ja nicht nur Arbeitsaufgaben im Computer, sie werden auch teilweise zwischen Personen(-gruppen) verlagert.

Als Beispiel soll die Berufsgruppe der Werkzeugmacher genannt sein, die durch den Einsatz von integrierten CAD/NC-Systemen entweder direkt (als Anwender) betroffen ist oder aber indirekt dadurch, daß früher hochgeschätzte und hochtrainierte sensomotorische Fertigkeiten rapide an Wert verlieren, da zunehmend CNC-Maschinen komplexe Bearbeitungen übernehmen können und werden.

8.4 Forschungsfelder und Gestaltungspotentiale

Um die im vorangegangenen ansatzweise aufgerissene Problematik der Vernetzungsstrategien unter den Gesichtspunkten einer menschengerechten Gestaltung von Arbeit und Technik durch das Einbringen entsprechender Alternativvorschläge in die
Systementwicklung und Anwendung zu bewältigen, sind bislang ungelöste Aufgaben
anzugehen. Die Bearbeitung dieser Aufgaben scheint um so vordringlicher, da eine
ganze Reihe von Faktoren eine naturwüchsige Auflösung der Dilemmata erschweren.
Diese Faktoren lassen sich wie folgt beschreiben:

In der Anwendung neuer Technologien sind die Großunternehmen in der Regel
Vorreiter (Bild 8.4). Sie sind aufgrund dieser Vorreiterrolle in der Lage, die Technologien in einer Phase, in der diese noch eine Gestaltungsplastizität aufweisen, nach ihren
Bedürfnissen zu prägen. Diese Bedürfnisse sind auf Strukturen zugeschnitten, die in
Großunternehmen vorherrschen, für kleine und mittlere Unternehmen jedoch häufig
inadäquat sind. Wenn kleine und mittlere Unternehmen auf dem Markt als Nach-
frager für diese Technologien auftreten, sind sie als Produkt ausgereift und nur schwer
anpaßbar.

Die sogenannten Pflichtenhefte, in denen Anwender-Unternehmen ihre Anforderungen an die vom Hersteller zu entwickelnden Lösungen formulieren, werden häufig
ohne Einbeziehung derjenigen erstellt, die später mit den Systemen arbeiten sollen.
Weiterhin werden die Hersteller von den Anwendern häufig mit dem Wunsch konfrontiert, technische Lösungen so anzubieten, daß gewachsene Strukturen (die in
vielen Fällen suboptimal unter Beachtung eines erweiterten Innovationsbegriffes
sind) in der technischen Lösung abgebildet werden.

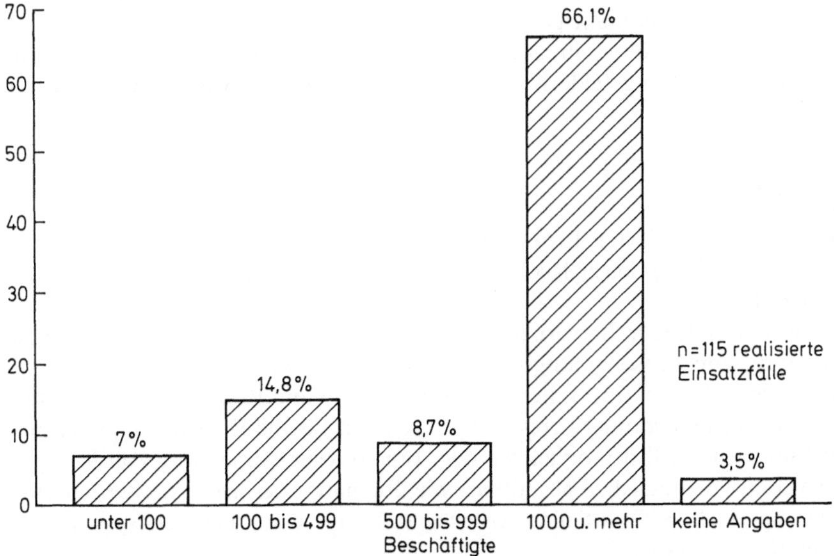

Bild 8.4. Aufteilung der Firmen mit realisierter CAD/NC-Integration nach Beschäfti-
gungsgrößenklassen

Verfestigte Leitbilder zur Wirtschaftlichkeit bzw. insbesondere zur Unwirtschaftlichkeit bestimmter organisatorischer Gestaltungsprinzipien des Technikeinsatzes sind nur schwer revidierbar und engen den Handlungsspielraum der Akteure in den Betrieben daher stark ein.

Wie die Anforderungen, die der Technikanwender an den Technikhersteller richtet, aus dem Gedanken einer Bewahrung gewachsener Strukturen heraus geprägt werden, so wird auch bei der organisatorischen Gestaltung des Technikeinsatzes die Tradition häufig kultiviert. Darüber hinaus beeinflussen Organisationsmodelle, die in Großunternehmen als Vorreiter des Einsatzes neuer Technologien entstanden sind, nicht nur die Technikausreifung in Form von Produktanpassungen durch die Hersteller entsprechend diesen Organisationsmodellen, sondern auch die Organisationspraxis in kleinen und mittleren Unternehmen, die mit dem Einsatz der Techniken nachziehen. Auf die Belange kleinerer Unternehmen (wie z. B. geringere Hierarchisierung, geringere Zentralisierung, andere Aufbau- und Ablauforganisationsstrukturen, andere Qualifikationsstrukturen) ausgelegte Modelle des Technikeinsatzes werden kaum entwickelt.

Je umfassender ein Satz von Bewertungskriterien angelegt ist, an dem ein technisch-organisatorisches System gemessen werden soll, desto häufiger werden eindeutige Gesamturteile nicht mehr konfliktfrei formulierbar sein. Konkurrierende Gestaltungsziele verhindern ein einheitliches Votum, selbst von seiten der Arbeitnehmer bzw. ihrer Vertretungsorgane. Der Zeitraum, der notwendig ist, um die Bewertung alternativer technisch-organisatorischer Systemkonzepte unter Einbeziehung eines umfassenderen Kriterienkatalogs durchzuführen, ist bisher so lang, daß Bewertungsergebnisse aus diesem Prozeß infolge des schnell fortschreitenden technischen Wandels in den Betrieben kaum mehr Wirkungen hervorbringen. Es fehlen arbeitswissenschaftliche Analysemethoden, die direkt und unmittelbar mit dem Prozeß der Planung und der Einführung neuer Produktionstechnologien verknüpft sind und auf den Gesamtbetrieb als Analyseobjekt gerichtet sind.

Um diese Defizite zu überwinden, scheinen in den im folgenden spezifizierten Forschungs- und Gestaltungsfeldern schnelle und umfassende Anstrengungen vonnöten.

8.4.1 Technikgestaltung

Ausgehend von den skizzierten Problembereichen der Vernetzung sind an die technische Ausgestaltung integrierter Rechnersysteme die im folgenden formulierten Anforderungen zu richten:

Die Softwarearchitektur in vernetzten Systemen ist so zu gestalten, daß eine Dezentralisierung von Entscheidungskompetenz vorgesehen ist. Entscheidungen in vernetzten Systemen sollten dort fallen, wo ihre Wirkung und Realisierung am besten zu überblicken sind und somit Korrekturen durch den für die Entscheidung verantwortlichen Mitarbeiter selbst möglich werden. Eine flexible Anpassung von Kompetenzen und Verantwortung ist so gestaltbar, wie überhaupt der arbeitswissenschaftlichen Forderung nach differentieller Arbeitsgestaltung schon bei der Systemkonzeption Rechnung zu tragen ist.

Alle für dezentralisierte Entscheidungsprozesse in vernetzten Konzepten notwendigen Informationen sollten am Ort der Entscheidung abrufbar sein. Das vernetzte

System hat dementsprechend vor allem die Funktion eines Informationssystems für dezentrale Entscheidungsprozesse.

Der Aufbau von Datenbanken in vernetzten Systemen ist nicht so zu gestalten, daß eine Zentralisierung aller im Betrieb vorhandenen und anfallenden Informationen vorgesehen wird. Es ist sicherzustellen, daß von den einzelnen vernetzten Arbeitsplätzen nur diejenigen, gegebenenfalls aggregierten, Informationen an den darüber liegenden Knoten weitergeleitet werden, die zur Aufgabenerfüllung gebraucht werden. Der Vorteil solcher Konzepte liegt darin, daß die Datenmenge überschaubar bleibt und andererseits der einzelne an seinem Arbeitsplatz nicht mehr unter permanenter Personenkontrolle steht.

In rechnerintegrierten Systemen sollten die verschiedenen Systemelemente über einheitliche Benutzeroberflächen und Eingabedialoge verfügen. Gerade ganzheitliche Arbeitsvollzüge erfordern für die Beschäftigten den Zugriff auf mehrere Teilsysteme von vernetzten Konzepten. Unterschiede in den Benutzeroberflächen, Bediendialogen etc. erschweren dies.

Die in vernetzten Konzepten in den verschiedenen betrieblichen Funktionsbereichen erzeugten, verwalteten und – da sie auch von anderen benötigt werden – weitergeleiteten sowie weiterverwendeten Daten sollten auf Datenverwaltungsebene einheitlich strukturiert sein. Ist dies nicht der Fall, so sind bei der Rechnerintegration Unformatierungsprozesse zwischen den verschiedenen Teilbereichen notwendig. Diese Umformatierungsprozesse erschweren die Kommunikation in den Systemen und erzwingen vielfach Einbahnstraßen des Informationstransfers. Für die Beschäftigten bedeutet dies eine Einengung ihrer Handlungsspielräume.

Die Rechnerarchitektur in vernetzten Konzepten sollte nicht von Zentralcomputern geprägt sein. Eine Dezentralisierung der Rechnerleistung und die Verbindung dieser dezentralisierten Rechnersysteme über lokale Kommunikationssysteme (LAN) bietet für die Beschäftigten vielfältige Vorteile. Anzuführen wären hier beispielsweise flexible Anpaßbarkeit, Systemantwortzeit-Verhalten, Unabhängigkeit von zentralen EDV-Abteilungen etc.

Vernetzte Systeme sind so auszugestalten, daß eine Unterstützung der „menschlichen" Disposition durch Rechnerangebote und nicht eine Automatisierung der Entscheidung erfolgt. Konkret bedeutet dies, daß in vernetzten Systemen die Konsequenzen verschiedener denkbarer Entscheidungsalternativen durchgespielt und dem Entscheidungsträger zugänglich gemacht werden sollten.

Vor dem Hintergrund von Analysen zum gegenwärtigen Marktangebot vernetzter Komponenten scheint in folgenden Bereichen das Technikangebot noch defizitär:
- Einheitliche Datenstrukturen, insbesondere zwischen CAD- und PPS-Systemen als zwei Hauptelementen von CIM-Lösungen sind kaum verfügbar.
- Einheitliche Benutzeroberflächen, Dialoggestaltungen etc. sind nicht nur zwischen den vernetzten Teilelementen, sondern auch innerhalb bestimmter Teilbereiche rechnerunterstützter Lösungen nicht realisiert.
- Hard- und Softwareschnittstellen zwischen Insellösungen des DV-Einsatzes, die zur Erhaltung oder Schaffung ganzheitlicher Arbeitsaufgaben geeignet sind, sind und werden angebotsseitig teilweise noch nicht entwickelt.

Ein Beispiel für solche fehlenden Schnittstellen findet sich im Bereich der Programmierung numerisch gesteuerter Werkzeugmaschinen. Neben der Nutzung zentraler rechnergestützter NC-Programmiersysteme hat sich in der Vergangheit, wenn auch in beschränktem Maße, die Werkstattprogrammierung ihren Platz erobern können. Unter dem Gesichtspunkt der Qualifikationssicherung in der Werkstatt, wie auch unter Wirtschaftlichkeitsüberlegungen ist diese Form der Programmierung numerisch gesteuerter Werkzeugmaschinen in vielen Fällen anderen Konzepten überlegen. Ob die Wirtschaftlichkeitsargumente, die zugunsten der Werkstattprogrammierung sprachen, künftig weiterhin Gültigkeit besitzen, muß bezweifelt werden. Da sich durch CAD/NC-Koppelungen in vernetzten Systemen die Programmierzeiten verkürzen lassen, diese Koppelung bisher jedoch nur zwischen CAD-Systemen und zentralen rechnergestützten NC-Programmiersystemen verfügbar sind, steht zu erwarten, daß die Programmieraufgaben kontinuierlich weiter in die Arbeitsvorbereitung oder im Extremfall in die Konstruktion verlagert werden.

Daß diese Entwicklung jedoch nicht zwangsläufig sein muß, mag folgende Überlegung verdeutlichen: Als alternative Konzepte zur Übergabe von CAD-Werkstückgeometriedaten an die NC-Programmierung sind Systeme denkbar, die diese Geometriedaten vom Werkstattbereich abrufbar in den Bedienfeldern komfortabler NC-Steuerungen verfügbar machen oder in Werkstatt-Terminals, die eine nicht maschinengebundene, aber werkstattorientierte Programmierung erlauben (Bild 8.5). Diese Konzepte erfordern jedoch zusätzliche Entwicklungsarbeiten an derartigen Schnittstellen.

Wenn es gelingt, solche Konzepte technisch zu realisieren und ihren Nutzen in praktischen Pilotanwendungen zu verdeutlichen, könnte die Werkstattprogrammierung auch unter Vernetzungsgesichtspunkten dauerhaft wirtschaftlich legitimiert werden. Voraussetzung ist jedoch, daß der Entwicklungsvorsprung, den zentrale rechnergestützte NC-Programmiersysteme im Hinblick auf ihre Vernetzbarkeit zu CAD-Systemen gewonnen haben, schnellstmöglich aufgeholt wird.

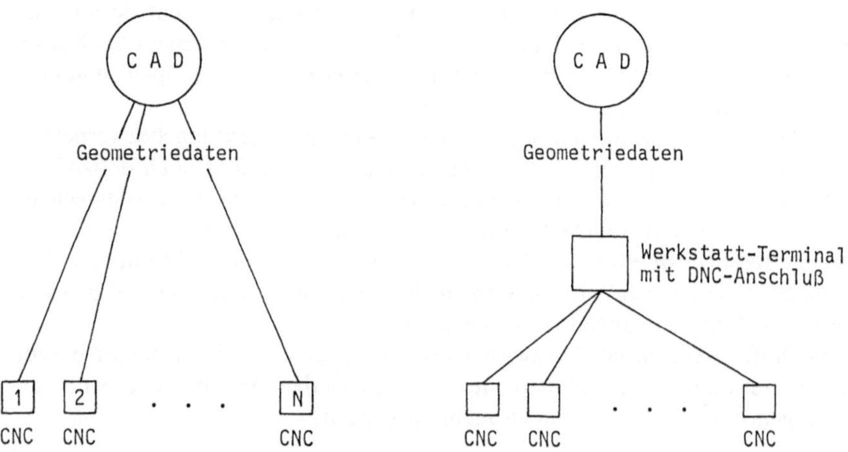

Bild 8.5. Alternative Konzepte zur Übergabe von CAD-Werkstück-Geometriedaten in den Werkstattbereich

8.4.2 Alternative organisatorische Modelle vernetzter Systeme

Ebenso wie für die technische Gestaltung vernetzter Systeme lassen sich für die
organisatorische Einbettung integrierter Strukturen Anforderungen formulieren, die
unter Gesichtspunkten menschengerechter Arbeitsgestaltung beachtet werden sollten:

Die Möglichkeiten vernetzter Systeme sind dahingehend zu nutzen, daß ganzheitliche Aufgabenzuschnitte realisiert werden. Neue Kompetenzstrukturen im Rahmen
der Einführung vernetzter DV-Lösungen scheinen mit neuen, vertikal zusammengefaßten Organisationseinheiten möglich, in denen beispielsweise produktgruppenspezifische Konstruktions-, Arbeitsvorbereitungs-, Fertigungsplanungs- und Fertigungs-
steuerungs- sowie Fertigungsfunktionen vereint sind. Insgesamt können damit auch
vertikale Hierarchien verringert und Dispositionsspielräume erhöht werden.

Die Arbeitsorganisation in vernetzten Systemen und die aufbauend auf arbeitsorganisatorischen Grundentscheidungen gewählte Systemarchitektur ist so zu gestalten,
daß Qualifikationen in denjenigen Abteilungen und Bereichen genutzt werden, wo sie
vorhanden sind. Die Entwertung von vorhandenen Qualifikationen in einzelnen Pro-
duktions- und produktionsvorbereitenden Bereichen dadurch, daß lediglich vernet-
zungsbedingt einzelne Arbeitsvollzüge verlagert werden, ist zu vermeiden.

Die Umsetzung dieser Gedanken in organisatorische Modelle, die verschiedenen
betrieblichen Rahmenbedingungen (Branchen, Größenklassen, Marktstrukturen,
etc.) angepaßt sind, und die praktische Erprobung solcher Modelle in einzelbetriebli-
chen Vorhaben ist bislang noch kaum vorangekommen. Da jedoch erst durch solche
Modellvorhaben die Gangbarkeit dieses Weges wie auch die Möglichkeiten zum
Interessenausgleich zwischen verschiedenen betrieblichen Abteilungen ausgelotet
werden können, erscheint eine solche Vorgehensweise unverzichtbar. Darüber hinaus
zeigt die Erfahrung, daß erst eine Demonstration der Gangbarkeit unkonventioneller
organisatorischer Wege eine Multiplikation bewirken kann.

8.4.3 Planungs- und Implementierungsprozeß

Im Bereich der Planung und Implementierung neuer Technologien dominiert bisher
ein traditioneller Ansatz, nachdem in dem Funktionsbereich, in dem der Technikeinsatz erfolgen sollte, die Anforderungen an die Technik durch Ist-Analysen ermittelt
werden, woraufhin dann Pflichtenhefte formuliert werden können. Aufbauend auf
diesen Pflichtenheften werden technische Lösungen installiert (CAD-Systeme, CNC-
Werkzeugmaschinen, etc.), deren betriebliches Umfeld im Anwendungsbereich daraufhin durch organisatorische oder qualifikatorische Maßnahmen so gestaltet wird,
daß der Einsatz der installierten Technik reibungslos vonstatten gehen kann. Gedanken der qualifizierenden und differentiellen Arbeitsgestaltung, des Arbeits- und Gesundheitsschutzes oder der (wegen des Inselcharakters bisher meist geringeren) Fernwirkungen auf andere Bereiche werden, wenn überhaupt, erst in dritter Linie
betrachtet. Humanisierungsmaßnahmen können in diesem Zusammenhang bestenfalls als Maßnahmen einer „Reparaturhumanisierung" greifen.

Die Übertragung dieses traditionellen Ansatzes der Technikplanung auf vernetzte
Systemlösungen hat weitreichende Folgen. Beispielsweise würde es im Bereich CAD/
CAM bedeuten, daß die spezifischen Anforderungen an die Konstruktion und NC-

Programmierung im Hinblick auf das Teilespektrum jeweils ein CAD-System und ein NC-Programmiersystem erforderlich machen würde. Im Rahmen der von diesen Systemlösungen gesetzten Grenzen müßten danach die Organisation und Qualifikation im Bereich der Konstruktion und NC-Programmierung angepaßt und letztendlich eine datentechnische Schnittstelle zwischengeschaltet werden. Eine solche Form eines Planungs- und Implementierungsprozesses scheint jedoch für Vernetzungslösungen unter Gesichtspunkten menschengerechter Arbeits- und Technikgestaltung wie auch unter Wirtschaftlichkeitsgesichtspunkten suboptimal.

Alternativ hierzu sind somit Planungsinstrumentarien zu entwickeln, die den folgenden Anforderungen genügen:
- keine Teiloptimierung, sondern abteilungsübergreifender Planungsansatz,
- keine Zementierung ineffizienter Strukturen durch DV, sondern Reorganisation, wo diese sinnvoll und durch die neuen technischen Gegebenheiten möglich ist, und dann DV-technische Unterstützung reorganisierter Strukturen,
- nicht für die Betroffenen planen, sondern durch deren Beteiligung zu besseren Lösungen kommen,
- nicht die Technik planen und die Organisation und Qualifizierung anpassen, sondern integriert planen,
- Technikangebot nicht als Ausgangspunkt der Planung auffassen, sondern Pflichtenhefte an die Technik formulieren,
- in den Betrieben vorhandene Stärken, die vielfach auf menschlicher Qualifikation und Kommunikation beruhen, als Ausgangspunkt für den Planungsprozeß heranziehen,
- integrierende Berücksichtigung von technischen, wirtschaftlichen und arbeitswissenschaftlichen Bewertungsdimensionen.

8.4.4 Instrumente zur antizipativen Bewertung technisch-organisatorischer Vernetzungsstrukturen

Die Komplexität der Wirkungszusammenhänge in vernetzten Strukturen, die im Bereich der Planung und Implementierung solcher Systeme eine neue Form der Herangehensweise erfordert und die auch den Aufwand für solche Planungs- und Implementierungsprozesse steigert, bringt darüber hinaus eine weitere Problematik mit sich: Im Planungsprozeß entwickelte technisch-organisatorische Alternativen sind im Hinblick auf ihr Wirkungsspektrum nur mehr schwer prognostizierbar und miteinander vergleichbar. Die Reichweite der Wirkung, die Rückkoppelungseffekte, sich gegenseitig verstärkende wie auch kompensierende Wirkgrößen lassen Integrationskonzepte nicht nur im Rahmen einer Wirtschaftlichkeitsbetrachtung, sondern auch im Hinblick auf eine antizipative Arbeitsplatzbewertung zu einem ungelösten Problem werden. Die Tatsache, daß im Zuge der Diskussion um rechnerintegrierte Produktion von einer unternehmerischen Aufgabe der strategischen Planung gesprochen wird, die mit klassischen Konzepten der Wirtschaftlichkeitsrechnung in ihren Resultaten nicht mehr faßbar sei, unterstreicht diese Tatsache. Um im Planungsstadium vernetzter Rechneranwendungen in den Betrieben mögliche Gestaltungsvarianten vergleichend beurteilen zu können, sind neue Methoden zu entwickeln und zu testen.

8.4.5 Umsetzungsprozeß und Verbreitung von Forschungsergebnissen

Wie Untersuchungen zur Einführung von CAD und CAM gezeigt haben, sind viele, insbesondere kleinere und mittlere Unternehmen bereits von Einführungsprozessen, die lediglich Insellösungen des Rechnereinsatzes betreffen, ohne Einschaltung externer Beratung überfordert. Der Stellenwert der Unternehmensberater in der Gestaltung des Planungs- und Realisierungsprozesses zum Einsatz moderner Techniken in den Betrieben wird bei der Realisierung vernetzter Systeme potentiell weiter ansteigen. Unternehmensberatern werden künftig in noch stärkerem Maße als bisher entscheidende Weichenstellungen übertragen, die die technisch-organisatorische Ausgestaltung betreffen.

Eine vielfach unterschätzte Bedeutung bei der Einführung von rechnergestützten Technologien haben auch Anbieter und Hersteller. Sie übernehmen teilweise, über die Gestaltung der Soft- und Hardware und der dadurch gesetzten Prämissen im Hinblick auf die organisatorische Ausgestaltung hinaus, Aufgaben externer Beratung, indem sie bei der Auswahl betrieblicher Einsatzbereiche, bei der Entscheidung über den Umfang der Funktionserfüllung durch EDV-Systeme bis hin zu organisatorischen Fragen der Einführung und des Einsatzes mitwirken. Ihr zweites, noch wichtigeres Aufgabenfeld im Hinblick auf die Berücksichtigung von Kriterien menschengerechter Arbeitsgestaltung beim Aufbau rechnerintegrierter Produktionssysteme ist die Schulung. Schulungen der Mitarbeiter finden heute ganz überwiegend bei den Lieferanten der Technik statt. Die Gefahr, daß bei einer herstellerspezifischen Bedienungsschulung stehengeblieben wird, ist groß.

Softwarehäuser sowie Hersteller von Soft- und Hardware müssen als eigenständige Umsetzungsträger angesehen werden. Ihre gegenwärtige und potentielle Rolle bei der Entwicklung, Verbreitung und Umsetzung von menschengerechten CIM-Konzepten gilt es allerdings zunächst noch genauer zu untersuchen. Welchen Einfluß üben sie auf die organisatorische Gestaltung aus? Wie sehen die bisherigen Schulungskonzepte aus? Sind übergreifende Qualifikation, die Notwendigkeit, Arbeitsabläufe zu verändern, oder ein Überblick über andere Funktionsbereiche, die mit den entstehenden Daten im CIM-Verbund weiterarbeiten, Schulungsgegenstand? Aufbauend auf diesen Informationen wäre dann zu überlegen, wie die Anbieterseite bei dem Versuch, HdA-Elemente in CIM-Lösungen einzubringen, berücksichtigt werden könnte.

Wie auf Unternehmensseite gewinnt auch auf seiten der Arbeitnehmer und deren betrieblicher Interessenvertretung die externe Beratung an Bedeutung. CIM stellt neue Anforderungen: die Systeme werden immer unüberschaubarer, und vielfach ist EDV-technischer Sachverstand notwendig, um eine wirksame Kontrolle und begrenzte Einflußnahme wahrnehmen zu können. Dabei sind die Betriebsräte oftmals noch stärker als die Unternehmensseite darauf angewiesen, solches Know-how extern, aber vertrauenswürdig und ortsnah zur Verfügung zu haben.

Als eine weitere, eigenständige Schiene der Umsetzung und Verbreitung von HdA-Erfahrung und -konzepten für CIM kann man die Einbeziehung von bestimmten betrieblichen Abteilungen und Stabsstellen ansehen. Solche innerbetrieblichen Stellen (z. B. in Form einer Abteilung für neue Technologien, ein Beauftragter für Wertanalyse oder auch traditionelle zentrale Organisations- oder EDV-Abteilungen) spielen oftmals eine ganz zentrale Rolle. Die dort bestimmenden Philosophien, vorhandenen Erfahrungen und Qualifikations- bzw. Wissensbestände werden die letztendlich realisierten Lösungen stark prägen, gerade weil CIM ein relativ unstrukturiertes Feld ist und zahlreiche, teilweise von sehr unterschiedlichen Interessen geleitete Abteilungen integriert werden müssen. Vielfach sind die in diesen Stellen tätigen Personen stark außenorientiert, z.B. auf Berufsverbände (genannt seien hier z. B. der VDI mit seinem Zentrum für Wertanalyse, sogenannte Anwenderarbeitskreise bestimmer Systeme und Normungsgremien), Fachliteratur oder Messen und Kongresse. Hier liegen also Möglichkeiten und Ansatzpunkte, Kriterien menschengerechter Arbeitsgestaltung bei CIM zu vermitteln, zu verbreiten und umzusetzen.

8.6 Literatur

1 Fix-Sterz, J; Lay, G; Schultz-Wild, R; Wengel, J: Flexible Fertigungssysteme und -zellen im Rahmen neuer Fabrikstrukturen in der Bundesrepublik Deutschland. Internal Paper. Brüssel: Kommission der Europäischen Gemeinschaften, Generaldirektion XII, 1987, (FAST occasional papers, No. 135D)
2 Kuntze, U; Lay, G; Wengel, J: Wirkungsanalyse der indirekt-spezifischen Förderung zur betrieblichen Anwendung von CAD/CAM-Systemen – Kurzfassung der Ergebnisse aus schriftlichen Umfragen bei geförderten und nicht-geförderten Unternehmen, Karlsruhe 1987
3 Lay, G; Boffo, M; Fix-Sterz, J; Kuntze, U; Meyer-Krahmer, F: Erste Ergebnisse der Wirkungsanalyse der indirekt-spezifischen Förderung zur betrieblichen Anwendung von CAD/CAM-Systemen in: Bey, I u. Mense, H (Hrsg.): Bewertung von Entwicklung und Einsatz moderner Fertigungstechnologien, KfK-PFT 119, Kernforschungszentrum Karlsruhe 1986, S. 9–73
4 Lay, G; Maisch, K; Boffo, M; Lemmermeier, L: Wirtschaftliche und soziale Auswirkungen des Einsatzes von integrierten CAD/CAM-Systemen, RKW-Reihe Mensch und Technik, Eschborn 1984
5 Lay, G: Computer Integrated Manufacturing – Wunsch und Wirklichkeit, Innovation 7/85, S. 719–724
6 Lay, G; Boffo, M; Schneider, R: Integration von rechnergestützter Konstruktion und NC-Programmierung – Stand und Erfahrungen aus der betrieblichen Praxis. ZWF CIM Zeitschrift für wirtschaftliche Fertigung und Automatisierung, H. 6/87, Carl Hanser-Verlag München, S. 325–332
7 Lay, G; Maisch, K; Schneider, R; Frei, F; Mussmann, C; Schilling, A: Vernetzung EDV-gestützter Betriebsbereiche. Folgenabschätzung anhand praktischer Beispiele. Schriftenreihe der Bundesanstalt für Arbeitsschutz, Dortmund 1986

9 Menschengerechte Vernetzungsstrategien für die rechnergestützte Fertigung

Ronald Mackay

9.1 Einleitung

Im Gegensatz zu den meisten Aufsätzen zum Thema Computer Integrated Manufacturing (CIM) wird an dieser Stelle darauf verzichtet, den Begriff zu definieren. Es wird lediglich daran erinnert, daß zum Begriff drei Komponenten gehören, nämlich die Fertigung, die Integration und der Rechnereinsatz.

Das „M" in Manufacturing wird allerdings meistens so ausgelegt, daß ein weiteres Spektrum von Herstellungsprozessen abgedeckt wird, und das „I" wird so verstanden, daß alle rechnergestützten Funktionen der Auftragsabwicklung, Materialwirtschaft, Debitoren- und Kreditorenbuchhaltung sowie Geschäftsbuchhaltung einbezogen sind.

Im engeren Bereich der Fertigung kursieren heute viele Schlagworte, wie „just-in-time", „Stückzahl eins" und viele andere. Im nachfolgenden Aufsatz werden diese Begriffe nicht verwendet. Der Fertigungsbereich, auf den sich das Nachfolgende bezieht, ist in erster Linie die auftragsbezogene Einzel- oder Kleinserienfertigung. Hier herrscht zwar in der Regel das Prinzip „Stückzahl eins", aber die Situation ist in keiner Weise vergleichbar mit beispielsweise der Automobilindustrie, wo Tausende von Varianten hergestellt werden und statistisch gesehen zwei identische Wagen nur alle 2 Jahre hergestellt werden. Dort sind Funktionen wie Produktdefinition, Konstruktion, Produktionsplanung und Materialdisposition vor Eintreffen der Kundenaufträge längst abgeschlossen. Es wird zwar auftragsbezogen gefertigt, aber in einem völlig anderen Sinn als im Fertigungsbereich, der hier näher betrachtet werden soll. In wesentlichen Teilen der Industrie wie Maschinenbau, Elektrotechnik, Anlagenbau werden einzelne Aufträge (als Unikate oder Varianten einer Grundkonstruktion) abgewickelt, obwohl bei der Auftragserteilung erhebliche Teile der Konstruktion noch auszuführen sind und Aufgaben wie Materialbeschaffung, Arbeitsvorbereitung etc. gar nicht begonnen werden können. Außerdem kann nur verhältnismäßig grob geschätzt werden, wie die Auftragsabwicklung die vorhandene Fertigungskapazität beanspruchen wird (Bild 9.1).

Trotzdem wird zum Zeitpunkt der Auftragserteilung eine verbindliche Terminzusage für die Lieferung gemacht, so daß die daraus resultierende Terminkette für die Durchführung aller Einzelschritte im Vordergrund des Interesses steht. Softwaresysteme für die Überwachung solcher Prozesse basieren meistens auf Varianten der Netzplantechnik und weniger auf Methoden der Materialbedarfsplanung oder MRP II: Gegenwärtig ist ein Trend zu einer abgestuften Terminhierarchie zu verzeichnen.

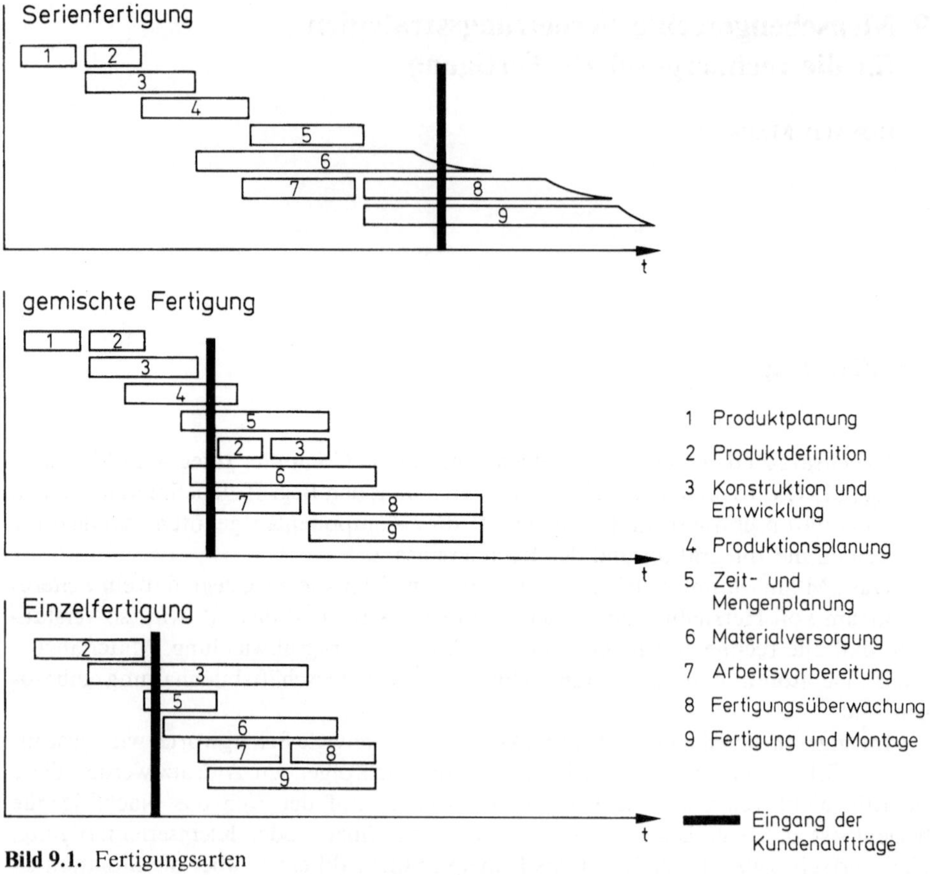

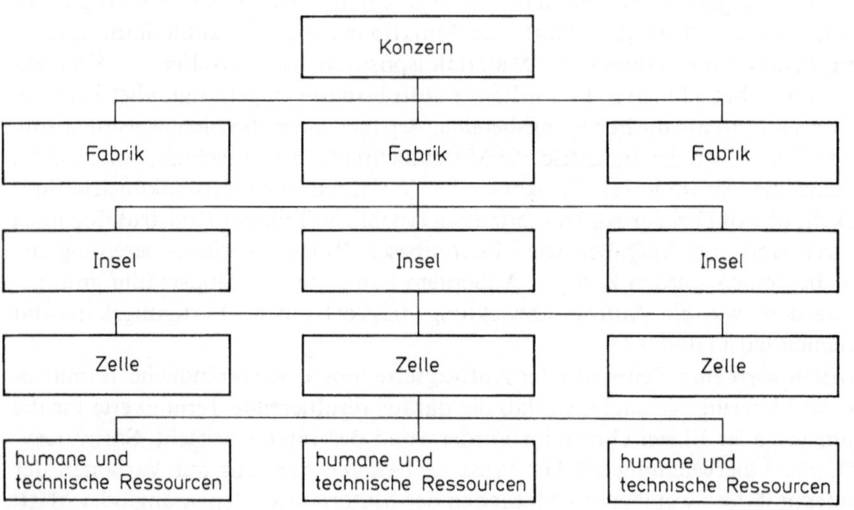

Bild 9.1. Fertigungsarten

Bild 9.2. Struktur

Es werden Instrumente für die Grobterminplanung entwickelt, die mit nachfolgenden Feinplanungssystemen verbunden sind. Außerdem ist in Betrieben, wo in zunehmendem Maße Fertigungsinseln eingerichtet werden, eine Abkehr von einem zentralen Planungssystem zu verzeichnen. In solchen Fällen ist eine fabrikweite deterministische Feinplanung nicht erforderlich. Im Anschluß an die Grobplanung ist lediglich ein Kapazitätsabgleich über die relativ autarken Fertigungsinseln erforderlich, und die Feinstplanung wird innerhalb der Fertigungsinsel durchgeführt (Bild 9.2). Diese drei ineinandergreifenden Systeme können als Regelkreise mit unterschiedlich langen Zeitkonstanten verstanden werden. Es erfolgt somit eine Dezentralisierung der Verantwortung für die Abwicklung der Teilaufträge mit den vorhandenen Betriebsmitteln innerhalb der gesetzten Termine. Die Mitarbeiter, die für den Betrieb solcher Fertigungsinseln verantwortlich sind, müssen allerdings mit rechnergestützten Planungsinstrumenten ausgestattet sein, um prüfen zu können, ob die Fertigungskapazität der Insel ausreicht, um den Arbeitsvorrat abzuwickeln, und müssen in der Lage sein, mit dem fabrikweiten Planungssystem im Dialog zu kommunizieren (Bild 9.3).

9.2 Zielsetzungen des ESPRIT-Projekts „Human-Centred CIM Systems"

Die zehn an diesem Projekt beteiligten Partner arbeiten an der Entwicklung eines CIM-Systems, das auf der Prämisse beruht, daß ein integriertes rechnergestütztes Fertigungssystem flexibler, robuster, leistungsfähiger und auch wirtschaftlicher als ein vergleichbares unbemanntes System ist, wenn die Rolle der im System arbeitenden Menschen betont und optimiert wird.

Im Projekt arbeiten eine Reihe von Industriebetrieben (Systemanbieter und Anwender) zusammen mit Hochschulangehörigen aus den Bereichen Arbeitswissenschaft, Berufsbildung und Soziologie.

Die Arbeit konzentriert sich auf die Mitarbeiter, die in Fertigungszellen arbeiten und diese möglichst selbständig verwalten. Sie sind in ihrem Arbeitsbereich nicht nur für die Durchführung der maschinellen Bearbeitung, sondern weitestgehend für die Arbeitsplanung, Werkzeug- und Materialdisposition sowie die termingerechte Abwicklung der übertragenen Aufträge verantwortlich. Hierfür werden rechnergestützte Werkzeuge entwickelt, die die Produktionsmitarbeiter unterstützen, aber Ihnen ermöglichen, ihre Erfahrungen auf allen Gebieten einzusetzen und weiterzuentwickeln. Eine Technologie, die den Menschen im Mittelpunkt sieht, wird nicht nur die Effizienz der Fertigung erhöhen (verkürzte Durchlaufzeiten: effektive Nutzung von Maschinen, Werkzeugen usw.), sondern auch durch verstärkte Inanspruchnahme der beruflichen Qualifikation die Qualität des Arbeitslebens erhöhen. Durch Verlagerung vieler der mit der Terminplanung und Arbeitsvorbereitung verbundenen Tätigkeiten in den Betrieb wird die Fertigungsorganisation wesentlich verbessert.

Im Rahmen des Projekts werden auf der organisatorischen Ebene sechs Dimensionen zur Bewertung der Technologiegestaltung verwendet:
- zeitliche Struktur (externe Vorgaben: inwieweit können die Anwender eine eigene Zeiteinteilung vornehmen),
- räumliche Struktur (welche Bewegungsabläufe sind für die Arbeitsausführung erforderlich: inwieweit ist eine nicht aufgabenbezogene Bewegungsfreiheit gegeben),

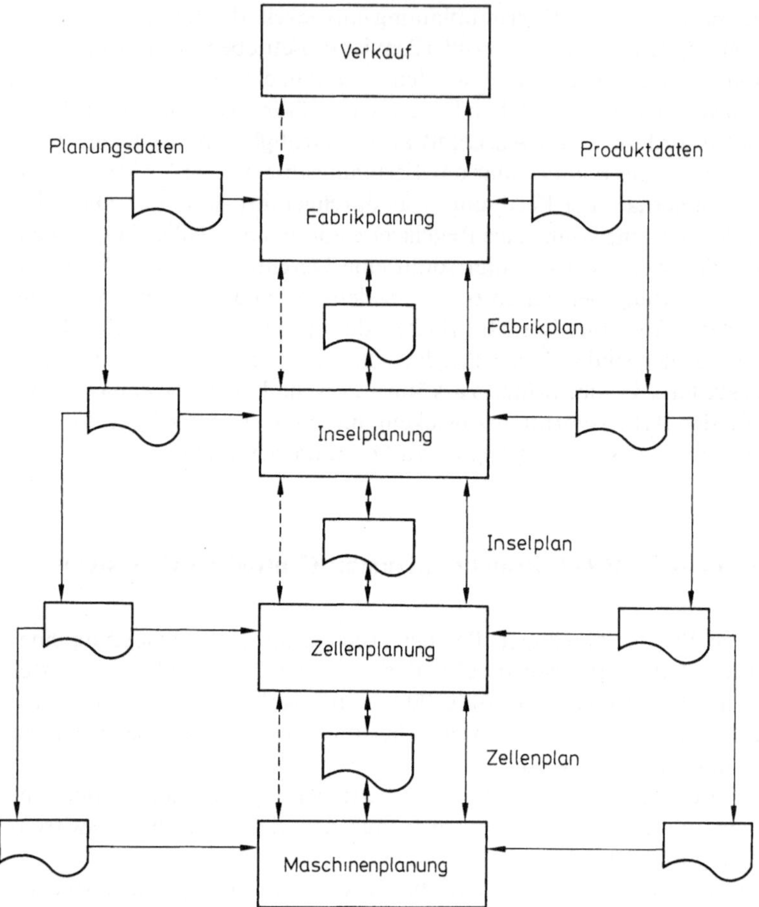

Bild 9.3. Informationsfluß

- soziale Interaktion (mit wem und wie häufig ist Kommunikation erforderlich: inwieweit ist eine freie bzw. nicht aufgabenbezogene Kommunikation möglich),
- Verantwortung und Kontrolle (wieviel Verantwortung ist dem Mitarbeiter übertragen: inwieweit hat er eigene Einfluß- und Kontrollmöglichkeiten für seine Aufgaben),
- Qualifikation (welche Qualifikation ist für die Durchführung der Aufgabe erforderlich: inwieweit kann der Anwender neues Wissen erwerben),
- Belastung (inwieweit kann der Anwender den Grad der physischen und psychischen Belastung selbst steuern).

9.3 Gründe für die Vernetzung

In vielen Betrieben werden heute Überlegungen angestellt, wie isolierte Automatisierungsinseln miteinander gekoppelt und vielleicht eines Tages in einem weitläufigen vernetzten System integriert werden können. Hierbei sind nicht die bereits angesprochenen Fertigungsinseln gemeint, sondern Bereiche wie CAD, PPS, DNC, BDE etc., die aufgrund ihrer organisatorischen Trennung sukzessiv und relativ unabhängig voneinander mit EDV-Unterstützung ausgestattet wurden. Wenige Betriebe haben allerdings ein konsequent durchdachtes technisches Vernetzungskonzept, und von diesen wenigen haben noch weniger eine wirtschaftlich begründete Rationale für die Vernetzung oder eine Strategie für die schrittweise Durchführung. Es ist vielleicht eine triviale Erkenntnis, aber ein Vernetzungsprojekt wird nur durchgeführt, wenn dafür überzeugende wirtschaftliche Gründe sprechen. Eine isolierte Betrachtung, wie bei der Einführung eines CAD-, PPS- oder DNC-Systems, ist allerdings nicht zulässig. Es können nur gesamtbetriebliche Überlegungen durchgeführt werden und eine Vernetzungsstrategie entwickelt werden, um z. B. die Gesamtdurchlaufzeit von Aufträgen zu beschleunigen, Lagerbestände zu reduzieren oder die Voraussetzung zu schaffen für eine Dezentralisierung der Planungskompetenz, d. h. für eine Trennung zwischen der strategischen Planung und einer operativen Planung unter genauer Berücksichtigung des augenblicklichen Zustands des Fertigungsprozesses. Beispiele für die Mängel einer isolierten Betrachtungsweise sind leicht zu finden. Wenn z. B. ein BDE-System eingeführt wird, um lediglich Auftragsfortschrittsmeldungen zu erfassen und Bearbeitungszeiten für eine Nachkalkulation zu registrieren, sind wesentliche Faktoren übersehen worden. Erstens ist die minuten- und pfenniggenaue Überwachung der Fertigung nicht sinnvoll, wenn bis zu 40 % der Auftragsdurchlaufzeit und 90 % der Kosten in der Konstruktion verursacht bzw. festgelegt werden. (Außerdem ist es äußerst disqualifizierend für die Fertigungsmitarbeiter, wenn ihre Arbeit lediglich überwacht wird und sie keine Möglichkeit haben, in den Ablauf einzugreifen und die Ergebnisse selbst zu steuern. Ein weiteres Gebiet, wo die isolierte Betrachtung heute äußerst fraglich erscheint, liegt im Bereich der CNC-Fertigung. Moderne Steuerungen bieten dem qualifizierten Facharbeiter die Möglichkeit, die geometrische Form eines Teils zu erfassen und die technologische Bearbeitung unmittelbar an der Maschine festzulegen. Die traditionelle arbeitsteilige Denkweise hat aber dazu geführt, daß die Grundlage für die CNC-Programmierung eine Werkstattzeichnung ist. Die Tatsache, daß die Geometrie eventuell auf einem CAD-System vorliegt und übernommen werden könnte und daß die Vernetzung zu einem Informationsrückfluß aus der Fertigung und einer Verbesserung der Konstruktion führen könnte, ist allerdings bis heute in keinem Steuerungskonzept realisiert. Erst eine einheitliche Betrachtung der Bereiche Konstruktion, Arbeitsvorbereitung und Fertigung führt in einem solchen Fall zu einem tragfähigen Vernetzungskonzept. Die Gründe, warum bisher wenige gute Beispiele für Vernetzung vorliegen, sind nur teilweise durch das Fehlen der entsprechenden Technologie zu erklären. Ein erheblicher Grund liegt in der begrenzten Sichtweise und Entscheidungskompetenz des mittleren Managements.

Bei der Vernetzungsdiskussion müssen wir allerdings zwei Tatsachen vor Augen haben.

1. Auch eine technisch wenig anspruchsvolle Kopplung zwischen bestehenden Automatisierungsinseln kann erhebliche Auswirkungen auf Arbeitsweise und Entscheidungskompetenz der betroffenen Mitarbeiter haben.
2. Ein Vernetzungskonzept, das die Auswirkungen auf Organisation und Arbeitsweise nicht berücksichtigt, hat wenig Aussicht auf Erfolg, auch wenn es technisch sehr anspruchsvoll ist.

9.4 Auswirkungen der Vernetzung

Häufig zitierte Vorteile der Vernetzung sind die Redundanzfreiheit und die allgemeine Verfügbarkeit von Datenelementen. Diese erfreuen sich größter Beliebtheit bei DV-Systemspezialisten, bergen aber erhebliche Probleme für die Praxis in sich. Zur Gewährleistung der Redundanzfreiheit müssen nämlich die Zugriffs- und Änderungsrechte an sämtlichen Datenelementen präzise definiert werden, während die allgemeine Verfügbarkeit von Daten nicht nur bedeutet, daß der einzelne an alle Daten herankommt, die er benötigt, um eine Entscheidung zu treffen, sondern daß eine totale Kontrolle seiner eigenen Arbeit ermöglicht wird. Diese beiden Aspekte müssen ihren Niederschlag bei der Entwicklung entsprechender Organisationsstrukturen und bei der technischen Entwicklung von verteilten Datenbankstrukturen finden.

Eine weitreichende Auswirkung der Vernetzung ist auch darin zu sehen, daß die Anwender in zunehmendem Maße gezwungen werden, in abstrakten Modellen zu denken.

Im Zusammenhang mit weiteren Kommunikationsnetzen, wie z. B. Postdiensten, schreibt Kubicek in [2], „die meisten Teilnehmer wissen nicht, woher die Daten, die sie empfangen, kommen und was mit den von ihnen eingegebenen Daten passiert. Für sie ist das System nicht überschaubar und berechenbar." Wenn die Benutzer eines vernetzten Systems kein adäquates Modell des Gesamtsystems haben, wird das Arbeiten damit nicht nur sehr unbefriedigend , sondern auch sehr fehlerbehaftet sein.

An dieser Stelle sei ein Vergleich mit der Prozeßindustrie erlaubt. Das Personal in einer Leitwarte arbeitet in einem total vernetzten System, wo alle prozeßrelevanten Daten abrufbar sind, aber es wird ausschließlich mit einem abstrakten Prozeßmodell gearbeitet. Im Gegensatz zu den Wünschen von Autoren, wie z. B. Brödner [4], die die Idealvorstellung einer Werkstatt haben, wo „alles in Reichweite, Sehweite und Hörweite" ist, werden hier nur Eingriffe vorgenommen, wenn Abweichungen von einem gewünschten Sollzustand vorliegen. Das Prozeßmodell ist allerdings als Gleichungssystem berechenbar, so daß Abweichungen von einer Zielgröße angezeigt werden können, die ein Eingreifen erfordern, und u. U. können die Auswirkungen dieser Eingriffe berechnet und vorhergesagt werden. Im Fertigungsprozeß wiederum ist der momentane Sollzustand in der Regel nicht genau bekannt, denn nur eine Simulation des geplanten Fertigungsverlaufs kann die Basis für einen Soll/Ist-Vergleich liefern. Die Betrachtung von Fertigungsterminen allein ist hierfür ungeeignet. Ein einmal überschrittener Endtermin ist nicht mehr einzuholen. Die Betreiber einer Fertigungsinsel benötigen aber ein Frühwarnsystem für zu erwartende Probleme und ausreichende Eingriffsmöglichkeiten, um Korrekturen vorzunehmen. Sonst haben wir genau die Situation, die Dürr in seinem Beitrag über die Auswirkungen eines Planungssystems auf die Arbeitsverhältnisse der Arbeitnehmer am Beispiel des Systems COPICS beschreibt [2]. Hier besteht leicht die Gefahr der Entqualifizierung von Meistern, die lediglich den Ablauf in der Werkstatt überwachen, ohne ihn wirklich steuern zu können, aber trotzdem ihr Wissen und ihre Erfahrung für selten benötigte Eingriffe einsetzen müssen. Allerdings sind Planungssysteme wie COPICS für eine Inselfertigung und für die in der Einleitung beschriebene Planungshierarchie ungeeignet.

Bei allen Diskussionen über Planungssysteme soll allerdings nicht vergessen werden, daß es sich um Algorithmen oder Regelsysteme für den Einsatz in vorhergesehenen Situationen handelt. Die Konzentration auf die Leistungspotentiale rechnervernetzter Systeme darf den Blick auf die Überlegenheit menschlicher Fähigkeiten nicht versperren, insbesondere die Fähigkeit, in unvorhergesehenen oder schlecht strukturierten Situationen trotzdem zielgerecht zu handeln. Das heißt um menschengerechte vernetzte Systeme entwickeln und anbieten zu können, muß die Wissenschaft grundlegende Kenntnisse über berufsgruppenspezifische Fähigkeiten und Vorgehensweisen aufbereiten und in praxisnahe Anforderungen an die Systementwickler umsetzen. Dabei sollen die Benutzer den Rechner wirklich als Arbeitsmittel benutzen können, anstatt ihn lediglich zu bedienen.

9.5 Systementwicklung

Bei der Entwicklung eines vernetzten rechnergestützten Systems müssen drei verschiedene Aspekte berücksichtigt werden. Zunächst werden verschiedene Kriterien aufgeführt, die dafür ausschlaggebend sind, wie der einzelne das System versteht und wie er damit umgeht. Dann werden eine Reihe von Faktoren identifiziert, die für die Einführung eines vernetzten Systems relevant sind, und schließlich werden technische Aspekte betrachtet.

Menschenspezifische Aspekte. Brödner schreibt in [4], daß es „im Zusammenwirken von Mensch und Rechner für das Handeln des Menschen äußerst wichtig ist, daß er den Zusammenhang zwischen seinen Intentionen und Arbeitsschritten, insbesondere den Dialogeingaben in den Rechner, und den Wirkungen auf Arbeitsgegenstand und Arbeitssituation, die sie hervorrufen, erkennen und im einzelnen nachvollziehen kann." Weiterhin führt er eine Reihe von Kriterien für die menschengerechte Arbeitsgestaltung auf, die erfüllt werden sollen:
- Persönlichkeitsförderlichkeit: Handlungsspielraum (Arbeitsaufgaben, Entscheidungen, Kommunikation mit Kollegen),
- Zumutbarkeit: physische/psychische Belastungen,
- Schädigungsfreiheit: a) Höchstbelastungswerte, b) Arbeitssicherheit,
- Ausführbarkeit: a) ergonomische Normen, b) Wahrnehmungsgrenzen.
Im Rahmen des ESPRIT-Projekts „Human-Centred CIM Systems" werden die von Corbett entwickelten Kriterien für die Mensch-Maschinen-Schnittstelle verwendet [3]. Diese lassen sich in drei Gruppen einteilen, die die folgenden Strategien betonen:
- die flexible Zuordnung der Funktionen zwischen Mensch und Maschine,
- die Möglichkeit eines Gesamtüberblicks über den Prozeß,
- eine offene Software, die die bevorzugte Arbeitsweise unterschiedlicher Personen ermöglicht (Bild 9.4).

Organisatorische Aspekte. Auf dem BDU-Kongreß zum Thema CIM [1] haben eine Reihe von Autoren die Meinung geäußert, daß CIM weniger ein Informatik- und Technikproblem als ein Organisationsproblem ist. Das soll nicht heißen, daß alle technischen Probleme gelöst sind, denn eine Vernetzung nach dem heutigen Stand der Technik erfordert die Einbeziehung von Standards wie MAP und CNMA sowie

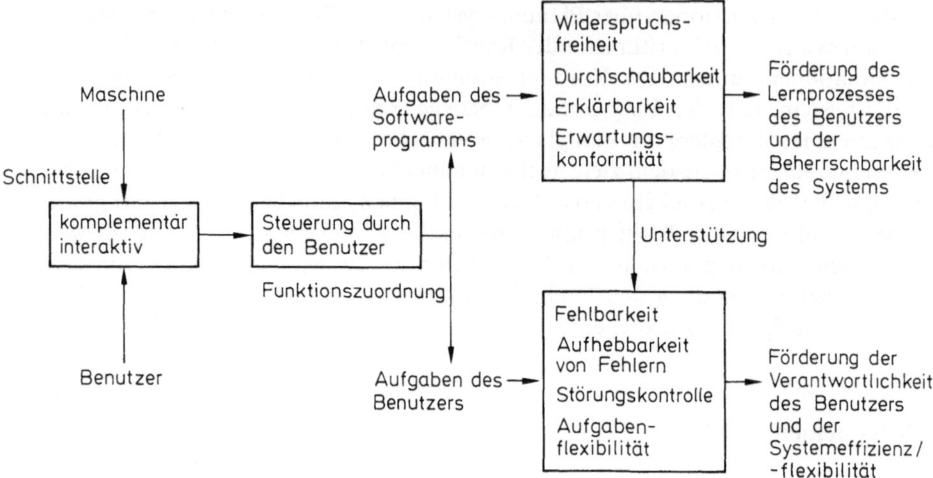

Bild 9.4. Kriterien für Entwicklung

Datenaustauschformate wie IGES oder CAD*I. Diese Entwicklungen sind noch im Fluß, aber es bestehen keine schwerwiegenden technischen Gründe, mit der Vernetzung zu zögern, insofern die betriebliche Organisationsform einen bereichsübergreifenden Informationsverbund vom Entwurf eines Produktes über seine Herstellung bis zum Versand an den Kunden erfordert. Es ist allerdings fraglich, ob eine Vernetzung zu einem wirtschaftlichen Erfolg beitragen kann, wenn die Organisationsform auf Arbeitsteilung und Spezialisierung mit der damit verbundenen autoritären und pyramidalen Führung und Kontrolle basiert. Ein mögliches Modell wird in Bild 9.5 gezeigt.

Es genügt aber nicht, nur die Organisation zu betrachten, die mit einem vernetzten System arbeitet; wir müssen auch die Phase der Implementierung, d. h. des Übergangs vom heutigen Zustand zu einem vernetzten System betrachten. Hier hat sich bisher kein konsequentes Modell entwickelt, obwohl zwei unterschiedliche Tendenzen sich abzeichnen. Entweder wird ein CIM-Projekt wie jedes andere Großprojekt, z. B. die Erweiterung der Fertigungskapazität, betrachtet und von der Werksplanung abgewickelt, oder es wird eine Projektgruppe außerhalb der Linienorganisation, oft unter Kontrolle einer Stabsstelle, eingerichtet. Beim ersten Modell ist es schwierig, die bereichsübergreifenden Vorteile der Vernetzung zu nutzen, während beim zweiten die Frage gestellt werden muß, ob zu einem späteren Zeitpunkt die Verantwortung für den Betrieb des vernetzten Systems von der alten Linienorganisation auf die neue Projektgruppe übergeht.

Technische Aspekte. In der Fachliteratur und in den Unterlagen der Systemanbieter sind viele Bilder zu finden, wo die Begriffe CAD, CAM, CAQ und andere CAx-Funktionen in Kästchen unterschiedlicher Größe, mit Pfeilen verbunden, in Beziehung zueinander gebracht werden. Zum Glück ist die Frage überflüssig, welches von diesen Bildern das richtige ist, denn es gibt für jeden Systembetreiber eine eindeutige Antwort, nämlich das eigene betriebsspezifische Funktionsdiagramm. Aus dem Bild 9.6 gehen die Wechselwirkungen zwischen den verschiedenen Modellen hervor. Eine der

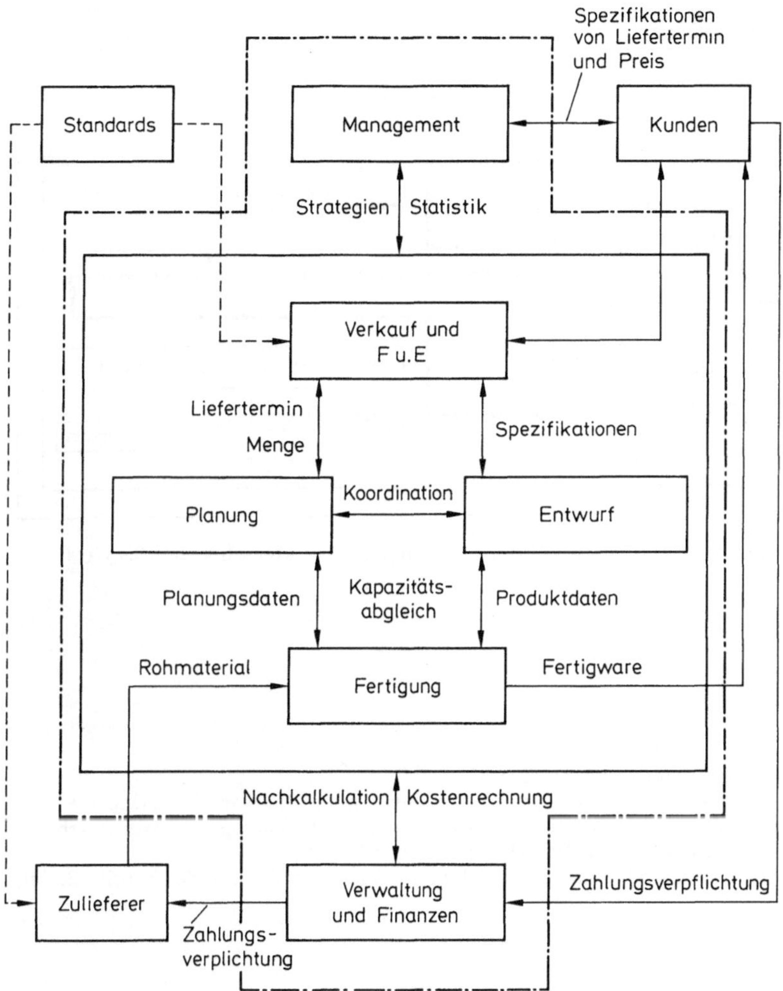

Bild 9.5. Organisation

wichtigsten Aufgaben der Systementwickler ist die Ableitung des unternehmensspezifischen Modells, gemeinsam mit dem Anwender und unter Berücksichtigung der entstehenden Architekturregeln. Im nächsten Schritt müssen die Funktionsblöcke mit verfügbaren oder zu entwickelnden Softwarekomponenten ausgefüllt werden. Bei diesem Schritt ist es auch erforderlich zu spezifizieren, welche Funktionen nicht durch Software und Hardware, sondern von den mit dem System arbeitenden Menschen durchgeführt werden; d.h. die Entwicklung des vernetzten Systems ist eine Aufgabe, die sowohl die Komponenten „system design" als auch „job design" umfaßt.

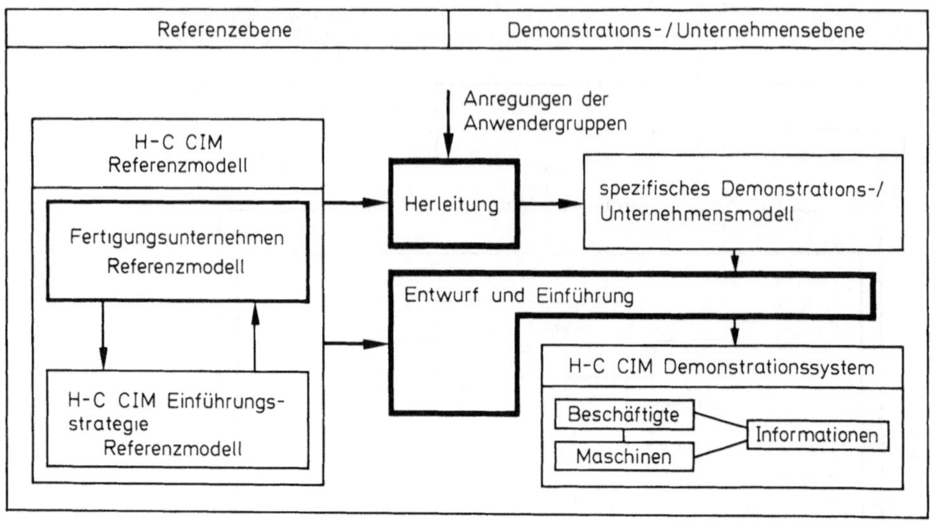

Bild 9.6. CIM-Architektur. (H-C CIM) Human-centered CIM = Menschzentriertes CIM

9.6 Literatur

1 BDU: Dokumentation zum Kongreß CIM 87
2 Löwe, M, Schmidt, G, Wilhelm, R, (Hrsg.): Umdenken in der Informatik. Berlin, 1987
3 Raumer, F, Rasmussen, L, Corbett, M: The Social Shaping of Technology and Work. Arbeitspapier im ESPRIT-Projekt 1217 (1199) (Human-Centred CIM)
4 Brödner, Pl: Fabrik 2000 – Alternative Entwicklungspfade in die Zukunft der Fabrik. Berlin, 1986

10 Arbeitswissenschaftliche Anforderungen an die rechnergestützte Integration von betrieblichen Funktionen

HANS MARTIN

10.1 Einleitung

Aus den bisherigen Erfahrungen bei Einführungen neuer Technologien in die betrieblichen Abläufe läßt sich die Grundthese der „Gestaltbarkeit von Technik" ableiten. Techniken werden entwickelt und zielgerichtet geplant. Da die Zielsetzung aber meist in einem pluralistischen Entscheidungsprozeß abläuft, ist sie häufig widersprüchlich und schwer nachvollziehbar. Insofern neigen manche Forscher dazu, eine gesetzmäßige Abhängigkeit der Technikformen von gesellschaftlichen Bedingungen zu postulieren, die die Technikentwicklung „vorbestimmt". Meines Erachtens sollen sinnvolle Ziele der Technikentwicklung formuliert werden, die im Entscheidungsfindungsprozeß durchzusetzen sind. In diesem Sinne will ich meine Zielformulierung verstanden wissen. Diese Ziele orientieren sich an sozialen (organisatorischen), gesundheitlichen (arbeitsschutzbezogenen) und persönlichen (qualifikatorischen) Humankriterien [2, B].

Insofern sollten CIM-Konzepte als organisatorische Modelle verstanden werden, die bestrebt sind, eine optimale Kombination der betrieblichen Produktionsfaktoren unter dieser Zielsetzung zu erlangen. Die heutige Diskussion um CIM-Konzepte wird häufig von der Funktionalität technischer Komponenten dominiert, ohne die organisatorische Zielsetzung zu hinterfragen.

Umfassend handelt es sich bei der Einführung von CIM-Konzepten in den Betrieben um eine Wirkungskette, die sich vereinfacht darstellen läßt (Bild 10.1). Wobei in der Darstellung eine technische Komponente entwickelt ist und diese in eine Organisation eingepaßt wird. Dies ist die Situation, vor der in der Regel ein kleiner Betrieb steht. Bei größeren Betrieben lassen sich die beiden ersten Stufen der Darstellung vertauschen, da hier häufig die technischen Komponenten für eine vorhandene bzw. geplante Organisation entwickelt werden. Die dargestellte Wirkungskette ist somit nicht als eine zwangsläufige Folge der aufgeführten Stufen zu verstehen, sondern stellt

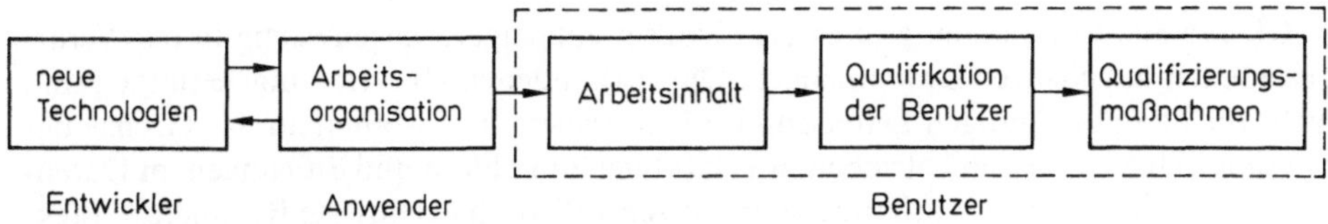

Bild 10.1. Wirkungskette beim Einsatz neuer Technologien

eine häufig vorzufindende Form der Abhängigkeiten dar. Grundsätzlich muß sich jeder Betrieb über diese Abhängigkeiten klar sein und seine Vorgaben formulieren.

10.2 Entwicklungstendenzen und Problemfelder

Im folgenden werden hinsichtlich der betroffenen Funktionsbereiche und betroffenen Mitarbeitergruppen die m. E. wesentlichsten Besonderheiten hervorgehoben, die es bei der Formulierung zukünftiger Förderaktivitäten der Bundesregierung zu berücksichtigen gilt.

10.2.1 Betroffene Bereiche

Innerbetrieblich lassen sich alle betrieblichen Funktionen im Produktionsablauf längerfristig in eine Rechnerintegration einbinden. Sowohl die Hardware (schnelle, leistungsfähige und billige Mikrocomputer sowie Vernetzungssysteme mit hohen Datenübertragungsraten usw.) als auch die Software (Datenbanken, standardisierte Schnittstellen, einheitliche Grafikrepräsentationsmodelle usw.) werden gegenwärtig so weiterentwickelt, daß deren Nutzung auch für mittlere Betriebe realisierbar sein wird [1].

Die Entwicklung von durchgängigen CIM-Konzepten wird gegenwärtig beispielhaft in einzelnen Bereichen wie Leiterplattenproduktion (vom Entwurf am CAD-Rechner bis zum automatischen Bestücken am Montageautomaten) oder Herstellen von Formwerkzeugen (vom grafischen Design der Autokarosserie bis zum CNC-Fräsen der Formwerkzeuge auf einem CNC-Bearbeitungzentrum) erprobt.

Schwerpunkt der gegenwärtigen Integrationsbemühungen ist die CAD/CNC/CAQ-Kopplung in der Form, daß die geometrischen Daten der Konstruktion zur automatischen Produktion mit CNC-Steuerungen verwendet werden (an Werkzeugmaschinen, an Handhabungsgeräten wie beispielsweise Schweißrobotern, an Montageautomaten, Meßmaschinen usw.).

Danach kommt die Kopplung der Auftragsdaten mit der Fertigungsplanung und Fertigungssteuerung (PPS/CAD/CAP/CNC). Hierbei werden die Auftragsdaten in der Arbeitsvorbereitung erfaßt, in der Konstruktion werden die Teiledaten zusammengestellt (Zeichnungen, Stücklisten usw.), in der Fertigungsplanung mit den Arbeits(ablauf)plänen und den CNC-Programmen versehen, disponiert und in der Werkstatt über die BDE-Station oder die CNC-Steuerung zurückgemeldet. Diese (vereinfacht skizzierte) Kette existiert schon länger in der Serienproduktion, sie wird nun auch von Kleinserien- und Einzelfertigern übernommen.

Große Schwierigkeiten gibt es bei Großserienfertigern gegenwärtig in der Verarbeitung der ungeheuren Datenmengen. Die vorhandenen Übertragungsleitungen sind nicht für den notwendigen Datendurchsatz ausgelegt und werden an der Grenze des physikalisch Machbaren betrieben, was häufiger zu Fehlern und Störungen im Datentransfer führt. Auch die vorhandene, meist zentralistisch orientierte Rechnerarchitektur bekommt zunehmend Schwierigkeiten bei der Verarbeitung dieser Datenmengen.

Softwarefehler werden durch die Komplexität der Programme unvermeidbar und treten meistens in Extremsituationen zutage.

Des weiteren sind die in solchen realisierten CIM-Konzepten arbeitenden Menschen in der Regel nicht ausreichend für das Betreiben und Instandhalten solcher Systeme qualifiziert. Die von Informatikern und Ingenieuren entwickelte Software geht von idealtypischen Modellen des jeweiligen Verarbeitungsprozesses aus und berücksichtigt zu wenig die prozeßspezifischen Besonderheiten. Diese sind zwar gegenwärtig in den Köpfen der den Prozeß konkret ausführenden Mitarbeiter vorhanden und werden im Handeln berücksichtigt, sind aber Außenstehenden schwer vermittelbar.

Viele Funktionen des Betriebsablaufs sind heute noch nicht ausreichend dokumentiert und datentechnisch gespeichert, da viele Informationen nicht standardisiert, sondern in Form verbaler Kommunikation übertragen und in menschlichen Gedächtnissen gespeichert werden. Dies bedingt vorerst Unzugänglichkeiten durch eine Rechnerunterstützung in diesen Bereichen. Prinzipiell ist dies aber möglich und mehr eine Frage des Aufwandes und der Bereitschaft der Mitarbeiter, ihr individuelles Erfahrungswissen transparent zugänglich zu machen.

Thesen:
- Bei der Planung von CIM-Konzepten sollten die Zielsetzungen bezüglich des Betriebszweckes und der Interessen der Mitarbeiter offengelegt und ein betrieblicher Konsens angestrebt werden.
- CIM-Konzepte sollten die Qualifikation der Mitarbeiter nutzen und stärken, da sich das Erfahrungswissen zum großen Teil nicht datentechnisch speichern und algorithmisch verarbeiten läßt.
- Technische CIM-Lösungen sollten keine Restarbeitsplätze erzeugen. Meist treffen die Argumente, eine technische Lösung sei nicht realisierbar oder zu teuer, nicht zu.

10.2.2 Zielgruppen

Am stärksten betroffen werden die Mitarbeiter sein, deren Arbeitstätigkeit bisher in der Bearbeitung von Routineabläufen bestand, die datenmäßig durchstrukturiert und transparent waren. Des weiteren wird sich die Arbeitssituation von solchen Mitarbeitern verändern, deren bisheriges Arbeitshandeln in Entscheidungen bestand, die sich algorithmieren lassen und weitgehend unter vollständiger Information gefaßt wurden. Bezogen auf betriebliche Bereiche sind das Arbeitstätigkeiten, die z. B. folgende Aufgaben umfassen:
- Arbeitsplanung für einfache Teile (wird vom CAD/CAP-System übernommen),
- technisches Zeichnen (vom CAD-System übernommen),
- Lagerverwaltung (vom PPS-System übernommen)
- Terminüberwachung (vom PPS-System übernommen),
- Vermessen von Teilen (durch CNC-Meßmaschinen und CAQ-Systeme übernommen).

Bisher hatte man den Zielgruppen spezifische Funktionen in der betrieblichen Aufgabenteilung zugeordnet (siehe obige Beispiele), die durch Rechnerunterstützung verändert werden. Dies wird für die Zukunft aber nicht mehr ausreichen, da alle Funktionen in die CIM-Konzepte einbezogen werden können und somit jeder Mitarbeiter

Kopplungsart Übergabe- medien CAD – CNC	CNC-gerechte Zeichenübergabe 1	Geometrie- übergabe 2	NC-Generatoren 3	Wissensbasierte Systeme 4
1 Zeichnung	●	●	●	●
2 Spannplan	—	—	—	○
3 Werkzeugliste	—	—	—	●
4 Vorrichtungsliste	—	—	—	○
5 NC-Lochstreifen Disketten Magnetbandkassette	—	●	●	●
6 DNC-Online	—	(○)	○	○

Bild 10.2. Kopplungsmöglichkeiten von CAD und CNC. ● wird übergeben, ○ kann übergeben werden, (○) z. Zt. nur in wenigen Fällen, — keine Übergabe

betroffen sein kann. Hier ist differenzierter nach der Art der Tätigkeit zu fragen und inwiefern sie durch den Rechner übernommen werden kann (Bild 10.2).

Für die verschiedenen Mitarbeitergruppen lassen sich folgende „Betroffenheitsstufen" kategorisieren:
- stark betroffen: Tätigkeiten, die bisher auf der Basis eindeutiger Daten ausgeübt wurden und algorithmierbare Entscheidungsabläufe beinhalten (z. B. meßbare Qualitätsmerkmale erfassen und nach Gut-Schlecht-Kriterien sortieren)).
- leicht beeinträchtigt: Tätigkeiten, die zwar eindeutige Daten, aber auch Zusatzinformationen benötigen. Hier wird die Rechnerintegration eine höhere Informationstransparenz ermöglichen, indem ein Teil der Zusatzinformationen eventuell auch über die Rechnervernetzung eingeholt werden kann. Des weiteren lassen sich mehrere Entscheidungskalküle durchrechnen, um dem Mitarbeiter verschiedene Entscheidungsvorschläge vorlegen zu können.
- stark gefördert: weitgehend kreative bzw. intuitive Arbeitstätigkeiten können durch Rechnerintegration eine höhere Effektivität und Informationstransparenz durch schnellen Informationszugriff und Suchroutinen erfahren. Das Ablegen nicht formalisierbarer Informationen wird durch grafische Informationen auf Laserbildplatten oder Toninformationen auf Digitalplatten ermöglicht, Informationen sind so schneller präsent.
- keine Veränderung: prozeßbezogene Arbeitstätigkeiten, die bisher aus einem langjährigen, zum Teil unbewußten Erfahrungswissen bewältigt wurden, werden durch die Integration kaum Veränderungen erfahren, da dieses im Handeln erworbene Erfahrungswissen häufig eine konstitutive Bedingung der Arbeitstätigkeit ist. Zum Beispiel wird die Montage einer hochwertigen Druckmaschine kaum automatisch erfolgen können, da die Toleranzen der vielen Passungen aufeinander abgestimmt

werden müssen, damit beim Durchlauf des Druckbogens durch die vielen Druck- und Umlenkrollen der Farbauftrag immer an derselben Stelle erfolgt. (Das menschliche Auge kann Abweichungen von 10^{-5} m erkennen.)

Die Interaktion zwischen den verschiedenen Mitarbeitergruppen wird sich entsprechend der oben aufgezählten Betroffenheitsstufen ebenfalls ändern. Bei routinemäßigen Arbeiten werden Dialoge über den Rechner vorgenommen werden (z. B. Mailmerge-System), wohingegen die kreativen und erfahrungsbezogenen Tätigkeiten den kommunikativen Kontakt mit den Mitarbeitern über Gestik, Mimik und Sprache erfordern.

Probleme könnten bei einer räumlichen Fixierung des Mitarbeiters am Bildschirmarbeitsplatz entstehen durch Zwangshaltungen und die Entfremdung von sozialen Interaktionsprozessen, die für eine Persönlichkeitsentfaltung bzw. -entwicklung und für Anregungen im Arbeitsprozeß notwendig sind. Ebenfalls könnte die zeitliche Ausdehnung der Arbeit an rechnergestützten Systemen zu einer unerträglichen Belastung des menschlichen Sehapparates führen.

Thesen:
- Mit der informationstechnischen Vernetzung besteht die Gefahr unpersönlicher Kommunikationsformen, die sowohl die Konfliktfähigkeit als auch die Kommunikationsfähigkeit der Mitarbeiter beeinträchtigen können. Dieser möglichen Tendenz ist durch persönliche Formen der Kooperation entgegenzuwirken.
- Die neuen CIM-Techniken rufen neue Belastungsformen hervor, die bisher nur zum Teil beschreib- und erfaßbar sind. Vielfach ist die Wirkung auf den Menschen (Beanspruchung) ebenfalls noch nicht ausreichend beurteilbar.
- Die Unfallrisiken werden objektiv bei den neuen CIM-Komponenten tendentiell abnehmen. Wobei eine neue Unfallursache entsteht, die sich mit dem Begriff Systemignoranz kennzeichnen läßt, indem die Arbeitspersonen dazu verleitet werden, die Funktionsweise der automatischen Systeme immer mehr zu verdrängen, da der Rechner ja „alles" überwacht.
- Die Einführung von CIM-Konzepten bedingt, daß die Mitarbeiter wissen, welche Zielsetzungen mit diesen verfolgt werden und wie diese Konzepte (insbesondere technische Komponenten) funktionieren. Damit kann verhindert werden, daß sich Ängste aufbauen, die sowohl eine beeinträchtigende Wirkung auf die Mitarbeiter haben als auch kontraproduktiv wirken können.

10.3 Forschungsfelder

10.3.1 Gestaltungsziele

Es gilt zuerst Modelle und Methoden zu entwickeln, die eine differenzierte und praktikable Beurteilung von Arbeitstätigkeiten ermöglichen. Mit diesen kann dann entsprechend den in Abschnitt 10.2.2 aufgeführten Betroffenheitsstufen der Anteil der jeweiligen durch die Rechnerintegration veränderbaren Arbeit analysiert werden. Dann erst lassen sich für die spezifischen Funktionen eines Produktionsbetriebs die konkreten Gestaltungsziele ableiten.

Allgemein lassen sich aber schon heute Gestaltungsziele benennen, wie sie in [3] zusammenfassend formuliert wurden:
– Prinzip der gesundheitsschonenden Arbeitsgestaltung,
– Prinzip der flexiblen Arbeitsgestaltung,
– Prinzip der differentiellen Arbeitsgestaltung,
– Prinzip der dynamischen Arbeitsgestaltung und
– Prinzip der partizipativen Arbeitsgestaltung.

Hinsichtlich einzelner Technikkomponenten lassen sich Anforderungskriterien benennen, wie sie für CAD-Systeme [6] und CNC-Systeme [7, 8] im Fachgebiet Arbeitswissenschaft der Gesamthochschule Kassel erarbeitet und veröffentlicht wurden. Die Anforderungskriterien sind konkretisierte Teilziele dieser fünf Gestaltungsprinzipien.
    Ähnliche Listen von Anforderungskriterien lassen sich für

– NC-Programmiersysteme für Werkzeugmaschinen (oder auch andere Maschinen),
– Robotersteuerungen,
– CAQ-Systeme,
– CAP-Systeme oder
– BDE-Systeme

benennen. Hier besteht noch ein Forschungsbedarf zur menschengerechten Gestaltung von CIM-Komponenten.

10.3.2 Planungs- und Implementierungsprozesse

Bei den bisherigen Einführungen, die komplette CIM-Konzepte in einem Zuge realisieren wollten, gab es häufig Schwierigkeiten auf mehreren Ebenen.

Organisatorische Ebene. Die meist mit den CIM-Konzepten intendierten Veränderungen bzw. Neustrukturierungen der Aufbau- und Ablauforganisation wurden nicht von den Mitarbeitern angenommen, da sie nicht von den Vorteilen der neuen Struktur für sich bzw. auch für den Betriebszweck überzeugt waren und die neuen Strukturen offen oder verdeckt boykottierten.

Qualifikatorische Ebene. Der Umgang mit (bzw. in) den neuen CIM-Konzepten erfordert zum Teil grundlegend neue Qualifikationen (abstraktes, algorithmisches, sequentielles Denken, Handhaben der neuen Technik usw.), die sich nicht in angemessen kurzer Zeit für alle beteiligten Mitarbeiter vermitteln ließen.

Technische Ebene. Die erforderlichen Rechnerkapazitäten bezüglich Speicherplatz, Schnelligkeit und Zuverlässigkeit konnten nicht im vorgesehenen Finanzrahmen bereitgestellt werden. Die Software hatte Fehler und konnte die vielfältigen realen Anforderungen nicht erfüllen. Die Verknüpfung verschiedener Software und verschiedener Hardware erzeugte die Schnittstellenproblematik, die bis heute noch nicht gelöst ist.

Ebene der betrieblichen Macht. Ein Betrieb ist nicht nur ein funktionales Gebilde, sondern auch ein soziales System, in dem eine ausgeklügelte Machtverteilung zwischen den Funktionsträgern besteht. Jeder Mitarbeiter ist bestrebt, die ihm zugestandene Macht (d. h. auch den Einfluß) zu bewahren, wenn nicht sogar auszuweiten. Dies erfolgt über ein komplexes Interessengeflecht. Jede organisatorische, qualifikatorische wie auch technische Veränderung greift in dieses Interessengeflecht hinein und bewirkt, daß die persönliche Interessenlage verteidigt wird.

Insofern sollten CIM-Konzepte schrittweise in einem Betrieb eingeführt werden, unter der Beteiligung aller Mitarbeiter, die in ihrer Interessenlage betroffen werden. Die schrittweise Einführung ist erforderlich, um die jeweiligen Veränderungen überschaubar zu lassen und in erforderlicher Zeit ohne Druck von der gesamtbetrieblichen Zielsetzung realisieren zu können. Somit besteht der organisatorische Aufwand darin, die Qualifizierungsmaßnahmen und die technische Realisierung in den Grenzen zu halten, die vom Betrieb noch im Falle einer Verzögerung oder eines Scheiterns aufgefangen werden können.

Die Beteiligung der Mitarbeiter ist erforderlich, damit die jeweiligen Interessen besser aufeinander abgestimmt werden können und die vorhandenen Qualifikationen (Erfahrungswissen) in die Neugestaltung miteinbezogen werden können. Ideal wäre die sukzessive Realisierung von CIM-Komponenten unter dem Dach eines betrieblich abgestimmten Rahmenkonzeptes. Hier greift voll das Prinzip der partizipativen Arbeitsgestaltung [3].

Aus Forschungszwecken sind viele Einführungsprozesse von wissenschaftlichen Institutionen zu begleiten, um eine Typologie der Einführungsfälle (hinsichtlich Branche, Betriebsgröße, Produktionsprogramm, Qualifikationsstruktur usw.) zu erarbeiten; diese werden mit typischen Vorteilen spezifischer Einführungsstrategien korreliert, um damit verallgemeinerbare Aussagen und Beispiele für die Implementation von CIM-Konzepten zu erlangen.

10.3.3 Methoden und Instrumente der Analyse

Wie schon in Abschn. 10.3.1 aufgeführt, bestehen gegenwärtig in der Wissenschaft keine ausgereiften, für die betriebliche Gestaltung praktikablen Modelle und Methoden, um die Arbeitstätigkeit hinsichtlich einer Aufteilung in für den Rechner geeignete Tätigkeiten und in originär nur durch den Menschen ausführbare Tätigkeiten zu analysieren. Es wird zwar an solchen Methoden gearbeitet, aber sie sind noch weit davon entfernt, prospektiv eine arbeitsbezogene Gestaltung von Rechnervernetzungen zu ermöglichen.

Dieser grundlegende Aspekt der Einwirkung der Rechnervernetzung auf die Arbeitstätigkeiten muß meines Erachtens verstärkt erforscht werden.

10.3.4 Umsetzung

Neben einer klaren Typologie der Vernetzungsfälle (Abschn. 10.3.1) und einem handhabbaren Erklärungsmodell, die beide als Basis einer sinnvollen Umsetzung von menschengerechten Beispielen von Vernetzungskonzepten verstanden werden können, lassen sich spezifische Umsetzungsmaßnahmen benennen.

In unserer Forschungsgruppe haben wir gute Erfahrungen mit der synoptischen vergleichenden Darstellung von CIM-Komponenten gemacht. Der Anwender verwendet die Listen der arbeitsbezogenen Anforderungskriterien zur Erarbeitung von

Bestell-Pflichtenheften an die Anbieter, und die Anbieter (Hersteller, Vertreiber) nutzen diese Kriterien, um ihre Produkte zu verbessern. Die Resonanz – besonders bei den Anbietern – bestätigt uns den Markteinfluß solcher vergleichenden Beurteilungen. In dieser Richtung sollte weitergearbeitet werden.

In Verbundprojekten zwischen Anbietern (Herstellern) und Anwendern lassen sich CIM-Komponenten schneller optimieren und der Zielsetzung menschengerechter Gestaltung entsprechend über öffentliche Hilfen beeinflussen.

Für kleinere Betriebe muß der Auswahl- und Planungsprozeß bezüglich von CIM-Komponenten vereinfacht und transparent gemacht werden. Diese Forderung ist besonders unter dem Prinzip der partizipativen Arbeitsgestaltung zu stellen, damit die betrieblichen Mitarbeiter kompetent den Auswahl- und Planungsprozeß mitverfolgen und beeinflussen können.

Hierzu sind strukturierte Planungsmethoden für CIM-Konzepte zu entwerfen. Diese sollten sich der Methoden der schnellen Entwicklung von exemplarischen Lösungen („rapid prototyping") bedienen, um den Benutzern und Entwicklern unmittelbar die jeweiligen Vor- und Nachteile solch einer Lösung aufzuzeigen. Es sind Benchmark-Tests zu formulieren, mit deren Hilfe die Betriebe die angebotenen CIM-Konzepte (bzw. -Komponenten) hinsichtlich ihrer spezifischen Anforderungslage überprüfen können.

Ferner sind Handlungsanleitungen für den Planungs- und Einführungsprozeß sowie für den Betrieb solcher CIM-Modelle zu entwickeln. Diese Umsetzungshilfen sind medial z. B. in Form von Handbüchern mit Formularsätzen und in Visualisierungen (Foliensätze, Videofilme usw.) zur Schulung zu realisieren, damit adressatenspezifisch (Planer, Betriebsräte, Unternehmensmanagement, betroffene Mitarbeiter, usw.) die Inhalte aufbereitet und verbreitet werden.

Als weitere Instrumente sollten verstärkt kleine Workshops, Informationsbörsen, Lehrpakete für Schulen und Berufsschulen, Fernsehsendungen, Fortsetzungsbeiträge in Zeitschriften (fachliche und populäre) eingesetzt werden.

10.5 Literatur

1 Martin, H: Auswirkungen (von CIM-Konzepten) auf die Arbeitssituation. In: Geitner, U. (Hrsg.): CIM-Handbuch. Braunschweig/Wiesbaden 1987
2 Martin, H (Hrsg.): Arbeit und Umwelt. Bad Heilbrunn/Obb. 1982
3 Martin, H: Die Ergebnisse des Forschungsprogramms ‚Humanisierung des Arbeitslebens' – und was wir daraus lernen können. In: Immler, H. (Hrsg.): Beiträge zur Didaktik der Arbeit. Bad Heilbrunn/Obb. 1981
4 Döbele-Berger, CL; Martin, P: Qualifizierte Arbeit bleibt in der Werkstatt. In: Die Mitbestimmung (1985) H 10/11; S. 466–469
5 Schulte, HJ: Für die Zukunft gerüstet. In: VDT-Z 129 (1987) Nr. 8, S. 73–76
6 Martin, P; Widmer, HJ; Lippold, M: Ergonomische Gestaltung der Hard- und Software von CAD-Systemen. Kassel 1986
7 Dunkhorst, ST; Holub, R; Martin, H; Martin, P: Qualifikation und Eignung – Merkmale von CNC-Steuerungen für die Werkstattprogrammierung. In: CIM-Praxis 1 (1987) 2, S. 36–46
8 Dunkhorst, ST; Holub, R; Martin, H; Martin, P: Kriterien für die Werkstatt – Die geeignete CNC-Steuerung für Drehmaschinen Teil 2. In: CIM-Praxis 1 (1987) 3, S. 30–34
9 Martin, H: CAD und Qualifikation – Einfluß auf die Personalplanung. In: Tagungsband des NCG-Kongreß. Frankfurt 1983

11 Sozialorganisatorische Voraussetzungen integrierter Arbeitsprozesse

Frieder Naschold

11.1 Einleitung und Zusammenfassung

Eine traditionell arbeits- und funktionsteilige Produktionsorganisation, teilweise verbunden mit einer elementaristischen Planungsphilosophie, wirft angesichts umfassender gesellschaftlicher und technischer Veränderungen verstärkt Probleme der Unternehmensorganisation und Produktionskoordination auf. Veränderungen in der gesellschaftlichen Arbeitsteilung, Verschärfungen in den Konkurrenzbeziehungen der Fertigungsunternehmen und Umgestaltungen in den Hersteller- und Kundenbeziehungen haben die unternehmerischen Organisations- und Koordinationsprobleme gegenüber den Produktionsproblemen im engeren Sinne zum vorrangigen Ziel von Innovation und Rationalisierung werden lassen. Systemtechnische Informatisierungsstrategien – in der Fachsprache und hier verkürzt CIM-Strategien genannt – werden dabei als die Maßnahmen zur Bewältigung dieser Organisations- und Koordinationsprobleme angesehen.

Solcherart technisch-organisatorische Unternehmensstrategien sind jedoch nur dann effizient und auch innovativ, wenn CIM nicht nur als technische Strategie Verwendung findet, sondern wenn sie stattdessen den integralen Teil einer umfassenden sozial-organisatorischen Restrukturierung bildet und damit eine wirkliche, d. h. technisch-organisatorische *und* soziale Weiterentwicklung der Produktions- und Arbeitsstrukturen zur Voraussetzung hat.

Die nachfolgenden Ausführungen konzentrieren sich – nach einem kurzen Problemaufriß – deshalb zunächst auf einige grundlegende Probleme im Verhältnis von technischer und sozialer Produktivität sowie von technischer Innovation und sozial-organisatorischem Konservatismus. Vor diesem Hintergrund werden am Beispiel von PPS-Realisierungen, die eine wichtige CIM-Teillösung darstellen, Einführungs- und Anwendungsprobleme thematisiert und arbeitspolitische Konsequenzen diskutiert. Die Ausführungen sollen auf einige Probleme im Zusammenhang mit CIM-Strategien aufmerksam machen: unausgeschöpfte Effizienz- und Innovationspotentiale bei sozial-organisatorischer Resistenz; CIM in seinen Anstoßeffekten und als Teil komplexer betrieblicher Wirkungsketten; sozial-organisatorische Voraussetzungen und arbeitspolitische Folgen von CIM-Strategien.

In den sozial-organisatorischen Voraussetzungen von technisch effizienten und organisatorisch innovativen CIM-Strategien liegt in der Sicht von Autoren ein wesentlicher Forschungsbedarf.

11.2 Stand und Entwicklungstendenzen

11.2.1 Rechnerintegration und Sozial-Organisation

Arbeitsteilige Organisations- und Produktionsstrukturen sind in der großserigen Massenfertigung am weitesten vorangetrieben worden. Sie führten demzufolge dort zu einem besonders ausgeprägten Aufwand an Koordination. Mit dieser Art von Organisations- und Koordinationsstrukturen korrespondiert außerdem eine Planungsphilosophie, derzufolge das zu fertigende Produkt schon im Prozeß der Planung in kleinste Teile zerlegt wird. Im Unterschied dazu hat sich in den auftragsgebundenen klein- und mittelserigen Fertigungsunternehmen – wie sie beispielsweise in der Maschinenbauindustrie vorzufinden sind – die Arbeits- und Funktionsteilung nur in sehr engen Grenzen herausbilden können. Mit dem Einsatz von EDV-Systemen aber hat dann auch hier das „elementaristische Planungsverfahren" [4] Einzug gehalten und den Aufwand für die Koordination und Disposition der Teilaufgaben im Planungsbereich wie im Fertigungsbereich weiter ansteigen lassen. Zusammengenommen führten diese Entwicklungen zu einer Generalisierung des Koordinationsproblems über die Massenfertigung hinaus. Bereits damit ist dem Koordinationsproblem ganz allgemein immer mehr Aufmerksamkeit zugewachsen. Das Ansteigen des produktionstechnischen Niveaus in den Fertigungsunternehmen führte zu einer weiteren Verschärfung des Koordinationsproblems. Es kam zu einem Auseinanderstreben von Produktionseffizienz und Organisationseffizienz. Was durch die modernen NC/CNC-Technologien an Produktivität gewonnen wurde, konnte im organisatorischen Produktionsablauf nicht mehr gesichert werden. Hohe Liege- und Durchlaufzeiten schmälerten so den punktuellen Produktivitätszuwachs immer mehr. Das Koordinationsproblem erhielt jedoch seine größte Herausforderung weniger aus den produktionsinternen Widersprüchen, sondern von außen, aus den sich verschärfenden Markt- und Konkurrenzbeziehungen. Die Forderung nach industrieller Flexibilität verschärfte schließlich das Organisations- und Koordinationsproblem in den Fertigungsunternehmen nachhaltig. Die zwei wesentlichen Koordinationsprobleme waren:
– hohe Durchlaufzeiten der Produkte, beginnend in der Produktionsplanung bis zur Fertigstellung des Produktes, die eine hohe Kapitalbindung mitverursachten;
– geringe Reaktionsfähigkeit der Fertigungsunternehmen auf flexible Markt- und Kundenanforderungen, die zu Marktmachtverlusten tendierten.

Neben der Produktionstechnik wurde dann der Informations- und Organisationstechnik in den Rationalisierungsstrategien der Fertigungsunternehmen verstärkt Aufmerksamkeit zugewendet. Im Mittelpunkt des Innovations- und Rationalisierungsinteresses stehen deshalb heute nicht zuvorderst die produktionstechnischen, sondern die organisations- und informationstechnischen Rationalisierungskomplexe (Bild 11.1).

Zwei Beobachtungen charakterisieren die gegenwärtige Innovations- und Rationalisierungspraxis der Fertigungsunternehmen:
– eine kontinuierliche Intensivierung des Rechnereinsatzes in den Betrieben – auch wenn die Diffusion von Rechnersystemen sich nicht in der prognostizierten Geschwindigkeit vollzieht,
– eine Konzentration des Strategieinteresses der Unternehmen auf die vertikale technische Integration und Vernetzung der bestehenden Teilsysteme – auch wenn die

Rationalisie- rungsmu- ster	traditionell	modern
Gegenstandsgebiet	Produktion	Organisation
Problemstellung	Produktivität	Flexibilität
Problemlösung	Arbeitsteilung und Produktionstechnik	Integration und Informationstechnologie

Bild 11.1. Vergleich traditioneller und moderner Rationalisierungsmuster

Verbreitung von Rechnersystemen in den Fertigungsunternehmen gegenwärtig noch sehr lückenhaft ist. Neben dem stetig wachsenden Rechnereinsatz kommt jedoch der Rechnerintegration und -vernetzung strategische Priorität zu. Diese Vorrangigkeit der Integration und Vernetzung von Rechnersystemen gegenüber der Verbreitung erklärt sich vor allem aus dem betrieblichen Interesse, die wirtschaftlichen Vorteile, die sich aus der Integration und Vernetzung ergeben, schnellstens auszuschöpfen. Diese vorrangige Ausrichtung der Innovations- und Rationalisierungsstrategien auf die Vernetzung und Integration der bestehenden Systeme besitzt außerdem einen Beschleunigungseffekt für die weitere Entwicklung und Anwendung von CIM-Strategien. Sie bestätigt darüber hinaus, daß CIM-Realisierungen, obgleich noch auf einem niedrigen Niveau, heute bereits stattfinden, auch wenn CIM-Strategien auf höherem Niveau gegenwärtig noch weniger realisiert sind und sogenannte geschlossene CIM-Realisierungen noch weitgehend theoretische Konstrukte darstellen.

Zwei Konstellationen scheinen auf den Entwicklungsverlauf von CIM-Realisierungen weiter beschleunigend einzuwirken:
- die Institutionalisierung von großen, nationalen und internationalen Forschungsaktivitäten auf dem Gebiet der Informations- und Kommunikationstechnik;
- die Abstützung der Kooperationsbeziehungen zwischen Unternehmen mit CIM-Strategien.

Letzteres entwickelt sich als eine reale Möglichkeit für die Großunternehmen und ihre Zulieferbetriebe. Von daher kann ein Anpassungsdruck auf die kleineren Betriebe mittelfristig erfolgen, der sie zwingt, ihre Fertigung auf NC/CNC-Maschinen umzurüsten und/oder ihre jeweiligen Fertigungsverfahren einander anzugleichen.

Der hier kurz skizzierte Situations- und Entwicklungshintergrund von CIM-Strategien ist eingebettet in eine vielfältige Dynamik: verstärkter Rationalisierungsdruck, gerichtet auf die betrieblichen/überbetrieblichen Koordinationsstrukturen und -beziehungen; wachsende Verfügung über die technischen Mittel zur Bewältigung und Effektivierung von Koordinationsproblemen; akzelerierende Entwicklungen im gesamtbetrieblichen und überbetrieblichen Bedingungsgefüge. Es kann deshalb davon ausgegangen werden, daß den gegenwärtigen CIM-Realisierungen, auch wenn sie sich teilweise noch auf einem niedrigen Niveau vollziehen, für die künftige Unternehmensorganisation und Produktionskoordination hohe Bedeutung zugemessen werden muß. Dies ist auch aus arbeitspolitischer Perspektive wichtig, weil diese Entwicklungsschritte ziel- und richtungsbildend werden können für das Konzept eines gesamtbetrieblichen Arbeitsprozesses.

Der betriebliche Rechnereinsatz und die Rechnerintegration sind nämlich nicht nur ein technischer Prozeß, der gleichsam automatisch bestimmte Konsequenzen entfaltet. Ganz im Gegenteil: Gerade CIM-Realisierungen sind ein sehr komplexer, technisch und organisatorisch vielgestaltiger und weitgehend gestaltungsoffener Prozeß. Diese relativ hohe technische Offenheit der Gestaltung von Rechnersystemen und Rechnerintegration kann jedoch nach zwei Richtungen hin genutzt werden: Für die Beibehaltung arbeits- und funktionsteiliger Arbeits- und Organisationsstrukturen ebenso wie für die Nutzung des Chancenanteils, der in rechnergestützten und rechner- integrierten Rationalisierungen selbst liegt. Das heißt, mit dem offenen Gestaltungs- potential von CIM-Realisierungen verbinden sich Chancen *und* Risiken. An zwei Szenarien soll dies kurz erläutert werden:

1. CIM-Realisierungen können einen organisatorischen Anstoß geben – und darin liegt die arbeitspolitische Chance –, die überkommene Arbeits- und Funktionsteilung, in der Planung ebenso wie in der Fertigung, grundlegend zu reduzie- ren und damit die Entwicklung in Richtung einheitlicher und eigenständiger Arbeitsprozesse umzulenken:
   – durch eine grundlegende Umgestaltung der vorherrschenden Produktionsorganisation über die sukzessive Einführung eigenregulativer und selbstkoordinie- render, relativ autonomer Fertigungseinheiten.

2. CIM-Realisierungen ohne solche organisatorischen Veränderungen und ohne flan- kierende betriebliche Qualifizierungspolitiken, die solche organisatorischen Inno- vationen meist voraussetzen und bedingen, begrenzen nicht nur das in diesen Techniken angelegte Flexibilitätspotential, sondern sie begünstigen auch betrieb- liche und arbeitspolitische Risiken, beispielsweise

   – durch die informations- und organisationstechnische Fest- und Fortschreibung überkommener arbeitsteiliger Organisationsstrukturen und Praktiken,
   – durch das Entstehen hoher Informationsmengen, die allzuleicht wirklich wich- tige Informationen verdecken,
   – durch die Notwendigkeit der Realisierung von komplexen Rechnerstrukturen, die aber die betrieblichen Anpassungsmöglichkeiten nicht erhöhen, sondern verringern.

Nur im Zusammenhang mit Innovationsleistungen aus der sozialen Organisation der Arbeit (als integraler Teil und als notwendige Voraussetzung von CIM-Realisierun- gen) kann die Effizienz und Innovation rechnergestützter Integrationsstrategien gesi- chert werden. Ohne diese Vor- und Zusatzleistungen aus der sozialen Organisation steht diese Zielerreichung nicht nur in Frage – sie kann konterkariert werden.

11.2.2 Koordination und das Verhältnis von technischer und sozialer Produktivität

Das Verhältnis von technischer Innovation und Entwicklung der Sozial-Organisation in der Produktion spielt eine zentrale Rolle in der ökonomischen Produktivitätsent- wicklung und ihrer ökometrischen Schätzung [9]. Bis in jüngere Zeit herrschte bei der

Analyse der Produktivitätsentwicklung – auf Basis neoklassischer Produktionsfunktionen – die Einschätzung vor, daß die wesentlichen Bestimmungsfaktoren in der Produktivitätsentwicklung im Zuwachs an Kapitalbestand und technischem Fortschritt liegen [2].

Die offensichtliche Bedeutung der technischen Entwicklungssprünge und ihre Verkörperung in einer modernisierten Sachkapitalausstattung schien dieses wissenschaftliche Ergebnis augenfällig zu bestätigen. Jedoch: Der langfristige Abschwung in der Produktivitätsentwicklung seit den 60er Jahren, die weltweiten Auseinandersetzungen zwischen den globalen Industriepolen und nicht zuletzt innerwissenschaftliche Entwicklungen führen zunehmend zu einer Umorientierung in dieser Debatte. Wir verweisen kurz auf zwei diesbezügliche Diskussionsstränge:

1. Neuere Entwicklungen in den ökonomischen Schätzungen der Produktivität haben durch die Differenzierung und Akzentuierung des Faktors Arbeit zu einer weitreichenden Modifizierung der neoklassischen Produktionsfunktion geführt. So wird in der Diskussion nun dem traditionellen technischen Modell der Produktivität – wesentlich gekennzeichnet durch die Produktionsfaktoren Kapital und technischer Fortschritt – ein soziales Modell der Produktivität gegenübergestellt, mit besonderer Akzentuierung der Faktoren Arbeitskraft und Produktionsorganisation. Die Ergebnisse aus dieser Forschungsrichtung verweisen dann auch auf die bessere Erklärungskraft eben dieses sozialen Modells der Produktivität und somit auf die besondere Bedeutung sozial-organisatorischer Faktoren für die Produktivitätsentwicklung [10, 11].

2. Untersuchungen auf Branchenebene – so im Bereich der Automobilindustrie, angesichts des weltweiten Konkurrenzkampfes besonders gefördert – kommen zu ähnlichen Ergebnissen. Nach einer US-amerikanischen Studie ist der Kostenvorteil japanischer Fahrzeuge zu 38 % durch höhere Effizienz in der Fertigung und Montage der Fahrzeuge, zu 20 % durch Lohndifferenzen, zu 24 % durch Währungsrelationen und zu 18 % durch Steuern und Gebühren begründet. Die Studie war angelegt mit dem Ziel, die Hypothesen einer fertigungsbedingten Kostendifferenz zu widerlegen. Sie bestätigte jedoch eben diese These von der strategischen Bedeutung einer effizienten Organisation und Nutzung der Produktionsressourcen im japanischen Fall. Genauere Untersuchungen der Ursachen dieser höheren japanischen Fertigungs- und Montageeffizienz kamen zu dem Resultat, daß die Technik dabei eine relativ geringe Rolle spielte. Nach entsprechenden Untersuchungen sind es vor allem die Organisation der Prozeßsteuerung und -kontrolle (zu 49 %) und die unterschiedlichen Arbeitsweisen (zu 34 %), denen im Vergleich zur Automatisierung und dem Produkt-Design (zu 17 %) das größte Gewicht für die Erklärung des japanischen Produktivitätsvorsprungs zukommt.

Die Bedeutung sozial-organisatorischer Faktoren, insbesondere der Produktionsorganisation, für die Produktivitätsentwicklung wird gerade auch im Verhältnis zur technischen Innovation durch diese vergleichenden Studien nachhaltig unterstrichen. In beiden Sichtweisen werden technische und organisatorische Faktoren weitgehend getrennt voneinander behandelt. Dieses statische Trennungsmodell von technischer und sozial-organisatorischer Innovation wird durch die Erfahrung in der Automobilindustrie stark in Frage gestellt [1]. In der Geschichte der internationalen Automobilindustrie gibt es Phasen, in denen ein bestimmtes technisches Design des Produkt- und

Produktionsprozesses unbestritten vorherrscht, kontinuierlich kleine technische Innovationen im Rahmen dieses Grundmusters vorgenommen werden, sozial-organisatorische Maßnahmen im Vordergrund stehen und diese auch relativ entkoppelt vom technischen Design entwickelt werden. Gegenüber solchen regulären Phasen finden sich jedoch immer wieder auch revolutionäre Phasen: grundlegende technische Design-Prinzipien werden umgewälzt, die bestehende Produktionskompetenz erodiert, historisch überkommene Sozial-Organisationen werden obsolet, das Gesamtgefüge wird erschüttert und transformiert. Vieles spricht dafür, daß wir gegenwärtig zumindest in bestimmten Marktsegmenten der Automobilindustrie in einer solchen revolutionären Phase stehen. Treffen diese Ergebnisse zu, dann kann auch das oben skizzierte Bild des Verhältnisses von Technik und Sozial-Organisation korrigiert werden. Je nach der Phase im Reifungsprozeß von Industrien dominieren einmal mehr technische, dann wieder sozial-organisatorische Innovationen, gehen technische Veränderungen sozial-organisatorischen voraus und umgekehrt. Je nach der Phase im Reifungsprozeß sind technische und sozial-organisatorische Innovationen einmal stärker verzahnt, das andere Mal weitgehend entkoppelt. Gegenüber dem statischen Trennmodell kommt diese Vorstellung einer phasenspezifisch unterschiedlichen Beziehung von Technik und Sozial-Organisation und einem phasenweise unterschiedlichen Gewichtungsverhältnis der Entwicklungsdynamik in der Automobilindustrie sehr nahe.

Die Erfahrungen aus der Automobilindustrie und aus dem Maschinenbau zeigen somit ein ganz unterschiedliches „Lead-and-lag"-Muster zwischen technischer Innovation und sozial-organisatorischer Entwicklung: technische Innovationen gehen einher mit sozial-organisatorischem Konservatismus; technische Innovationen werden begleitet und getragen von sozial-organisatorischen Innovationen; sozial-organisatorische Innovationen bilden eine vorlaufende Infrastruktur zum Anstoß und zur Realisierung des technischen Innovationspotentials. Die Erfahrungen zeigen weiterhin: je ausgeprägter die vorlaufende Organisationsinnovation, desto konsequenter die technologische Innovation.

11.3 Produktionsbereiche und Forschungsfelder

11.3.1 Zu einigen Aspekten des Wandels in Technik und Sozial-Organisation

Der Wandel der betrieblichen Sozial-Organisation, seine Determinanten und Funktionen und das Verhältnis zur technologischen Entwicklung sind seit langem Gegenstand einer kontrovers geführten Debatte. Die strategischen Eckpunkte in dieser Diskussion bewegen sich in zwei Ebenen: Wie weit sind Wandlungsprozesse gradueller oder umfassender (systematischer) Art und wie weit passen diese Wandlungsprozesse sich in einem technologischen und/oder ökonomisch bestimmten Selbstlauf der Organisation an und werden in Form systematischer Gestaltungsprozesse durch unterschiedliche Akteurssysteme realisiert? Bild 11.2 zeigt in schematischer Form eine Vierfeldertafel mit vier typischen Konstellationen des sozial-organisatorischen Wandels.

Typ 1 erfaßt die vorherrschenden betrieblichen Sichtweisen, die stark von ingenieurwissenschaftlichem Denken geprägt sind: sozial-organisatorische Wandlungs-

		Formen der Realisierung	
		techn.-ökon. Selbstlauf	aktive Gestalung
sozial-organisa-torischer Wandel	graduell	Typ 1	Typ 2
	umfassend/ systematisch	Typ 3	Typ 4

Bild 11.2. Typische Konstellationen des sozial-organisatorischen Wandels

prozesse sind vorwiegend gradueller Art, die sich wesentlich im technisch-ökonomischen Selbstlauf, d. h. ohne bewußte und organisierte Intervention vollziehen. Typ 2 zielt auf eine betriebliche Konstellation ab, in der eine aktive Gestaltung der Sozialdimension als erforderlich angesehen wird. Diese Konstellation findet sich häufig in Unternehmen mit aufgeklärtem Management bzw. staatlich initiierten Projekten der sozialverträglichen Technikgestaltung. Demgegenüber erfassen Typ 3 und 4 Konstellationen, bei denen ein umfassender sozial-organisatorischer Wandel angelegt bzw. angestrebt wird. Der wesentliche Unterschied liegt in den andersartigen Formen der Realisierung. Einmal wird der Realisierungsprozeß als technisch bedingter Anpassungsprozeß bzw. als Sozialanpassung über Marktprozesse angesehen: so die Theorien der Informations- und Dienstleistungsgesellschaft; das andere Mal über eine aktive gesellschaftliche Gestaltung. Hier sind die theoretischen Perspektiven der neuen Produktionskonzepte, der Transformation der tayloristischen Massenproduktion in flexible Spezialisierung, der Entstehung eines neuen arbeitspolitischen Regulierungsmodus anzusetzen. Und hier liegen auch die Gegensätze zur neo- versus posttayloristischen/-fordistischen Produktionsorganisation. Gemeinsam ist all diesen Theorien ein weitreichendes Rearrangement der Normen und Institutionen von Produktion und Gesellschaft.

Noch eine dritte Dimension ist in dieser Betrachtung von Interesse: das zeitliche wie sachliche Primat in den Realisierungsformen, der „Lead-and-lag" von technischen und sozial-organisatorischen Wandlungen. Bei den Realisierungsformen 1 und 3 ist ein Verständnis des Innovationsprozesses vorherrschend, wonach technische Innovationen die dynamische und primäre Entwicklung darstellen, die Sozial-Organisation jedoch aufgrund von eingebauten Inflexibilitäten im Wandlungsprozeß zurückbleibt und daraus ein Anpassungsdruck auf die Sozial-Organisation entsteht. Bei den Formen 2 und 4 besteht ein anderes Verhältnis von technischem und sozial-organisatorischem Wandel: die aktive Gestaltung des sozial-organisatorischen Wandels geht zeitlich und sachlich der technischen Veränderung voraus. Nur dort, wo in der Sozial-Organisation vorab investiert wurde, nur dort, wo vorab Innovationen im Bereich der Ausbildung, der Arbeitsstrukturen, der Produktionssteuerung, der Arbeitsbedingungen, des Lohnsystems etc. gelungen sind, können auch technologische Innovationen konsequent durchgesetzt werden und d. h. ihr volles Potential entfalten.

Für alle vier idealtypischen Konstellationen können aus Wissenschaft und Praxis prägnante Erfahrungen eingebracht und Beispiele dargelegt werden. Auch bildet sich eine Konvergenz der Einschätzung zunehmend in Richtung der Typen 2 und 4 heraus: Dissens besteht darüber, wie weit graduelle Wandlungen oder umfassende Transformationen in der betrieblichen Sozialorganisation anstehen, zunehmender Konsens besteht hingegen im aktiven Gestaltungsbedarf der sozial-organisatorischen Wandlung.

In diesem Zusammenhang taucht, vor allem in der von den Verbänden geführten Diskussion, die Kontroverse Regulierung versus Deregulierung auf. So wird von einer aktiven Gestaltung der Sozial-Organisation eine zunehmende Regulierung, damit steigende Rigidisierung und abnehmende Flexibilisierung befürchtet. Die Diskussion in der Bundesrepublik gerät hier in die Gefahr einer Selbstblockierung. Eine wichtige Unterscheidung mag in diesem Zusammenhang weiterführend sein. Zu unterscheiden ist zwischen prohibitiver und präventiver Regulierung. Präventive Regulierung, meist als Schutzmaßnahmen für Kapital- oder Arbeitskraftgruppen gedacht, können sich als Barrieren auswirken. Ein Mangel an präventiven Regeln bedeutet auf der anderen Seite ein Defizit an vorab gängigen Koordinationsleistungen und sozial-organisatorischer Infrastruktur. Und möglicherweise liegt ein zentrales Problem der gegenwärtigen Wandlungsprozesse weniger in einem Zuviel an prohibitiven als in einem Zuwenig an präventiven Regelungen.

11.3.2 Sozial-organisatorische Wandlungsprobleme in ausgewählten Unternehmensfeldern

Einsatzstrategien am Beispiel von PPS

Produktionsplanungs- und steuerungssysteme (PPS) gehören zur Kernstruktur von CIM-Realisierungen. Am Beispiel von PPS sollen deshalb hier sich abzeichnende Realisierungschancen und Entwicklungstendenzen von PPS-Konzeptionen skizziert und diskutiert werden:

In den Göttinger Studien [7] zu den betrieblichen Einsatzpraktiken von PPS-Systemen in industriellen Fertigungsunternehmen war man zu dem Ergebnis gekommen, daß sich die Einsatzpraktiken vor allem danach unterscheiden, ob es sich bei den Systemanwendern um großserige Programmfertiger oder um kleinserige Auftragsfertiger handelt. Die Fertigungsart des Unternehmens, mit der spezifische Produkt- und Produktionsstrukturen korrespondieren, bildete in diesen ersten Studien den zentralen Referenzpunkt für die unterschiedlichen bzw. gegensätzlichen PPS-Realisierungen. Zentrale und dezentrale Formen von PPS-Realisierungen waren das Ergebnis. Zentralisierte Formen begünstigen – ideell gesprochen – „Zentralsteuerung" der Produktion, dezentrale Formen von PPS-Realisierungen führten zu einer zeitlich und sachlich abgepufferten „Bündelsteuerung". (In Bild 11.3 werden diese beiden Formen von PPS-Realisierungen mit aufgenommen.)

Die arbeitspolitischen Folgen, die sich damit verbinden, hießen im Fall der Totalsteuerung: Einengung bzw. Wegfall von Dispositionsraum in der Produktionsarbeit; im Fall der Bündelsteuerung: Beibehaltung eigenregulativer Dispositions- und Handlungsspielräume auf der Werkstattebene. Dieses begriffliche Oppositionspaar von zentralen und dezentralen PPS-Realisierungen hat sein Spiegelbild in den Unternehmenstypen: Programmfertiger und Auftragsfertiger. Die aufgefundene Differenz in

Einsatzpraktiken von PPS / Produktionsplanung und -steuerung	bei gegebener Arbeitsorganisation	bei veränderter Arbeitsorganisation
zentral organisisiert	Zentralsteuerung 1	Werkstattsteuerung 3
dezentral organisiert	Bündelsteuerung 2	selbstregulierte Steuerung 4

Bild 11.3. Schematische Darstellungen der PPS-Realisierungen

den betrieblichen Einsatzpraktiken von PPS-Systemen hatte eine strukturelle Basis. Weitere Differenzierungen basierten demzufolge immer schon auf den empirisch und strukturell gegebenen. Diese Studien machten aber trotz oder gerade wegen ihres engen Strukturbezugs deutlich, wie sehr die betrieblich gegebenen Organisationsstrukturen in den PPS-Konzeptionen sich niederschlugen und demzufolge die Bandbreite bestimmten, innerhalb der die Realisierungsformen sich bewegen konnten.

Nachfolgende Untersuchungen konzentrierten sich bei der Frage nach den Ursachen, Bedingungen und Konstellationen unterschiedlicher PPS-Realisierungen ebenso auf den strategisch wichtigen Fertigungstyp: die klein- und mittelserigen Fertigungsunternehmen der Maschinenbauindustrie. Sie bestätigen das zentrale Forschungsergebnis der Göttinger Studien, denen zufolge betriebliche PPS-Realisierungen ganz wesentlich abhängig sind von den betrieblich gegebenen Fertigungs- und Organisationsstrukturen.

Die Münchner Studien [5] kommen in ihren Zwischenergebnissen zu dem Resultat, daß die verschiedenen Konstellationen und Determinanten, die da sind: die Anwender-Hersteller-Beziehungen, die vorherrschenden Technikangebote, die betrieblichen Implementationsprozesse und anderes mehr, nicht zu grundlegenden Unterschieden bei den PPS-Realisierungen führen.

Die Untersuchungen des Berliner Instituts [3] führen zu weiteren Differenzierungen der bisherigen Forschungsergebnisse zu den PPS-Realisierungen. Die Befunde stützen sich auf Fallstudien in größeren Fertigungsunternehmen. Danach beschränken sich die betrieblichen Einsatzstrategien nicht nur auf graduelle Realisierungen von PPS-Systemen; vereinzelt ließen sich auch PPS-Realisierungen identifizieren, die auf grundlegenden organisatorischen Veränderungen beruhten. Solcherart PPS-Realisierungen fanden sich vor allem in größeren Fertigungsunternehmen, wo organisatorische Veränderungen aufgrund eines anderen, alternativen Realisierungskonzepts vorab, also vor der Systemrealisierung, geschaffen worden sind. Allerdings muß gesagt werden, daß solcherart selbstregulative und organisatorisch relativ selbständige Fertigungseinheiten mit real-dezentralen PPS-Realisierungen in den Fertigungsunternehmen die Ausnahme und nicht die Regel darstellen. Aus den Untersuchungsergebnissen kann der Schluß gezogen werden, daß PPS-Realisierungen, gerade weil sie ganz eng mit der Organisation der Produktion und der Arbeit verbunden sind, organisatorische Vorleistungen benötigen, wenn sie andere, alternative Realisierungen nicht ausschließen sollen. Ein signifikantes Merkmal von organisatorisch relativ autonomen Fertigungseinheiten ist zum Beispiel der Produktbezug. Komplettfertigung, gruppentechnologische Fertigungseinheiten oder einfach Arbeits- und Produktionseinheiten mit ganzheitlichem Charakter stellen Varianten dieses Typs dar. Die Studien zeigen weiter, daß die Fertigungseinheiten, die explizit auf sozial-organisatorischen Innovationen beruhen, andere PPS-Realisierungen zulassen bzw. bedingen. Diese Arbeitsformen erfordern qualifizierte Arbeitskräfte und stützen sich auf betriebliche (Weiter-)Qualifizierung. Hinter diesen sozial-organisatorischen innovativen PPS-Realisierungen lassen sich langfristig orientierte Arbeitseinsatzpolitiken der Fertigungsunternehmen identifizieren.

Die große Mehrheit der betrieblichen PPS-Realisierungen basieren aber auf betrieblichen Einsatzstrategien, die sich an der Struktur der gegebenen Arbeits- und Produktionsorganisation orientieren. Organisatorische Veränderungen erfolgen dabei in dem Ausmaß, wie sie von der technischen CIM-Orientierung bei der Systemgestaltung angestoßen werden. Solche Anstöße können dann zu einer Dezentralisierung von Planungs- und Steuerungsaufgaben von der zentralen Fertigungssteuerung der Arbeitsvorbereitung in die Werkstatt führen. Sie können darüber hinaus auch den Ausschlag geben für eine Reintegration von horizontal getrennten Produktionsaufgaben, wie dies insbesondere bei der Qualitätskontrolle beobachtet werden kann. Strategisches Ziel dieser Dezentralisierungs- und Reintegrationspraktiken ist es, die systemtechnischen PPS-Realisierungen organisatorisch abzustützen, um eine hohe Effizienz der Produktionskoordination zu erreichen. Diese organisatorischen Veränderungen sind impliziter Art und führen der Tendenz nach zu einer Reduktion der überkommenen Arbeitsteilung. Reichweite und Intensität dieser Reduktionen erfolgen ausschließlich unter Effizienzgesichtspunkten. Explizite, sozial-organisatorische Innovationsleistungen dagegen, wie sie die eigenregulativen Fertigungseinheiten darstellen, überschreiten das kurzfristige Effizienzkriterium. Sie sind eingebettet in einen mittel- und langfristigen Strategie-Horizont, in dem auch die Dimensionen der Innovationsfähigkeit aufgehoben sind. Nutzungskalkül und Innovationskalkül gehen hier zusammen. Ob Fertigungseinheiten mit relativ autonomen Organisations- und Koordinationsformen ihren Ausnahme- und Experimentcharakter werden abstreifen und sich verallgemeinern können, scheint nicht nur von den Fertigungsunternehmen selbst abzuhängen. Ein solches Gelingen ist auch davon abhängig, inwieweit sozial-organisatorische Vorleistungen betrieblicherseits unterstützt und sichergestellt werden können.

Entwicklungsszenarien betrieblicher Einsatzstrategien

Ergebnisse aus unseren Untersuchungen lassen den Schluß zu, daß die betrieblichen PPS-Realisierungen in ihrer organisatorischen Anwendung und Nutzung variieren: Einmal variieren sie in Abhängigkeit von der jeweiligen Fertigungsart (wie dies die Göttinger Studien nachgewiesen haben), zum anderen variieren sie in Abhängigkeit von der Reichweite und Intensität der Reorganisation des Arbeits- und Produktionsprozesses:

a) induziert durch die system-technische Rationalisierung, die sich beschränkt auf die Effizienzsteigerung der Produktionskoordination und

b) induziert durch eine sozial-organisatorische Innovationsleistung des Fertigungs-
unternehmens, die neben den Effizienzeffekten auch die Flexibilitäts- und Innovationspotentiale der Arbeit mitberücksichtigt.

Die Variante a) ändert an der gegebenen Arbeitsorganisation nichts Wesentliches.
Teilfunktionen und -aufgaben werden in die direkte Produktionsarbeit wieder zurück-
verlagert. Innerhalb dieser Variante gibt es graduelle Unterschiede in den PPS-Realisierungen. Diese Variante dominiert die gegenwärtigen Einsatzpraktiken von PPS-Systemen.

Die Variante b) setzt ein anderes, alternatives Konzept der Produktions- und
Arbeitsorganisation mit ganzheitlicher Arbeit und Selbstkoordination voraus. Es
beinhaltet als Voraussetzung und im Prozeß seiner Realisierung eine betriebliche
Qualifizierungsstrategie. Diese Variante stellt gegenwärtig eine betriebliche Experi-
mentierform dar und hat demzufolge Ausnahmecharakter.

Der Befund läßt sich so deuten, daß die Fertigungsunternehmen Innovationspotentiale der sozialen und qualifizierten Arbeitsorganisation bislang strategisch ungenutzt ließen. Damit bleibt die Nutzung des Innovationspotentials qualifizierter Organisation aber weiter hinter dem technisch-organisatorischen Entwicklungsniveau
zurück.

In Bild 11.3 sind die verschiedenen PPS-Realisierungen schematisch dargestellt.
Die Realisierungstypen 1 und 2 gehen auf die Unterscheidung von strukturell unterschiedlichen Fertigungsunternehmen zurück. PPS-Realisierungen werden hier den
jeweils gegebenen Organisationsstrukturen angepaßt. Der Steuerungstyp 1 Zentralsteuerung ist dort vorzufinden, wo größere, flexible Fertigungssysteme hochautomati-
siert in Betrieb genommen werden. Der Steuerungstyp 2 „Bündelsteuerung" findet
sich in kleineren und mittelständischen Fertigungsunternehmen, in denen die Produktionsorganisation relativ gering arbeits- und funktionsteilig gegliedert ist.

Die Realisierungstypen 3 und 4 korrespondieren mit PPS-Realisierungen, die
begleitet werden von arbeitsorganisatorischen Veränderungen. Es kommt zu einer
Reduktion der gegebenen arbeitsteiligen Strukturen (Bild 11.4). Die Differenz zwischen den beiden Realisierungstypen liegt in der Ausprägung der Reduktion der
Arbeitsteilung. Der Steuerungstyp 3 Werkstattsteuerung besagt, daß mit der PPS-
Realisierung vormals zentralisierte Steuerungsfunktionen organisatorisch neu aufge-
teilt werden. Bestimmte Steuerungsfunktionen werden durch die Systemrealisierung
weiter zentralisiert, andere dezentralisiert. Die Werkstattebene erhält damit systemge-
steuerte Dispositions- und Handlungsspielräume zurück. Der gesamte Arbeitsprozeß
auf der direkten Produktionsebene ist mit der Reduktion der Arbeitsteilung zwar
arbeitsinhaltlich erweitert bzw. angehoben worden, gleichzeitig wurde der Arbeitsablauf aber weitgehend systemischer Kontrolle unterstellt. Intensität und Reichweite der
Reorganisation stehen in enger Beziehung zu den systemtechnischen Effizienzerfor-
dernissen. Sozial-organisatorische Innovationen zum Erhalt des Innovationspotentials der direkten Produktionsarbeit sind in diesem Steuerungstyp nicht vorgesehen.

Der Steuerungstyp 4 selbstregulative Steuerung findet seine Realisierung in einer
anderen, alternativen Produktions- und Arbeitsorganisation: relativ autonome und
eigenständige Fertigungseinheiten, ausgestattet mit Koordinationsfunktionen, die innerhalb eines zeitlichen und räumlichen Rahmens Eigenregulation ermöglichen. Solcherart PPS-Realisierungen beschränken sich nicht auf die Nutzung des technischen

Arbeits- typ Produktionsweise	taylorisierte Industrie- arbeit	qualifizierte Produktions- facharbeit

traditionelle industrielle Produktion	– *weitestgehende AT*
	= ausführende Arbeit
	  ohne Planungselemente
	= engerer Handlungsspiel-
	  raum
	  geringere Eigenregu-
	  lation
		– *geringe Arbeitsteilung*
		= Verbindung von Pla-
		  nungs- und Ausfüh-
		  rungselementen
		= breiter Handlungsspiel-
		  raum mit Eigenregu-
		  lation

infomationstechnisch modernisierte Industrie-produktion	– (entfällt teilweise durch Rationalisierung)	– *systemische Arbeitsteilung*
		= *technische Integration*
		= Ausweiten des Arbeits-
		  inhalts und Reduktion
		  des Planungsanteils
		= Strukturierung des
		  Handlungsspielraums
		  und fremdkontrollierte
		  und -gesteuerte Eigen-
		  regulation

Kontrolltendenz

Requalifizierungs-
tendenz

Bild 11.4. Wandel industrieller Produktionsarbeit in der CIM-Perspektive (Variante 3: Werkstattsteuerung)

Flexibilitätspotentials und die Effektivierung des Koordinationsprozesses, sondern schaffen und erhalten organisatorische Freiräume innerhalb der Fertigungseinheiten, die einer system-technischen Kontrolle nicht zugänglich gemacht werden. Innerhalb dieser Fertigungseinheiten übernehmen nicht-technische Medien, gesprächsförmige, personengebundene Kooperations- und Koordinationsformen Steuerungs- und Kontrollfunktionen. Während das Binnenverhältnis solcher Fertigungseinheiten personeller und organisatorischer Regulierung unterliegt, greift die PPS-Realisierung erst in der externen Verbindung mit den anderen Fertigungsprozessen. Im Gegensatz zum Steuerungstyp 3 erfordert der Steuerungstyp 4 nicht nur tiefer ansetzende sozial-organisatorische Innovationsleistungen, sondern auch betriebliche Qualifizierungsstrategien, ohne die solche Arbeitsformen dauerhaft nicht realisiert werden können.

Unsere Untersuchungen zeigen, daß unter den gegebenen Bedingungen gegenwärtig mit dem Steuerungstyp 3 Werkstattsteuerung sich die größten Realisierungschancen verbinden. Die nachfolgenden Ausführungen befassen sich mit einigen ausgewählten Problemkonstellationen zur Belastung, Qualifikation und Kontrolle, wie sie sich aus der Folgenperspektive für die Arbeit und die Arbeiter im Zusammenhang mit PPS-Realisierungen des Steuerungstyps 3 Werkstattsteuerung zum gegenwärtigen Zeitpunkt darstellen.

11.3.3 Belastungsprobleme und Belastungskonstellationen

Mit der Automation wurde in den 60er und 70er Jahren in bezug auf industrielle Belastungen eine Verschiebung konstatiert. Sie vollzog sich von physischen zu psychisch-mentalen Belastungen. Diese Beobachtung geht einher mit der Reduktion physischer Arbeitsanteile der Produktionsarbeit. Aus den komplexen Belastungsproblemen industrieller Arbeit werden von der Automatisierung aber nur Teilaspekte erfaßt, andere bleiben bestehen bzw. entstehen neu. Und nach wie vor besteht ein nicht zu unterschätzender Restbestand physischer Arbeitsbelastungen. Zwar ermöglicht die Automatisierung der Produktionsarbeit zunächst eine Entkopplung der Arbeit vom Zeittakt der Maschine, sie bringt aber gleichzeitig neue Streßformationen hervor, beispielsweise in Form der Überwachung des technischen Arbeitsprozesses. Hinzu kommt, daß durch die Entwicklung einer Belastungsverschiebung immer auch bewährte Belastungsregulationen wieder zur Disposition stehen und neue Regulationsformen für das veränderte Belastungsprofil erst gefunden und in Verhandlungen durchgesetzt werden müssen. Außerdem zeigt die Erfahrung, daß insbesondere neue Leistungsnormen immer schon auf dem Niveau der alten ansetzen.

PPS-Realisierungen in Form von CIM-Strategien stellen einen weiteren Schritt der Technisierung in Richtung Informatisierung industrieller Produktion dar. Sie werfen zunächst eine Reihe neuartiger Probleme auf; dazu einige kurze Hinweise:
1. Bisherige Erfahrungen mit Teil-CIM-Realisierungen wie sie die PPS-Strategien darstellen, verweisen auf CIM-Belastungskonstellationen:
- CIM-Realisierungen zielen auf eine räumlich verdichtete betriebliche Zeitstruktur. Die Just-in-time-Philosophie der industriellen Fertigungsunternehmen ist dafür beredter Ausdruck. In aller Regel wird dadurch das Reservoir an Zeitpuffern nicht nur gestrafft, sondern auch weitestgehend durchstrukturiert. Die Arbeitsfolgen davon sind das Entstehen bzw. die Ausdehnung von Parallelarbeit durch Überlappen von verschiedenen Arbeitsprozessen, zum Beispiel in Form von Mehr-Maschinenarbeit und/oder von Nebenzeit-Arbeiten.
- Über die Zeit-Raum-Dimension wirken sich CIM-Realisierungen auch in die Sach- und Sozialdimension aus. Denn eine Leitidee von CIM liegt gerade in der bereichsübergreifenden Koordination des gesamten betrieblichen Arbeitsprozesses. Aufgaben- und Funktionsintegration, über die organisatorischen Bereiche hinweg, bedeuten dann auch, daß die jeweiligen Arbeitsprozesse mit den vor- und nachgelagerten, den über- und untergeordneten enger verzahnt und damit komplexer werden.
- CIM-Realisierungen verfolgen als zentrales Ziel eine enge Verbindung von Markt- und Produktionsprozessen. Damit kommt es zu einer stärkeren Marktorientierung der Fertigungsunternehmen, d. h. die Restrukturierung von Produkt und Produktionsorganisation erfolgt vorrangig im Hinblick auf Nachfragevariationen. Die Eigenheit der Produktion und des Arbeitsprozesses tritt dann zurück hinter die Marktanpassung. Die Bewältigung der Marktanforderungen erfolgt über die Flexibilisierung von Produktion und Arbeit. Drei Formen von Flexibilitätsbelastungen zeichnen sich ab:
  - Flexibilisierung der Arbeitszeit (Dreischicht-Arbeit, Samstags- und Sonntagsarbeit),
  - Flexibilisierung des Arbeitseinsatzes (innerbetriebliche Umsetzungen, flexibler Arbeitsplatzwechsel),

– Anpassungsflexibilitäten an die komplexen und intensivierten Arbeitsprozesse
bei verminderten eigenregulativen Dispositionsspielräumen.

Solcherart CIM-induzierte Arbeits- und Produktionsstrukturen verweisen weniger auf einen erneuten Wechsel industrieller Belastungen, sondern auf eine Vertiefung der psychisch-mentalen Belastungen, die mit der Automatisierung hervortraten und nun mit der Informatisierung eine weitere Verstärkung erfahren. PPS-Realisierungen verweisen bezüglich der Belastungsdimension auf eine Intensivierung der Streßbelastungen.

2. Die realen Auswirkungen der skizzierten Belastungsstrukturen können jedoch erst nach Abschätzung des Potentials an Bewältigungsmöglichkeiten und diesbezüglichen Handlungsregulationen erfaßt werden. Unsere bisherigen Erfahrungen stützen sich auf folgende Beobachtungen:

– Die Verdichtung des Produktionsprozesses durch Parallelarbeit in Form von Mehrmaschinenarbeit und/oder von Nebenzeitarbeiten sowie die Durchstrukturierung der Zeitpuffer über die Systemsteuerung des Arbeitsablaufs schränken klassische Belastungsregulationen in zeitlicher Hinsicht ein. Hinzu kommen Anforderungen, die aus permanenten Veränderungen in den technisch-organisatorischen Entwicklungen herrühren, die zu einer Vielfalt von Maschinen, technischen Anlagen und elektronischen Maschinensteuerungen führen. Sie erschweren nicht nur eine Konsolidierung der gerade gewonnenen Kenntnisse, sie lassen sie teilweise erst gar nicht oder nicht hinreichend entstehen. Solcherart komplexe Dynamiken behindern nicht zuletzt die Herausbildung von Entlastungsroutinen, die für das Gewinnen subjektiver Sicherheit in technisch-hochkomplexen Arbeits- und Produktionsprozessen unerläßlich sind.

– Besonders bedeutsam für die Nutzung von Bewältigungchancen sind neben den qualifikatorischen vor allem die organisatorischen Produktionsaufbau- und ablaufstrukturen, die Raum für soziale Unterstützungssysteme zulassen oder verhindern. Mit der je konkreten Ausformung der Arbeitsorganisation in den CIM-Realisierungen wird nämlich auch das Ausmaß an Belastungsfolgen festgelegt.

Es gibt, wie unsere Beobachtungen zeigen, nicht eine einzige typische Belastungsform von CIM-Realisierungen, sondern Belastungskonstellationen mit Belastungsrisiken und Entlastungschancen. Gleichwohl spricht eine Reihe von Anzeichen eher für eine Belastungssteigerung als für eine Belastungsminderung bei den gegenwärtig vorherrschenden, vorrangig nach technisch-ökonomischen Orientierungen verlaufenden CIM-Realisierungen.

3. Welche Beanspruchungsfolgen können sich aus diesen Konstellationen betrieblicher Belastungsstrukturen und Bewältigungsregulation ergeben? Die Verschiebungsthese sieht diese Konstellation u. a. durch Zunahme psychischer Beanspruchungen charakterisiert. Aufgrund unserer bisherigen Erfahrungen lassen sich zusätzlich zwei Spezifizierungen der Beanspruchungsfolgen angeben:

– Traditionelle industrielle Belastungen setzen, einer Linie in der Belastungsdiskussion folgend, bei „lokal"-körperlichen Ansatzpunkten der Person an; Belastungswirkungen, induziert aus der Automatisierung und Informatisierung, setzen dagegen in den „zentral"-mentalen Regulationsmechanismen der Person an.

– „Zentral"-mentale Regulationsmechanismen tangieren aber, im Unterschied zu „lokal"-körperlichen Belastungen, in noch weit stärkerem Ausmaß die Subjektivi-

tät der Person. D.h., solcherart Beanspruchungen sind dann auch nicht ohne die Mitarbeit der Subjekte erfaßbar und bewältigbar. Der gestaltende Zugriff auf die Beanspruchungsfolgen von CIM-Realisierungen wird damit schwieriger, zugleich aber auch über die Subjekte potentiell steuerbar.
– „Zentral"-subjektive Beanspruchungen als mögliche Folge bestimmter Formen von CIM-Realisierungen können aus unserer Sicht als eine neuartige soziale Problemlage identifiziert werden, die Forschungsprobleme aufzeigen.

11.3.4 Qualifikations- und Qualifizierungsprobleme

Wir gehen in diesem Zusammenhang hier nicht auf Qualifikations- und Weiterbildungsprobleme ein, die Anforderungen und Bedarf an das offizielle System der beruflichen Aus- und Weiterbildung formulieren. Stattdessen wollen wir das Augenmerk auf einige Veränderungen richten, die mit PPS-Realisierungen erst richtig hervortreten und die für den Erhalt und die Sicherung von Qualifikationen und Qualifizierungsprozessen maßgeblich sind. Beispielsweise treten häufig Qualifikations- und Qualifizierungsprobleme im Zusammenhang mit PPS-Realisierungen verstärkt in Erscheinung, die meist dem definierten Bedarf an Personalqualifikation lange Zeit vorausgehen. Veränderungen in den industriellen Arbeitsprozessen verlaufen in den Betrieben nicht immer bewußt und oftmals verdeckt. Sie sind deshalb mit dem Risiko behaftet, lange Zeit übersehen bzw. verspätet aufgedeckt zu werden. PPS-Realisierungen verändern demgegenüber die Unternehmens- und Produktionsorganisation offensichtlich. Demzufolge tritt auch die Qualifikations- und Qualifizierungsfrage verstärkt hervor. Hierbei kommt es vor allem, bedingt durch die zeitliche Straffung des betrieblichen Ablaufgeschehens und die Effektivierung der Koordinations-, Kooperations- und Kommunikationsprozesse, zu Einbrüchen in die traditionell bewährten Bedingungen und Voraussetzungen, die bisher u.a. für einen weitgehend störungsfreien, produktiven und qualifizierten Arbeitsprozeß sorgten. Dabei können als Folgeerscheinung allerdings die positiven Effekte der kooperativen Zusammenarbeit verlorengehen, die ihrerseits fördernd und verstärkend auch auf die Qualifikation und die Qualifizierung der Arbeitskräfte zurückwirken. Das heißt, CIM-Realisierungen können implizite Bedingungen für Qualifikation und Qualifizierung der Produktionsarbeit gefährden.

Wir greifen hier beispielhaft die Produktionsarbeiter heraus und versuchen, bezogen auf diese Arbeitskräftegruppe, am Beispiel von PPS-Einsatzstrategien einige solcher Risiken aufzuzeigen.

Eine zentrale Quelle solcher Risiken ist die zeitlich-räumliche Erfassung und Systematisierung des gesamten betrieblichen Produktionsablaufgeschehens. Im Mittelpunkt steht hierbei die Reduzierung und Durchstrukturierung von Zeiträumen, die bislang als ungebundene Gestaltungs- und Dispositionsspielräume zur Eigenregulation von Produktion und Arbeit genutzt werden konnten und die auch als Nischen zur individuellen Arbeitsentlastung zeitweilig dienten. Die produktive Funktion zeitlichungebundener Gestaltungs- und Dispositionsspielräume lag jedoch nicht nur in der Verfügung betrieblicher Zwecke zur Störungsbeseitigung ungeplanter Ereignisse etc. Solcherart Zeitpuffer hatten auch eine wechselseitige Unterstützungsfunktion für die Produktionsarbeiter. Der Umgang mit hochkomplexen Maschinen, mit elektronischen Maschinensteuerungen, der schon aus Gründen der Gesamtverfügbarkeit einen hochqualifizierten Arbeitskräfteeinsatz notwendig macht, verlangt umfassende qualifikatorische Leistungen des Anpassungs-, Entscheidungs- und Handlungsvermögens. Diese haben einen ständigen Anlern- und Weiterbildungsprozeß innerhalb des Arbeitsprozesses selbst zur Voraussetzung. Eine weitgehende zeitliche Durchstrukturierung und Systematisierung des Arbeitsprozesses muß jedoch langfristig solche lernoffenen Gestaltungsspielräume einschränken.

CIM-Realisierungen zielen nun aber schon von ihrer Konzeption her auf die Einschränkung von ungebundenen Raum- und Zeitstrukturen. In dieser Form uneingeschränkt genutzt führen sie zu kontraproduktiven Folgen für eine qualifizierte Arbeitskooperation:

- Sie erschweren die Herausbildung und Sicherung von Peer-group-Leistungen in Form gegenseitigen Aushelfens und Unterstützens,
- sie beschränken die Wahrnehmung fachlicher Beratung und instruktiver Unterweisung innerhalb des Arbeitsprozesses,
- sie verhindern die Aktivierung und Mobilisierung von Problemlösungswissen und wirken deshalb letztlich auch innovationshemmend.

CIM-Realisierungen in Kombination mit der wachsenden Komplexität technischer Anlagen und Maschinen, häufig wechselnden Anforderungen und zunehmender Vielfalt von Arbeitsaufgaben verweisen aber gerade auf die Notwendigkeit „lernoffener" Arbeitsprozesse, die Formen von Lernen, Qualifizieren und Weiterqualifizieren im Prozeß der Arbeit zulassen und nicht einschränken. Mehr denn je ist nämlich der Arbeits- und Produktionsprozeß ausgestattet mit High-tech-Techniken und deshalb auf die Sicherstellung von Qualifikationen und die Herausbildung und Nutzung von Kollektiv- und „Überhangsqualifikationen" angewiesen.

CIM-Realisierungen des Strategietyps 4 im Bild 11.3 zeigen, daß diese Einsatzpraktiken auf die kollektiven und latenten Qualifikationen der Produktionsarbeiter setzen. Diese Strategievariante sichert nämlich nicht nur lernoffene, qualifikationssichernde und weiterqualifizierende Organisationsstrukturen, sie ermöglicht darüberhinaus auch die Zurückgewinnung von Eigenkontrolle und Verantwortung der Produktionsarbeiter im Arbeitsprozeß: Durch die Zusammenführung von Disposition und Ausführung in organisatorisch überschaubaren Produktions- und Arbeitseinheiten. Diese Strategievariante zeigt außerdem, daß CIM-Realisierungen sich nicht per se gegen qualifizierte Arbeits- und Produktionsprozesse richten und deshalb Konzeptionen realisiert werden können, die qualifizierte Organisationsstrukturen sichern und nicht gefährden müssen.

11.3.5 Das Problem der Kontrolle

Informations- und Organisationstechniken, auf die sich die CIM-Realisierungen stützen, entfalten durch ihre Integrations- und Vernetzungsmöglichkeiten ein hohes Steuerungs- und Kontrollpotential. Zeitlich und räumlich auseinanderliegende Teilprozesse lassen sich informationell gleichzeitig im technischen System abbilden und sind so technischer Steuerung und Kontrolle zugänglich. Dieses technische Steuerungs- und Kontrollpotential macht es so erstmals möglich, auf den gesamten Arbeits- und Produktionsprozeß innerhalb der Unternehmensorganisation und auch auf überbetriebliche Prozesse zuzugreifen. Mit dieser technischen Steuerungs- und Kontrollmöglichkeit sind arbeitspolitisch recht sensitive, zum Teil auch noch überwiegend latente Probleme der Kontrolle des Arbeitsprozesses angesprochen. Wir verweisen auf einige dieser Brennpunkte:

- Soweit CIM-Realisierungen sich nicht auf organisatorische und qualifikatorische Strukturvorleistungen innovativer Art stützen können (wie in der Variante 4 im Bild 11.3), sondern auf der Kernstruktur traditionell-klassischer Organisationsstrukturen aufsetzten (wie in Variante 3) – und das ist bei den derzeitigen Einsatzstrategien noch überwiegend der Fall –, stellt sich die Kontrollproblematik verstärkt. Denn der Erfassung und Verarbeitung betrieblicher Informationen über betriebliche Zustände, Prozesse, Handlungen und Verhalten sind technisch keine Grenzen gesetzt. System-technische Steuerung und Kontrolle von Arbeits- und Produktionsprozessen ermöglichen die Realisierung sozialer Kontrolle neuer Qualität. Die Frage, wo hier die Grenze verlaufen soll zwischen technischen Steuerungsinformationen und sozialen Kontrollinformationen, entwickelt sich zum Problem politischer, betrieblicher und überbetrieblicher Regulation. Die bislang allgemein gezogene Grenzlinie verläuft zwischen solchen Informationen, die der Person zugerechnet werden können und sollen, und Informationen, die keine personelle Zuweisung erlauben. Typisch dafür ist beispielsweise die Zeiterfassung, die der Produktionsarbeiter für die Bearbeitung eines Produktes benötigt (= unmittelbare Arbeitsfortschrittskontrolle). Wo aber genau die Grenze zwischen personenbezogenen und technischen Daten gesetzt wird bzw. einvernehmlich verlaufen soll, stellt ein gestaltungsoffenes betriebliches Regulationsproblem dar. Deutlich wird dies bei der Erfassung der Maschinenstillstandszeiten und der Identifikation ihrer Verursachung, bei der technische und soziale Faktoren häufig untrennbar zusammenwirken. Die bisherigen Regelungen zum Schutz der personenbezogenen Daten bilden aber erst den Anfang und nicht den Abschluß einer Auseinandersetzung.
- Stellt man in Rechnung, daß historisch qualifizierte Produktionsarbeit meist mit beträchtlicher Eigenregulationsmöglichkeit und Selbstkoordination verbunden war, so wird deutlich, welches arbeitspolitische Sprengpotential sich mit einer system-technischen Fremdkontrolle des Handlungs- und Dispositionsspielraums verbindet. Hinzu kommt, daß die kontrollhaltige Durchsteuerung des Arbeits- und Produktionsprozesses die oben genannten Voraussetzungen und Bedingungen qualifizierter und sozial-kooperativer Produktionsarbeit eher gefährden statt sichern und damit auch ein für das Fertigungsunternehmen kontraproduktives Potential beinhalten. Zwar hat die Werkstatt mit den PPS-Realisierungen Planungs- und Steuerungsfunktionen zur dispositiven Eigenregulation zurückerhalten, gleichwohl ermöglicht die Beibehaltung der traditionellen Arbeitsorganisation aber den zentralistischen Systemzugriff auf die einzelnen Arbeitsprozesse.

Wie weiter oben schon ausführlicher angesprochen, verweisen die PPS-System-Realisierungen auf die Möglichkeit der Dezentralisierung ebenso wie der Zentralisierung. Die Gleichzeitigkeit beider Entwicklungen ist gerade ein typisches Kennzeichen von modernen System-Realisierungen. Es ist ein Charakteristikum der Variante 3, daß den Einsatzstrategien mit Dezentralisierungstrends simultan gegenläufige Trends gegenüberstehen, die die Dezentralisierung mittels Fremdkontrolle überlagern und durchdringen.

Einsatzpraktiken von Variante 4 verweisen auf andere, entgegengesetzte Kontroll-
formen: Eine Dezentralisierung von Planungs- und Steuerungskompetenzen endet
hier nicht auf der Werkstattebene, sondern reicht bis in die Produktionsarbeit selbst.
Der Produktionsarbeiter erhält damit wieder Produktionskontrolle in eigener Regie.
Innerhalb der Fertigungseinheit ist die Produktionsarbeit mit eigenregulativen und
selbstkoordinierenden Funktionen ausgestattet, mit Systemkontrolle ist die Fertigungseinheit dann lediglich in ihrem innerbetrieblichen Außenverhältnis verbunden.
Die Produktionsarbeit, ausgestattet mit Eigenregulation und Selbstkoordination, basierend auf real dezentralen Organisationsstrukturen, scheint die höchste Sicherheit
zu bieten für die Ausschöpfung von Flexibilitätspotentialen: für den Erhalt von
Qualifikationen; für die Möglichkeit der Qualifizierung im Arbeitsprozeß selbst; für
einen individuellen Belastungsausgleich; für Innovationspotentiale aus individuellen
und kollektiven Erfahrungen etc.

Unter diesen Bedingungen führt auch die wachsende Transparenz des betrieblichen Gesamtgeschehens, die durch die Integration und Vernetzung der Systeme erzeugt wird, nicht zu übermächtiger Kontrolle und Überwachung des Arbeitsprozesses
und der Arbeiter. Technische und systemische Kontrolle und Überwachung beschränken sich hier auf technisch definierte Sachverhalte und Rahmenvorgaben.

11.3.6 Zur Bedeutung präventiver Regelungen

Im Zuge von CIM-Realisierungen zeichnen sich arbeitsplatz-, bereichs- und betriebsübergreifende Veränderungen ab, die zu einer umfassenden Neu- und Umgestaltung
des gesamtbetrieblichen Arbeits- und Produktionsprozesses führen. Rationalisierungen und Innovationen dieses Ausmaßes sind dabei auf Voraussetzungen und Bedingungen angewiesen, ohne die ein Gelingen infrage steht. Investitionen in die Sozial-
Organisation können als solche Voraussetzungen angesehen werden [9]. Denn
überkommene Organisations- und Qualifikationsstrukturen, aber auch betriebliche
Lohnstrukturen, können sich als Barrieren und Hindernisse im Rationalisierungsge-
schehen herausstellen, deren Überwindung nicht oder nur ungenügend erfolgen kann,
wenn entsprechende Infrastrukturleistungen dem Innovations- und Rationalisie-
rungsprozeß nicht vorausgegangen sind bzw. ihn nicht begleiten.

Aus den Erfahrungen mit PPS-Realisierungen hat sich mittlerweile allgemein die
Einsicht gefestigt, daß technisch-organisatorischen Regelungen sozial-organisatorische vorausgehen müssen und auch in begleitender Form eine notwendige Bedingung darstellen, weil Ex-post-Anpassungen der Sozial-Organisation an den technischen Arbeits- und Produktionsprozeß oft nur suboptimale Strategien und
Problemlösungen zulassen. Auf drei Ebenen gewinnen deshalb präventive Regulierungen in den Fertigungsunternehmen immer mehr an Gewicht: auf der Strategieebene, der Qualifikations- und Qualifizierungsebene und der Entlohnungsebene.

Hinsichtlich der Strategieebene setzt sich allmählich immer mehr eine Einsicht
durch, die auf eine Umstellung in der Hierarchie der Planungsfaktoren zielt. Das
heißt, den Rationalisierungskonzeptionen und den einzelnen Rationalisierungsschrit-
ten werden sozial-organisatorische Infrastrukturüberlegungen und -leistungen vorangestellt. Der Bereich der Qualifikation und der Qualifizierung, der gegenwärtig ganz
allgemein als der zentrale Engpaß identifiziert wird, rückt verstärkt ins Blickfeld.
Defizitäre Qualifikationen werden oftmals als Ursache identifiziert, warum CIM-In-

novationspotentiale nicht stärker ausgeschöpft werden können. Eng mit der Qualifikationsfrage verbunden und deshalb gleichermaßen als Problem von möglichen CIM-Regelungen angesehen sind auch die tradierten betrieblichen Entlohnungsformen. CIM-Realisierungen sind bezüglich der Entlohnungsproblematik von vornherein schon mit der Hypothek von Normenkonflikten belastet. Vereinzelte Erfahrungen mit einer Ex-ante-Gestaltung der Entgeltfrage zeigen, wie präventive, Innovation und Rationalisierung begleitende, sozial-organisatorische Regulierungen, gleichsam als Vorrat und als Vorableistungen wirksam werden können. Der Tarifvertrag über die Lohndifferenzierung zwischen Volkswagenwerk AG und der Industriegewerkschaft Metall 1979 (LODI) kann als ein Beispiel angesehen werden, das einer solchen präventiven Regelung nahekommt: Mit der Neufestsetzung von Arbeitssystemen – zunächst ganz unabhängig von CIM-Einführungsstrategien –, d. h. von breit angelegten Klassen von Tätigkeitsbereichen und von flexiblen Übergängen, wurde hier eine Ex-ante-Gestaltung von Arbeits- und Produktionsprozessen betrieben und damit ein Bereich kontrollierter und koordinierter Flexibilität einvernehmlich festgelegt. Ein solches Normen- und Regelungssystem kann dann beispielsweise eine Grundlage bieten für breite Nutzungsstrategien. Die ersten empirischen Erfahrungen und Forschungsergebnisse stimmen demzufolge darin überein, daß präventive und begleitende Investitionen in die Sozial-Organisation bei CIM-Realisierungen immer mehr zu einem Faktor von strategischer Bedeutung avancieren.

11.4 Literatur

1 Abernathy, WJ; Clark, KB; Kantrow, AM: Industrial Renaissance. Producing a Competitive Future for America. New York, 1983

2 Denison, EF: Accounting for Slower Economic Growth: The United States in the 1970s. Washington D.C., 1979

3 Dörr, G: (Unveröffentlichte) Zwischenergebnisse aus einem laufenden Forschungsprojekt zum Einsatz von PPS-Systemen in Fertigungsunternehmen. (1989 werden zu dieser Thematik zwei Studien am Wissenschaftszentrum Berlin erscheinen von G. Dörr und E. Hildebrandt/ R. Seltz.) 1987

4 Fröhner, KD: Der Wandel der Produktionsphilosophie und der Stellenwert menschlicher Arbeit. In: Hackstein, R. u.a. (Hrsg.): Arbeitsorganisation und neue Technologien, 1986

5 Hirsch-Kreinsen, H: Unveröffentlichte Thesenpapiere zum Forschungsprojekt „Integrativer Einsatz rechnergestützter Technik und Qualifikationsstruktur in der mechanischen Fertigung", Institut für Sozialwissenschaftliche Forschung München

6 Manske, F; Wobbe-Ohlenburg, W unter Mitarbeit von O. Mickler: Soziologisches Forschungsinstitut Göttingen – SOFI: Rechnerunterstützte Systeme der Fertigungssteuerung in der Kleinserienfertigung. Kernforschungszentrum Karlsruhe, 1984

7 Manske, F: Produktionsplanungs- und -steuerungssysteme in Klein- und Mittelbetrieben. Gestaltungshinweise für Technik und Arbeit. Soziologisches Forschungsinstitut Göttingen (SOFI) Kernforschungszentrum Karlsruhe, 1987

8 Naschold, F (Hrsg.): Arbeit und Politik. Gesellschaftliche Regulierung der Arbeit und der sozialen Sicherung; Frankfurt/New York, 1985

9 ders.: Regulierung und Produktivität. In: Österreichische Zeitschrift für Soziologie: Heft 2, 1988, S. 32–46

10 Norsworthy, JR; Zabala, CA: Responding to the Productivity Crisis: A Plant-Level Approach to Labor Policy. In: W. Baumol/K. McLennan (Hrsg.): Productivity Growth and U.S. Competitiveness; New York, 1986, S. 103–118

11 Weisskopf, TE; Bowles, S; Gordon, DM: Hearts and Minds: A Social Model of U.S. Productivity. In: Brookings Papers of Economic Activity: No. 2, 1982, S. 381–450

12 Die Bedeutung von CIM-Strategien für die Entwicklung der Fertigungstechnik

AUGUST POTTHAST

12.1 Einleitung

Die Leistungsfähigkeit der Produktionstechnik bestimmt in der modernen Industriegesellschaft entscheidend die Entwicklung von Wohlstand, Lebensqualität und Sicherheit. Für die produzierenden Unternehmen ergibt sich aus den bestehenden Markterfordernissen und insbesondere einem zunehmenden internationalen Wettbewerb die Forderung nach Verbesserung der eigenen Wettbewerbsfähigkeit. Dies kann auch durch höhere Flexibilität in der Planung, Gestaltung und Herstellung der Produkte erreicht werden [1].

Die Produktion hat sehr früh das durch Rechnereinsatz mögliche Automatisierungspotential erkannt und genutzt. Der Rechner wurde als ein Instrument begriffen, dem repetitives und monotones Denken übertragen werden kann. Im Bereich der Fertigungstechnik betraf dies Bereiche, die sich durch einfache algorithmische Beschreibung der zu bearbeitenden Aufgabenprobleme einer Automatisierung durch Rechnersysteme erschlossen. Stationen dieser Entwicklung waren die NC-Technik, die rechnerunterstützte Zeichnungserstellung und auch das Berechnen von Teilen mit der Methode finiter Elemente; es waren aber auch die CNC- und DNC-Steuerungen und die Entwicklung zu flexiblen Fertigungssystemen, zu den rechnergestützten Bewegungsmaschinen, den Robotern. Die vielfältigen Einsatzmöglichkeiten des Rechners führten so im Laufe der Zeit zu Insellösungen in den verschiedenen Betriebsbereichen. Nachfolgend werden Entwicklung und Problembereiche aus der Sicht der Fertigung aufgezeigt.

12.2 Stand der Technik, Entwicklungstendenzen

Die Entwicklung und der Einsatz moderner Produktionsmittel und -methoden in den Industriebetrieben sind gekennzeichnet durch die Bemühungen, den Fertigungsprozeß, die Produktionsplanung und -steuerung sowie andere Aufgaben der technischen Bereiche verstärkt mit dem Rechner zu unterstützen. Ein wesentlicher Schwerpunkt für zukünftige Produktionssysteme ist der durchgängige Informationsfluß, der in einem bereichsübergreifenden Informationssystem alle mit der Produktion zusammenhängenden Bereiche verbindet. Daher erscheint es heute folgerichtig, die im Unternehmen verstreuten informationsverarbeitenden Inseln zusammenzubinden und damit einen durchgängigen Informationsfluß zu realisieren.

Als großes Hindernis wirtschaftlicher Nutzung von Rechnern hat sich das wiederholte Eingeben von Daten erwiesen. Daten sollen nur einmal erzeugt werden und dann durch Austausch über ein Informationsnetzwerk den Nutzern zur weiteren Bearbeitung zur Verfügung stehen. Das Konzept der rechnerintegrierten Fabrik (CIM) beinhaltet die Chance, alle Informationsbedürfnisse im Betrieb zu befriedigen. Diese CIM-Technik verlangt eine neue Produktionstechnik, in der Materialtechnik und Informationstechnik zusammenwachsen [2]. Durch die informationstechnische Verknüpfung des gesamten Fabrikbetriebes ist eine kontinuierliche Optimierung des Prozesses der Gütererzeugung möglich geworden. In derartigen Fabrikstrukturen kann der gesamte Informations- und Materialfluß in konzentrierter Aktion gesteuert werden.

Die Fabrik von morgen wird andere Techniken, andere Organisationsformen, andere Managementinstrumente erfordern. Traditionelle Organisationsformen der Betriebe sind zu erneuern, der Fortbestand von traditionellen Unternehmensstrukturen wird in Frage gestellt. Die volle Ausnutzung eines durchgängigen Informationsflusses erlaubt veränderte Formen kooperativer Arbeit. Teamarbeit gewinnt mehr und mehr an Bedeutung und muß verstärkt genutzt und unterstützt werden. Vorhandene Aufgabenabgrenzungen stehen zur Disposition. In der Fabrik ergibt sich damit die Notwendigkeit, mit der Einführung der rechnerintegrierten Fertigung den Arbeitsablauf neu zu gestalten. Das Beharrungsvermögen der gewachsenen Strukturen wird das Veränderungspotential der neuen Technik bremsen, doch die wirtschaftlichen Vorteile drängen zu den neuen Lösungen.

Zunehmende Typenvielfalt und kürzere Produktlebenszeiten führten in der Fertigungsindustrie zur Forderung nach Fertigungseinrichtungen, mit denen kleinere Losgrößen mit höherer Produktivität und Qualität wirtschaftlich gefertigt werden können. Die Entwicklung und der Einsatz der Mikroelektronik haben die Automatisierungsbestrebungen begünstigt und gleichzeitig geprägt.

Im Bereich der Werkzeugmaschinen hat die NC-Technologie die erste Stufe zur Automatisierung der Fertigung im Hinblick auf höhere Produktqualität sowohl bei Klein- wie bei Mittelserienfertigung geschaffen. Einen entscheidenden Fortschritt brachte jedoch die CNC-Steuerung mit leistungsfähigem Steuerungsrechner. Die Verwendung von Mikroprozessoren als Steuerungsrechner führte zu preisgünstigen CNC-Handeingabesteuerungen. Entscheidend bei diesem Schritt ist die Tatsache, daß sich der Funktionsumfang wesentlich steigern läßt, ohne den Hardwareaufwand entsprechend zu erhöhen. Die Steuerungssoftware ist zur bestimmenden Komponente des Steuerungssystems geworden [3, 4].

Neben den reinen Steuerungsaufgaben kann der Rechner für die Programm- und Dateneingabe direkt an der Maschine in der Werkstatt genutzt werden. Die Entwicklung der Mikrorechner und Anzeigegeräte ermöglicht heute neue Wege der Bedienung und der Programmerstellung für CNC-Werkzeugmaschinen. Aufgrund der verfügbaren Rechenkapazität und des großzügigen Speicherausbaus werden heute Softwarelösungen für komfortable und werkstattgerechte Bedienoberflächen unter Verwendung von interaktiver Grafik aufgezeigt [5]. Außer der Realisierung des geforderten Funktionsumfangs von Steuerungssystemen wird ein erheblicher Entwicklungsaufwand für diese Komponente von Handeingabesteuerungen geleistet. Mit Hilfe von integrierten Programmiersystemen und grafischer Simulation kann eine wirtschaftliche Programmierung in der Werkstatt durchgeführt werden [6]. Die Werkstattprogrammierung hat den entscheidenden Vorteil, daß der Einsatz und die Einführung der NC-Technologie ohne organisatorische Änderungen im Fertigungsbereich und ohne Folgeinvestitionen für ein Programmiersystem erfolgen können. Dies hat insbesondere Klein- und Mittelbetrieben einen schnellen, kostengünstigen und schrittweisen Einstieg ermöglicht und gerade in Deutschland zu einem starken Anteil der Handeingabesteuerungen geführt.

Im Rahmen des Programmes Fertigungstechnik des BMFT wurden in einem Verbundprojekt „Werkstattorientierte Programmierverfahren" an den Fertigungsverfahren orientierte Programmiermethoden entwickelt, die für die Anwendung in der Werkstatt geeignet sind [7, 8]. Wesentliches Gestaltungsmerkmal ist die benutzergerechte Bedienoberfläche und grafisch-interaktive Dialogführung. Die in diesem Vorhaben entwickelten Systeme haben für die Werkstattprogrammierung entscheidende Impulse geliefert, in diesem Bereich den Einsatz von Bildschirmgrafik gefördert und damit zu einer Verbesserung der Mensch-Maschine-Kommunikation beigetragen.

12.2.1 Von der Werkzeugmaschine zur flexiblen Fertigungszelle

Bei der Weiterentwicklung hin zur flexiblen Automatisierung ergeben sich charakteristische Realisierungsstufen. Angepaßt an Art und Umfang der Fertigungsaufgaben und der geforderten Flexibilität werden NC-Maschinen mit übergeordneter Rechnersteuerung eingesetzt. Die Steigerung der Produktivität und Wirtschaftlichkeit wird im wesentlichen erreicht durch
– automatische Werkstück- und Werkzeugversorgung,
– optimierte Ablaufsteuerung,
– Überwachung des Fertigungsablaufs.

Durch diese Steuerung und Überwachung ist eine noch stärkere Entkopplung des Bedienpersonals vom Arbeitstakt der Maschinen möglich (Bild 12.1). Auftragswechsel und Werkzeugaustausch können während der Maschinenhauptzeit erfolgen [9]. Durch Abarbeiten von zwischengepufferten Werkstücken kann eine Erhöhung des Maschinennutzungsgrades mit bedienerloser und aufsichtsarmer Fertigung erzielt werden.

Der Bediener hat während der Abarbeitung von eingelagerten Aufträgen Zeit zum Planen von Folgearbeiten sowie dem Verwalten des gesamten Maschinenumfeldes. Hierzu zählt das Auswechseln und Einstellen der Werkzeuge, das Bereitstellen neuer Werkstücke und der Aufbau von Spannvorrichtungen mit Baukastensystemen an angegliederten Spannplätzen. Die gesamte Verwaltung und Steuerung der komplexen Anlage über Zellenrechner setzt eine ebenfalls komplexe Rechnertechnologie voraus. Zwar ist der Bearbeitungsprozeß selbst gleichgeblieben, aber die Einbeziehung des ganzen Maschinenumfeldes und des Material- und Datenflusses stellt gegenüber der Einfachmaschine erhöhte Anforderungen an das Bedienpersonal.

Mehrere Bearbeitungszentren oder Fertigungszellen können miteinander zu flexiblen Fertigungsinseln für die automatische Komplettbearbeitung von Teilefamilien verkettet werden. Eine gemeinsame Werkstück- und Werkzeugversorgung mit integrierter Rechnersteuerung verknüpft verschiedenartige Bearbeitungsmaschinen mit unterschiedlichen Fertigungsverfahren.

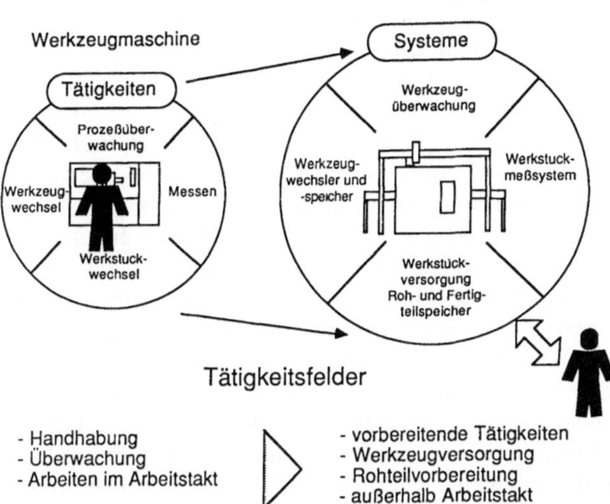

Bild 12.1. Erweitern der Werkzeugmaschine bis hin zur flexiblen Fertigungszelle

Ein wesentlicher Faktor für eine produktive und wirtschaftliche Fertigung stellt die Verfügbarkeit der CNC-Maschinen dar. Die Verkettung mehrerer Maschinen zu flexiblen Fertigungsanlagen verlangt umfangreiche Sicherheitsvorkehrungen und Überwachungsroutinen an NC-Maschinen. Das rechtzeitige Erkennen von Fehlern sowie das schnelle Ermitteln von Fehlerursachen ist dabei besonders wichtig. Bei Störungen werden dann automatische Folgeaktivitäten eingeleitet, z. B. automatischer Werkzeugwechsel nach Verschleiß oder Bruch. Vermessen von Werkzeug und Werkstück in der Maschine sichert gleichbleibende Fertigungsgenauigkeit. Diese vielfältigen Funktionen erfordern umfangreiche und leistungsfähige Rechnertechnik, diese kann jedoch den Menschen nicht ersetzten. Das Anlagenpersonal muß über gute Kenntnisse über den Prozeß verfügen und in der Lage sein, bei auftretenden Störungen gezielt eingreifen und Fehler beheben zu können.

12.2.2 Vernetzung in CIM

In den Bereichen der Arbeitsvorbereitung, Konstruktion und Planung hat der Einsatz von EDV-Anlagen mit entsprechenden Softwarepaketen erheblich zur flexiblen Produktgestaltung und damit zu kürzeren Produktinnovationszeiten beigetragen. Die Entwicklungsgeschichte brachte im Anschluß an maschinelle NC-Programmiersysteme die Rechneranwendung bei der Konstruktion und der Zeichnungserstellung. Ersteinsatz von CAD-Systemen war der Bereich der Produktentwicklung. Integrierte Programmsysteme bieten Auslegungsformeln für Werkstücke oder Festigkeitsberechnungen mit CAD/FEM-Programmen.

Wesentliche Fortschritte beim Einsatz von CAD sind die Verkürzung der Durchlaufzeit in der Konstruktion, damit reduzierte Kapitalbindung, bessere Termintreue,

Abarbeiten von mehr Aufträgen je Zeiteinheit und frühere Markteinführung eines Produktes. Die wirtschaftliche Nutzung wurde noch erheblich verbessert durch die Datenübergabe und Weiterverarbeitung von Zeichnungs- oder Konstruktionsdaten für die Fertigungsplanung zwischen unterschiedlichen Systemen [10]. Interessant ist die Integration der rechnergestützten Konstruktion und rechnergestützten NC-Programmierung (CAP). Für diese Integration gibt es unterschiedliche technische Lösungsalternativen. Ziel ist es, die im Konstruktionsprozeß erzeugten NC-relevanten Geometriedaten für die NC-Programmierung zu nutzen und ein fertiges NC-Steuerprogramm für die Werkzeugmaschine zu generieren [11, 12]. Durch diese Integration läßt sich eine Verkürzung der Durchlaufzeiten von Aufträgen, eine Beschleunigung der NC-Programmerstellung bei gleichzeitig höherer NC-Programmqualität erzielen.

Der verstärkte Rechnereinsatz zur Lösung verschiedenster Aufgaben hat zu Inseln der Rationalisierung geführt, die nicht ohne weiteres miteinander kommunizieren und Daten austauschen können. Die Verknüpfung zu einem System rechnerintegrierter Fertigung ist Gegenstand aktueller Rationalisierungsmaßnahmen und Entwicklungsaktivitäten von Rechnerherstellern, Werkzeugmaschinen- und Steuerungsherstellern. Die vollständige Verknüpfung der in einem Unternehmen fließenden Informationsströme über Rechner und geeignete Netzwerke wird in CIM-Konzepten angestrebt und realisiert [2].

12.3 Auswirkungen und Problembereiche

Haben sich zurückliegende Automatisierungen und der Rechnereinsatz gezielt auf einzelne Betriebsbereiche konzentriert, so richten sich die derzeitigen Anstrengungen auf die Vernetzung der verschiedenen Teilbereiche. Mithin sind die von den Auswirkungen betroffenen Mitarbeiter nicht in abgegrenzten Bereichen zu suchen. Die Einführung von CIM ist daher eine interdisziplinäre Aufgabe und erfordert entscheidende Veränderungen im organisatorischen System. Veränderungen in den Abläufen, in der Technik und in den Systemen sind erforderlich.

CIM umfaßt sowohl den technischen als auch den administrativen Informationsfluß. Rechnerunterstützte Konstruktion, Planung, Steuerung, Fertigung und Qualitätssicherung werden in einem durchgängigen Informationsstrom eingebunden. Mit Informationen arbeitende betriebliche Prozesse werden transparent, Informationslaufzeiten verkürzt und ein besseres Zusammenwirken bisher getrennter Abteilungen erreicht. Die Einführung von CIM macht, abgesehen von den zu lösenden technischen Problemen mit der Kompatibilität von Schnittstellen und Systemen, neue Arbeitsstrukturen und Organisationsformen notwendig, neue Arbeitsinhalte und Qualifikationsanforderungen entstehen.

Die technischen Lösungsmöglichkeiten werden weiterentwickelt und in Labors und Pilotanwendungen erprobt. Die Erarbeitung von tragfähigen Integrationskonzepten kann nur auf der Basis eines genauen Wissens über das Produktionsgeschehen und die organisatorischen Betriebsabläufe erfolgen. Industrieunternehmen bieten keinesfalls automatisch die Voraussetzungen, um CIM-Konzepte einführen zu können. Durch funktionsbezogene EDV-Systeme wurden die Bereiche in ihrem Eigenleben unterstützt. Die informationstechnische Vernetzung fordert jedoch eine stärkere Ver-

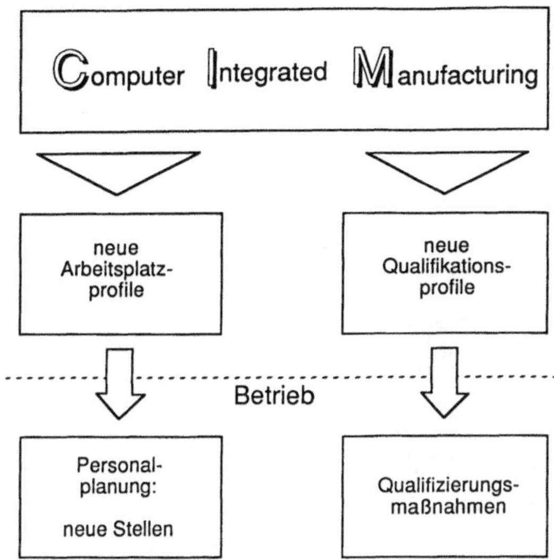

Bild 12.2. Personelle Auswirkungen im Betrieb bei CIM-Einführung

schmelzung und führt damit zu neuen Arbeitsplatzprofilen, die auch in der betrieblichen Personalplanung bisher nicht vorgesehen sind. Neue Stellen müssen hierfür geschaffen, Aufgaben- und Qualifikationsprofile ermittelt und entsprechende Qualifizierungsmaßnahmen geplant und eingeleitet werden (Bild 12.2).

Das Problem der Gestaltung einer CIM-Lösung stellt sich für den potentiellen Anwender immer wieder neu. Aufgezeigte Realisierungen, wie sie beispielhaft von Hard- und Softwareanbietern für Messen und Ausstellungen durchgeführt oder vereinzelt schon beim Hersteller selbst oder bei Kunden im Einsatz sind, können nur Hinweise und Ansätze für neue Anwendungen liefern. Die Gestaltung CIM-orientierter Arbeitsabläufe führt in Büro und Fabrik zur Verschmelzung von Funktionen und Rücknahme der Arbeitsteilung. Damit fordert CIM für den jeweiligen Betrieb eine Neuordnung der bestehenden Organisation. Die Umstellung der Betriebe kann nicht von heute auf morgen erfolgen. Gewachsene Strukturen und der hohe Investitionsbedarf erfordern eine schrittweise Planung hin zu CIM-Strukturen und der Vernetzung.

Die Nutzung verfügbarer Daten zur Optimierung von Arbeitsergebnissen reduziert Abstimmungs- und Entscheidungsprozesse. Hierbei wird allerdings die Datenhaltung in verteilten oder zentralen Datenspeichern einschließlich des Zugriffsproblems eine wichtige Aufgabe. In einem vernetzten System ist die Bereitstellung von Daten und Rechnerhilfsmitteln nicht mehr an Funktionsbereiche und die dort vorhandenen Rechnersysteme gebunden. Daher ist ein wesentliches Element in CIM-Strukturen das Prinzip der dezentralen Informationsverarbeitung. Die prozeßnahe Verfügbarkeit von Dispositionsinstrumenten wird Realität und erschließt neue Gestaltungsmöglichkeiten und Arbeitsteilungen mit der Chance der dezentralen prozeßnahen Kompetenz.

Kurze Reaktionszeiten und kurze Auftragsdurchlaufzeiten waren bislang die entscheidenden Vorteile von Klein- und Mittelbetrieben, weshalb diese als Zulieferer im Rahmen der Auftragsfertigung für Großbetriebe interessant waren. Diese Vorteile gehen durch die verstärkte Automatisierung und höhere Flexibilität durch CIM beim

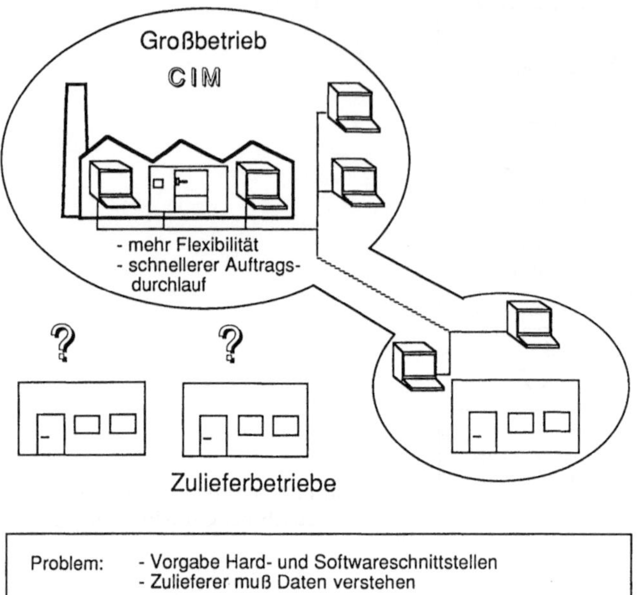

Bild 12.3. Auswirkung von CIM im Großbetrieb auf Zuliefererbetriebe

Auftraggeber mehr und mehr verloren. Um konkurrenzfähig zu sein, ist der Zulieferbetrieb seinerseits gezwungen, erhebliche Investitionen und Rationalisierungsmaßnahmen zu tätigen. So werden Zulieferer im Sinne einer Out-house-Lösung in CIM-Konzepte von Großfirmen eingebunden. Damit besteht die Forderung nach durchgängigem Informationsfluß durch Vernetzung nicht nur innerhalb der Fabrik, sondern über die Betriebsgrenzen hinweg (Bild 12.3).

Die Einbindung der Zulieferer in den Informationsfluß wirkt stark in deren interne Struktur und beeinflußt deren Auswahl von Systemen und Komponenten, um die Kompatibilität und Austauschbarkeit der Daten zu gewährleisten. So ist beispielsweise die fünfachsige Fräsbearbeitung bisher meist Großbetrieben vorbehalten, da diese über erforderliche CAD-Systeme und NC-Programmiersysteme verfügen, die oft speziell auf ihren Betrieb zugeschnitten sind. Hier müssen für Klein- und Mittelbetriebe Lösungen gefunden werden, die einen kostengünstigen Einstieg in das fünfachsige Fräsen ermöglichen. Offene CIM-Strukturen sind erste Ansätze zur Übertragbarkeit von Pilotsystemen auf Anwenderbetriebe und die Integration unterschiedlicher CIM-Komponenten verschiedener Hersteller. Sie erlauben gleichzeitig eine schrittweise Einführung und Umstellung im Betrieb.

12.3.1 Rechnerintegrierte Fertigung bei Klein- und Mittelbetrieben

Bei der Entwicklung der Arbeitsproduktivität (gemessen am Umsatz je Beschäftigten) liegen die Großunternehmen bei weitem über den Kleinbetrieben. Dies weist auf einen Nachholbedarf an angepaßten technisch-organisatorischen Rationalisierungsmaßnahmen gerade für diese Betriebsgrößen hin. Die Einführung der integrierten Fertigung in Klein- und Mittelbetrieben erfordert jedoch eine umsichtige Berücksichtigung bestehender betriebsspezifischer Strukturen. CIM-Standardlösungen sind für solche Betriebe finanziell nicht tragbar und berücksichtigen nicht die spezifischen Voraussetzungen und Strukturen.

Kleinere Betriebe haben keine ausgeprägt hierarchischen Strukturen und oft eine geringe Arbeitsteilung. Viele Aufgaben werden direkt auf Werkstattebene abgehandelt; typischerweise sind Arbeitsvorbereitungsabteilungen nur ansatzweise vorhanden. Hieraus ergibt sich eine hohe Selbständigkeit der Arbeiter, die die gesamte technisch-fachliche Abwicklung von Arbeitsaufträgen übernehmen. Es versteht sich von selbst, daß in derartigen Betrieben eine hohe Kompetenz des Werkstattpersonals durch Eigenverantwortung bei sehr großer Eigeninitiative und persönlichem Engagement festgestellt werden kann. Dies hat sich beispielsweise bei einem Vergleich der Verfügbarkeit und dem Nutzungspotential von hochautomatisierten Fertigungsanlagen gezeigt, den ein Hersteller solcher Anlagen durchgeführt hat. Die Verfügbarkeit war bei Klein- und Mittelbetrieben wesentlich höher, die Anlage erforderte einen viel geringeren Service- und Betreuungsaufwand.

Klein- und Mittelbetriebe nutzen bei komplexen Fertigungszellen mit integrierter Auftragsverwaltung verstärkt die Dispositionsspielräume, während z. B. bei der Großserienfertigung in der Automobilindustrie ein fester Auftragsvorrat mit von der Fertigungssteuerung vorgegebener Auftragsfolge und Terminplanung bearbeitet wird. Der Betrieb bestimmt die Nutzungsstruktur des Systems, diese ist nicht vom System vorgeprägt.

Der allgemeine Trend im Maschinenbau zu leistungsfähigen Maschinen mit hoher Bearbeitungsvielfalt und Funktionsumfang bringt komplexe Fertigungsanlagen, die eine angepaßte Rechnertechnologie bedingen. Wenn auch der Bearbeitungsprozeß und die einzelne Funktion überschaubar und erfaßbar bleibt, so bringt die Vielfalt und die Zusammenfassung aller Funktionen und Aufgaben auf einer Maschine erhöhte Anforderungen. So bieten moderne Drehzellen Doppelschlittenbearbeitung, Komplettbearbeitung durch Rückseitenbearbeitung und die Möglichkeit der Fräsbearbeitung durch angetriebene Werkzeuge [13]. Handhabungssysteme ermöglichen Werkzeug-, Werkstück- und Spannmittelversorgung. Dadurch wird die Aufgabe sehr komplex und beinhaltet viele Aspekte. Die Vorbereitung und Planung muß sehr sorgfältig durchgeführt werden. Die Hinzunahme neuer Aufgabenbereiche kann nur mit erheblicher Rechnerunterstützung einhergehen und bewältigt werden.

Kleinere Betriebe weisen sehr flexible Strukturen auf, weshalb es ihnen möglich ist, angepaßt auf Markterfordernisse zu reagieren. Vor dem Hintergrund der verschärften Wettbewerbssituation ergibt sich auch für Kleinbetriebe der Zwang zur flexiblen Auftragsabwicklung und Gestaltung höherwertiger Produkte. Da diese Betriebe in der Regel keine EDV-Abteilung und entsprechende Einrichtungen vorweisen, bieten kleine dezentrale Rechnersysteme mit zugeschnittener Anwendersoftware einen kostengünstigen und wirtschaftlichen Einstieg in die rechnerunterstützte Konstruktion und Auftragsabwicklung. Die Struktur dieser Betriebe ist offen für die dezentrale Rechnernutzung und verteilte Kompetenz. Die Fülle der in diesem Bereich angebotenen Softwarelösungen und Teilkomponenten wirft verstärkt Fragen der Anpaßbarkeit und Kompatibilität auf. Die einfache Anpaßbarkeit der Rechnersysteme durch Konfigurierbarkeit und die Möglichkeit der Projektierung für den jeweiligen

Anwendungsfall durch den Anwender muß bei zukünftigen Entwicklungen verstärkt gefordert und berücksichtigt werden. Geeignete Softwarekonzepte und Projektiersprachen müssen entwickelt werden. Aus den modellhaft aufgezeigten CIM-Architekturen lassen sich noch keine geeigneten Werkstattkonzepte ableiten, die die bewußte Einbeziehung des vorhandenen hochqualifizierten Werkstattpersonals im Planungs- und Entscheidungsprozeß vor Ort vorsehen.

12.3.2 Akzeptanz und Qualifikationsanforderungen

Für die Akzeptanz von CIM-Werkzeugen und CIM-Organisationssystemen sind drei Wirkfaktoren zu beachten [14]:
– die Technik (die eigentlichen CIM-Werkzeuge und -Mittel),
– die Arbeitsorganisation (als entfaltungs- und verhaltensbestimmendes Umfeld),
– der Benutzer (als Funktionsträger, Problemlöser und Betroffener).

Dies darf jedoch keineswegs so verstanden werden, daß zunächst gewisse Systeme im Rahmen eines CIM-Konzeptes ausgewählt werden, wonach nachträglich Organisationsstrukturen angepaßt und Mitarbeiter „eingewiesen" werden. Erforderlich ist ein kooperativer Planungsprozeß *vor* der Einführung der CIM-Werkzeuge. Nur durch Einbeziehung der Mitarbeiter kann die Voraussetzung für die Akzeptanz und damit die wirtschaftliche Nutzung und die gewünschte Produktivität erreicht werden.

Die Beteiligung der Fachbereichsmitarbeiter an den jeweiligen Aufgabenstellungen muß gewährleisten, daß Kenntnisse aus deren Erfahrungsumfeld mit einfließen können und neue Strukturen und Organisationsformen praxisorientiert gestaltet werden. Gleichzeitig wird dadurch ein Verständnis für das Gesamtkonzept gefördert und die Einführungsphase unterstützt. Es werden keine neuen Einzelspezialisten gefordert, der Teamgedanke tritt mehr und mehr in den Vordergrund.

So kann die Rückverlagerung von Funktionen und Aufgaben aus den traditionellen Planungsbereichen in den Werkstattbereich bei fehlender Vorbereitung und Einführung Abgrenzungs- und Kompetenzprobleme zwischen Mitarbeitern der betroffenen Bereiche erzeugen. Beispielsweise wurde in einem Unternehmen bei der Einführung eines integrierten Werkstattsteuerungssystems erheblicher Widerstand von seiten der Fertigungsplanung geleistet. Mit dieser Positionssicherung ist sicherlich immer dann zu rechnen, wenn dezentrale Informationsregelkreise die Möglichkeit prozeßnaher Dispositionsaufgaben vorsehen.

Inzwischen ist in den Betrieben eine Reihe von Defiziten bei der Qualifizierung der Mitarbeiter in der Werkstatt an den Tag getreten, an deren Beseitigung sowohl Maschinenhersteller wie Benutzer ein gleichermaßen großes Interesse hätten. Sie betreffen im wesentlichen unausgereifte und mangelhafte Teachware und Trainingsmethoden und eine sehr unzureichende Dokumentation neuer Systeme. Besonders Großbetriebe, die einen oftmaligen Bedienerwechsel kennen, sehen sich vor die Aufgabe gestellt, zeit- und kostenintensives Neutraining in regelmäßigen Abständen wiederholen zu müssen. Aber auch in Klein- und Mittelbetrieben ist die Verfügbarkeit neuer Anlagen aufgrund mangelhafter Instruktionen nicht optimal. Von Herstellerseite muß aus den gleichen Gründen ein viel zu großer Aufwand an Service und Betreuung geleistet werden.

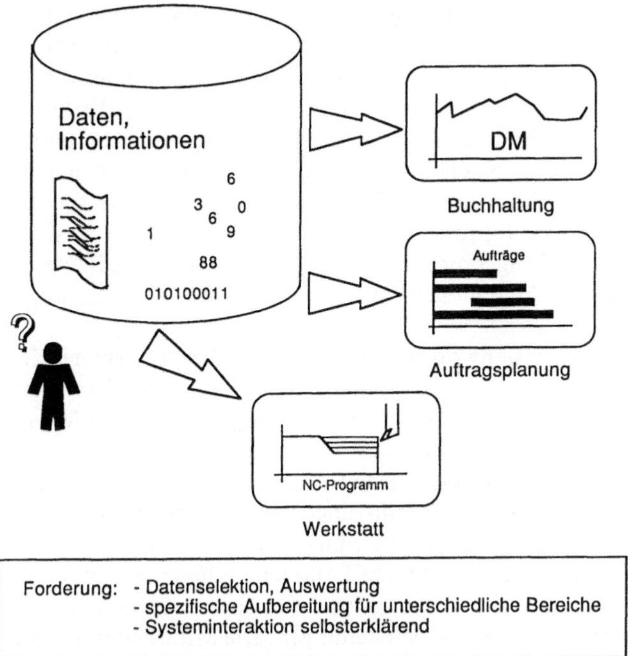

Bild 12.4. Benutzgergerechte Aufbereitung von Daten statt Informationsvielfalt

Der Einsatz der Rechnertechnik und die Vernetzung bieten vielfältige Möglichkeiten an Funktionen und den Zugriff auf Datenmengen. Hier müssen die Fragen geklärt werden, welche Informationsmengen welchen Mitarbeitern wie dargeboten werden können. Nicht Daten- und Informationsvielfalt ist gefragt, sondern Reduzieren auf die wesentlichen, aussagekräftigen Daten, die für die jeweilige Aufgabe relevant sind, und deren benutzergerechte Aufbereitung und Darstellung (Bild 12.4). Trotz Schulung für die Systeme tritt bei nicht ständiger Nutzung ein starker Übungsverlust auf, der nicht zu Schwierigkeiten mit dem System führen darf. Selbsterklärung und unterstütztes Wiedereinarbeiten durch integrierte Teachware können hier zur Verbesserung der Akzeptanz beitragen.

Die Arbeit mit rechnergestützten Systemen und deren Vernetzung führt zwangsläufig dahin, daß nicht mehr funktionsorientiert, sondern produktorientiert gearbeitet werden muß. Jede Betriebsabteilung, sei es nun die Planung, die Konstruktion, die Arbeitsvorbereitung oder die Fertigung, muß den weiteren Durchlauf eines Produktes so effektiv wie möglich mitplanen und -gestalten. Dies hat aber auch zur Folge, daß bestimmte Teilaufgaben wegfallen oder umverteilt werden. Bisherige Untersuchungen im CAD/NC-Bereich zeigen, daß dabei arbeitsorganisatorische Lösungen auch in der Praxis nicht durch bestimmte technische Voraussetzungen determiniert sind. Die meisten Betriebe geben zwar der Lösung den Vorzug, alle anfallenden Tätigkeiten dem AV-Programmierer zu übertragen, nicht wenige jedoch verlagern diese Aufgaben teilweise oder ganz in die Abteilung Konstruktion oder auch in den Fertigungsbereich selber.

Aber einmal getroffene Entscheidungen bezüglich der Arbeitsteilung sind keineswegs definitiv. Die technischen Möglichkeiten zur Neubestimmung der Aufgaben in Teilbereichen sind weiter ausgereift als die betriebsorganisatorischen Umänderungen. Die Tätigkeit mit Hilfe von rechnergestützten Systemen bringt z. B., was die Werkstatt anbelangt, eine Verlagerung vom mehr handwerklich geforderten zum planend geforderten Mitarbeiter mit guten handwerklichen Grundfertigkeiten. Dazu ist jedoch neben der notwendigen ersten Qualifizierung an den Maschinen selber eine gewisse Zeit erforderlich, damit aufgrund von Routine und Vertrautheit eine weitere Ausnutzung der prinzipiell vorhandenen Angebote erschlossen werden kann [15]. Auch Kompetenzprobleme zwischen den Abteilungen sind schwerwiegende Verzögerungsfaktoren.

Aus- und Weiterbildung hatten bislang vorwiegend die Aufgabe, Mitarbeiter der jeweiligen Abteilungen mit den im jeweiligen Arbeitsbereich eingesetzten Systemen vertraut zu machen. Es fehlt jedoch bislang das Ausbildungsangebot, das den Mitarbeiter dazu befähigt, den Rechner am Arbeitsplatz so einzusetzen, daß Entscheidungsvarianten bezüglich Arbeitsplanung und Arbeitsablauf sichtbar gemacht und genutzt werden können. Der Rechnerverbund kann eine wesentlich höhere Flexibilität und kürzere Produktdurchlaufzeit erzielen, allerdings nur unter der Voraussetzung, daß die Mitarbeiter über entsprechende Qualifikationen verfügen. Gruppenbezogene Arbeitsstrukturierungen, die in Fertigungsinseln realisiert wurden, zeigen erhebliche Vorteile gegenüber traditionellen Arbeitsteilungen. Die Mitarbeiter müssen dafür jedoch mehrere Funktionen erfüllen und an unterschiedlichen Arbeitsplätzen tätig sein können. Kooperationsfähigkeit und bereichsübergreifendes Wissen sind Voraussetzung, um die in diesen fließenden Strukturen angelegten Konflikte und Kompetenzungereimtheiten zu überbrücken.

Durch die kurzen Innovationszeiten zeigt sich oft das Problem, daß bei der Einführung neuer Systeme die Fragen der Qualifizierung noch völlig ungeklärt sind. Welche Inhalte wie weitergegeben werden müssen, wird oft erst nach der Installation erster Systeme erkannt. Die Entwickler beschränken sich auf das technische Konzept und die Funktionalität und machen sich zu wenig Gedanken über den Einsatz und die Anforderungen an zukünftige Anwender.

12.3.3 Investitionsplanung und Wirtschaftlichkeitsberechnung

Ein erhebliches Problem bei der Einführung rechnerunterstützter Systeme stellen die Investitionskosten bei gleichzeitig erschwertem Wirtschaftlichkeitsnachweis dar. Der Kapitalbedarf für Investitionen steigt enorm an und erhöht somit die fixen Kosten. Ausgaben für Teilsysteme ziehen wegen der notwendigen Einbettung in Betriebsorganisation und Mitarbeiterqualifizierung erhebliche Folgekosten nach sich. In gleichem Maße gilt dies für die nachfolgende Integration und Vernetzung der Systeme. Geht man nun an die Bewertungsfragen nach den klassischen Grundsätzen heran, besteht die Gefahr einer Fehleinschätzung. Verfahren und Methoden der Investitionsrechnung für Einzelobjekte (z. B. Barwert- oder Kapitalwertmethoden) sind nicht anwendbar.

Meßreihen der Vergangenheit, aufgrund derer die Entwicklung des Unternehmens nach der Investition mit der Entwicklung vor der Investition hätte verglichen werden können, sind nicht vorhanden. So liegen Vorteile einer Produktion in einem vollständig integrierten Gesamtsystem zwar auf der Hand, sind aber schwer quantifizierbar. Oftmals ist die nachgewiesene Wirtschaftlichkeit nicht direkt den neuen Systemen zuzuordnen, sondern ergibt sich aus dem Zwang zur Systematisierung im Betrieb, die mit der Einführung und dem Einsatz erforderlich ist. Dennoch ist auch diese Systematisierung der betroffenen Bereiche, des Umfeldes, der Betriebsmittel, oft gar des Produktspektrums durchaus als Chance zu nutzen im Sinne einer besseren Wirtschaftlichkeit und Wettbewerbsfähigkeit.

Ging es bei früheren Rationalisierungen im wesentlichen um eine Senkung der Stückzeit und damit um eine meßbare Minderung der Herstellungskosten, so führt die rechnerintegrierte Produktion zu weit mehr Veränderungen, die nicht alle unmittelbar zahlenmäßig zu erfassen sind. Den höheren Investitionskosten stehen eine Steigerung der Produktivität, eine spürbare Verbesserung der Qualität, eine Erhöhung der Umstellfähigkeit, eine Reduzierung des in Materialien, in Halbfertig- und Fertigprodukten gebundenen Kapitals, eine Minderung von Ausschuß und Nacharbeit sowie eine schnellere Reaktionsmöglichkeit gegenüber.

Lieferservice, Lieferbereitschaft, Flexibilität und Qualität sind aber Nicht-Preis-Instrumente, die die Position eines Unternehmens auf dem Wettbewerbsmarkt in immer größerem Maße bestimmen. Wer nicht über diese Instrumente verfügt, verliert Marktanteile.

Wirtschaftlichkeitsnachweise konnten bisher nur für Teilbereiche erbracht werden. Angesichts der Komplexität von Entscheidungen im Zusammenhang mit CIM wird auch die Entscheidungsfindung komplexer. Dabei müssen Investitionsdispositionen vorläufig noch mit Überlegungen hinterfragt werden, die nicht auf kurzfristige Einsparungen abzielen, sondern die wettbewerbsbestimmenden Zielsetzungen des Unternehmens berücksichtigen.

12.4 Handlungsbedarf, Maßnahmenkatalog

Die aufgezeigten Probleme mit der Einführung der rechnerintegrierten Fertigung und die Vernetzung zu durchgängigem Informationsfluß verlangen aufgrund der bereits entstandenen Defizite Maßnahmen, die auf unterschiedlichen Ebenen zu leisten sind (Bild 12.5). Hier ist auf seiten der Betriebe ein erhöhter Beratungsbedarf bei schwierigen Einführungs- und Umstellungsphasen. Gegenwärtig besteht die Chance, den technischen, wirtschaftlichen und sozialen Innovationsprozeß für diese neuen Technologien zu unterstützten und mitzugestalten.

Neben der Technikgestaltung und dem Aufzeigen und Entwickeln menschengerechter Organisationsformen und Arbeitsstrukturen muß der Qualifikation als Schlüsselfrage bei der Anwendung neuer Techniken und verstärktem Rechnereinsatz große Bedeutung zugemessen werden. Außer der menschengerechten Gestaltung von Arbeitsbedingungen und Systemen müssen die betroffenen Mitarbeiter rechtzeitig und umfassend für neue Aufgaben qualifiziert werden. Die Qualifizierung ist Voraussetzung für den wirtschaftlichen Einsatz und Nutzung moderner Fertigungsanlagen und Kommunikationstechniken, was wiederum Grundlage und Argument für den Erhalt qualifizierter Fachkräfte in allen Ebenen darstellt. Betroffen vom Einsatz der

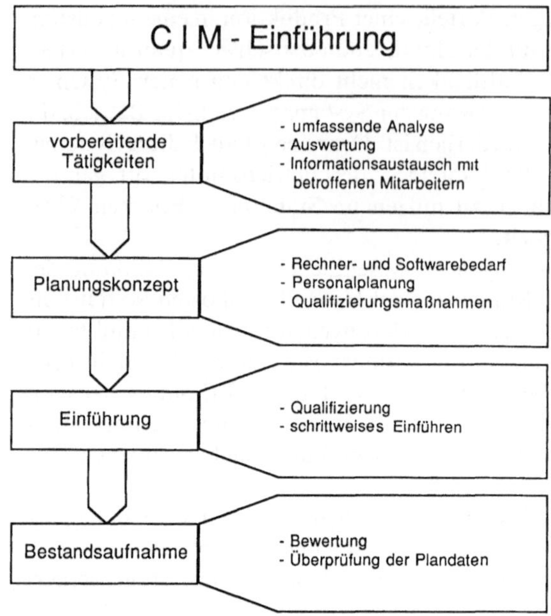

Bild 12.5. Phasen bei CIM-Einführung im Betrieb

neuen Technik sind sowohl der indirekte Produktionsbereich als auch das Personal direkt am Prozeß.

Die geforderten Maßnahmen sind folgenden Bereichen zuzuordnen:
– Arbeitsstrukturen und Organisationsformen,
– Technikgestaltung,
– Qualifizierung.

Die einzelnen Punkte dürfen dabei nicht getrennt betrachtet werden, vielmehr gibt es vielschichtige Wechselwirkungen und Abhängigkeiten. Um den Aufgaben gerecht zu werden und Beratung und Unterstützung im Sinne einer menschengerechten Gestaltung zu leisten, müssen exemplarische CIM-Lösungen unter besonderer Berücksichtigung geeigneter Werkstattkonzepte entwickelt werden. Hieraus lassen sich Anforderungen an zukünftige Systeme und CIM-Komponenten sowie deren Gestaltung ableiten. Für die Qualifizierung müssen geeignete Methoden und Konzepte erarbeitet werden, die sowohl die aktuellen Anforderungen als auch zukünftige Entwicklungen berücksichtigen. Da in diesen Bereichen vielfach offene Fragen aufgeworfen werden und Lösungen und Konzepte fehlen, ergibt sich in den einzelnen Feldern ein erheblicher Forschungs- und Entwicklungsbedarf. Im folgenden werden Anregungen und Ansätze gezeigt, welche Problemfelder im Sinne eines Beitrags zur Humanisierung der Arbeit zu betrachten sind.

12.4.1 Technikgestaltung

Um den Computer und die Software als Werkzeug produktiv zu nutzen, muß eine menschengerechte Gestaltung der Benutzeroberfläche gewährleistet sein. Dabei sollen

Abläufe und Reaktionen dem Bediener transparent gemacht werden. Es besteht das Problem, daß z. B. der Werker den Prozeß beherrscht, aber bessere, leichter zugängliche Informationen braucht. Durch die Vernetzung und den möglichen Zugriff auf vorhandene Datenbanken ist im Unternehmen ein großes Informationsangebot verfügbar. Die Informationsbeschaffung muß aber verallgemeinert werden, darf nicht nur Spezialisten möglich sein. Die Präsentation der Informationen muß geeignet aufbereitet und dem Wissen des Benutzers angepaßt werden. Kleinere Informationsmengen müssen problemorientiert dargeboten werden.

Die Entwicklung und der Einsatz dezentraler Systeme ist zu unterstützten und zu fördern. Diese bieten erhebliche Gestaltungssspielräume und sorgen für Kompetenzerhaltung. Anlagen und Systeme müssen so konzipiert sein, daß die Nutzungsstruktur nicht durch das System selbst bestimmt ist, sondern ein breiter Gestaltungsspielraum geboten wird, innerhalb dessen Grenzen betriebsspezifische Organisationsformen und Arbeitsstrukturen möglich sind. So kann bei komplexen Fertigungssystemen durch Verbesserung und Integration von

- Dispositionshilfen,
- Auftragssimulation,
- NC-Simulation

bei integrierter Auftragsverwaltung die Ausführung planender und steuernder Tätigkeiten von einer Arbeitsgruppe vor Ort und prozeßnah übernommen werden.
- Für den Einsatz in Klein- und Mittelbetrieben müssen CIM-Konzepte und Komponenten entwickelt werden, die sich den Erfordernissen anpassen lassen. Um die Investitionskosten gering zu halten, sind hier Systeme gefordert, die auf verteilten und vernetzten Arbeitsplatzrechnern basieren, also die Abkehr von der Installation großer Datenverarbeitungsanlagen, die eine Betreuung durch Spezialisten erfordern.
Wichtig für den prozeßnahen Einsatz ist die Forderung nach Dialogfähigkeit der Systeme. Erst dadurch werden neue Formen der Interaktion zwischen Mensch und Maschine möglich. Das System wird als Hilfsmittel, als Werkzeug gebraucht und muß sehr schnell Ergebnisse liefern. Lange Wartezeiten bis zum völligen Programmdurchlauf, z. B. bei Planungssystemen für den indirekten Produktionsbereich, sind aufgrund des nicht gegebenen Verlaufs am Prozeß auf Werkstattebene nicht tragbar.
- Zukünftig sollte die Mensch-Maschine-Schnittstelle flexible Dialoggestaltung bieten und damit anpassungsfähig an verschiedene Erfahrungsstufen der Anwender sein. Eine integrierte Teachware muß dem Benutzer die Gelegenheit bieten, sich auch nach längerer Pause wieder schnell in das System einzuarbeiten oder spezielle Nutzungsprobleme zu vertiefen. Gute Erklärungskomponenten mit Grafikunterstützung müssen verstärkt von Systemen angeboten werden. Die Anpassung komplexer Systeme mit einer großen Funktionsvielfalt an den jeweiligen Anwendungsfall muß durch Konfigurierbarkeit und Projektierbarkeit der Systeme und ihrer Software gewährleistet werden.
- Die Vernetzung unterschiedlicher Rechnersysteme und Anlagen in CIM-Konzepten bietet Möglichkeiten, die bisher sehr einseitig genutzt werden. So ist in Kommunikationsnetzen keine Vorzugsrichtung des Daten- und Informationsflusses vorgegeben. Vielmehr ist der Informationsaustausch zwischen den Partnern im Kommuni-

kationsnetz möglich. Betrachtet man Konzepte der rechnerintegrierten Fertigung, so ist typischerweise ein großer Datenfluß „von oben nach unten" vom Bereich der Arbeitsvorbereitung in die Werkstatt vorgesehen. Die Gegenrichtung wird im wesentlichen zur Quittierung von Aufträgen und Überwachungsfunktionen genutzt. Hier müssen noch Systeme und Komponenten entwickelt werden, die den selbstgesteuerten Zugriff auf Daten auch aus der Werkstatt erlauben.

– Durch eine informationstechnische Verknüpfung sind kooperierende Arbeitsformen zwischen den einzelnen Bereichen denkbar. In einem weiteren Schritt sind außer den Daten auch Werkzeuge und Methoden nicht nur lokal auf einzelnen Rechnern bereitzustellen, sondern von allen Arbeitssituationen im Netz abrufbar. Die Beteiligung an der Gestaltung von Produkten und Fertigungsabläufen bringt eine Ausnutzung vorhandener Qualifikationen und Fachkompetenz. Durch geeignete technische Systeme müssen Wege und Möglichkeiten aufgezeigt werden, wie in CIM-Konzepten auch zukünftig die Werkstatt beteiligt werden kann. Die Chancen der Einbindung der Werkstattprogrammierung in CIM-Strukturen sind noch nicht aufgezeigt und ausgeschöpft.

– Es sind noch erhebliche Untersuchungen und Anstrengungen erforderlich, um zu tragbaren Konzepten und Lösungen zu kommen. Außer dem Problem der Verarbeitung, Verwaltung und Präsentation von großen Datenmengen sind geeignete Schnittstellen zwischen Systemen im technischen Bereich und von der Aufgabenteilung zu analysieren und zu entwickeln. Die Einbeziehung der Werkstatt in Planung, Steuerung und Programmierung kann das gesamte Umfeld der Arbeit auf Werkstattebene berücksichtigen und besser gestalten. Schnittstellen zwischen Arbeitsvorbereitung und Werkstatt und Kommunikationsformen zum Daten- und Informationsaustausch müssen entwickelt werden. Durch exemplarische Realisierung derartiger Kooperationsmodelle müssen Anforderungen an technische Systeme, Arbeitsstrukturen und Qualifizierungsmodelle abgeleitet werden. Die Wirksamkeit, Grenzen und Möglichkeiten im betrieblichen Einsatz sind zu untersuchen.

12.4.2 Qualifizierungsbedarf

Die großen Innovationen bedingen einen beständigen Bedarf an Anpassung des Wissensstandes der Betroffenen, die mit neuen Systemen arbeiten und neue, qualitativ andere Tätigkeiten wahrnehmen. Mehrfache Weiterbildung während eines Berufslebens wird erforderlich. Dies muß durch ein verstärktes Weiterbildungsangebot aufgefangen werden. Unternehmen müssen begreifen, daß Aus- und Weiterbildungsmaßnahmen Investitionen sind, die bei der Planung und Anschaffung neuer Systeme und Umgestaltung von Arbeitsstrukturen mitgeplant und in der Kalkulation mit berücksichtigt werden müssen.

Die Vernetzung bei der rechnerintegrierten Fertigung wirkt in alle Betriebsbereiche. Es ist daher offensichtlich, daß sich keine speziellen Zielgruppen benennen lassen, betroffen sind alle. Als Konsequenz hieraus ergibt sich die Forderung nach angepaßten Qualifizierungsmaßnahmen sowohl für das Personal direkt am Prozeß, für welches sich eine stärkere Durchmischung von körperlicher und geistiger Arbeit ergibt, als auch für den indirekten Produktionsbereich und den gesamten administrativen Bereich. Mit einzubeziehen sind dabei unbedingt das Top-Management, das die

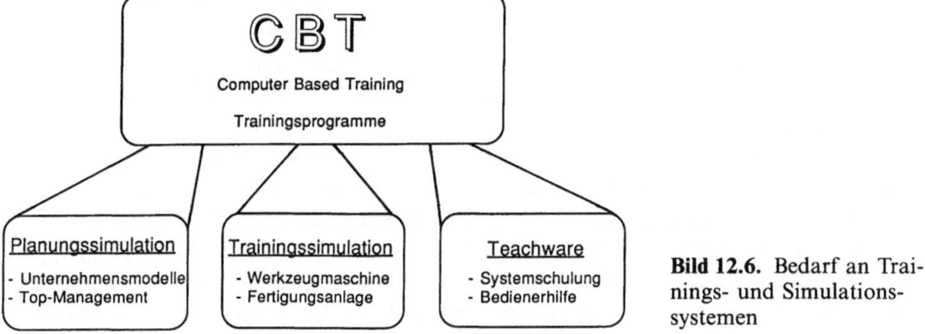

Bild 12.6. Bedarf an Trainings- und Simulationssystemen

Entscheidungen für zukünftige Investitionen und Umstrukturierungen fällt und über Möglichkeiten der Nutzung von Systemen und deren Gestaltungsspielräume insbesondere im Hinblick auf Arbeitsstrukturen und Organisationsformen informiert sein muß.

Um den gesamten Bereich der notwendigen Qualifizierungsmaßnahmen abzudekken, wird ein Vier-Stufen-Ausbildungskonzept vorgeschlagen:
– Entscheidungsträgerschulung,
– technische Fachausbildung,
– Projektmanagementausbildung,
– Innovationsschulung.

Für diese Schulung müssen geeignete Ausbildungskonzepte erarbeitet werden. Um den Umgang mit Rechnern und Systemen zu erleichtern und Hemmschwellen abzubauen, müssen verstärkt Rechnersysteme in die Ausbildung integriert werden. Besondere Bedeutung kommt dabei den Trainingsprogrammen, der Teachware zu (Bild 12.6). Durch Computer Based Training (CBT) können Abläufe am Rechner verdeutlicht, simuliert werden, die ansonsten einem Kennenlernen nur schwer zugänglich sind.
– Das Training für die Maschinen- und Anlagenbedienung an einem Trainingssimulator muß möglich sein. Komplexe Anlagen verbieten das Ausprobieren von Handlungsfolgen, wie sie im Rahmen von Umrüstung oder im Falle auftretender Probleme erforderlich sind. Dabei muß das System Hilfestellungen und Informationen über mögliche Bedienfolgen liefern. Diese Technik wird dort, wo es auf Sicherheit ankommt, bereits angewandt (Beispiel Flugsimulator). Dieses Training ist auch als Auffrischung für das Anlagenpersonal interessant und wichtig und ermöglicht ein besseres Kennenlernen. Bisher hat der Facharbeiter an der Maschine nicht die Gelegenheit oder den Spielraum, sich Neues zu überlegen und losgelöst von der Aufgabe mit dem System zu beschäftigen.
– Zukünftig müssen die Entwickler und Hersteller komplexer Systeme mit der Anlage selbst entsprechende portable Teachware und Trainingsumgebung konzipieren und dem Anwender übergeben. Hier ist jedoch von seiten der Maschinenhersteller noch erhebliche Entwicklungsarbeit zu leisten. So war bisher schon das Erstellen von Bedienungsanleitung und Ausbildungsunterlagen als notwendiges Übel erst im Anschluß an die Systementwicklung selbst vorgenommen worden.

– Die Schulung des Top-Managements muß mit Planspielen am Rechner auf Basis von Unternehmensmodellen horizontale und vertikale Arbeitsstrukturen und ihre Auswirkungen erfahrbar und begreifbar machen, um so eine größere Bereitschaft für Umstrukturierungen zu fördern. Durch dynamisches Modellieren und Transparentmachen können in Simulationsmodellen Szenarien der Unternehmensentwicklung durchgespielt werden. Entscheidende Voraussetzung für solche Simulationssysteme sind auf dem Rechner abbildbare Unternehmensmodelle. Solche Unternehmensmodelle müssen hierfür jedoch erst noch entwickelt werden.

– Die Projektmanagementausbildung muß sich in interdisziplinären Arbeitsgruppen dem Problem der Kommunikation zwischen Entwicklern und Anwendern annehmen. Das Wissen des Entwicklers um die Probleme des Anwenders beim Umgang mit Systemen ist eine wesentliche Voraussetzung für die Schaffung benutzergerechter Bedienoberflächen und handlungsorientierte Bedienfolgen. Großes Hemmnis ist dabei der Sprachunterschied zwischen Entwickler und Anwender.

12.5 Literatur

1 Spur, G: Kooperation von Fertigungstechnik und Informatik für zukünftige Produktionssysteme. Vorträge der Fachtagung „Rechnerintegrierte Produktionssysteme", Friedrich-Alexander-Universität, Erlangen-Nürnberg, 1987

2 Spur, G: CIM – Die informationstechnische Herausforderung. Vorträge des Produktionstechnischen Kolloquiums Berlin PTK '86, IPK-Berlin

3 Ellinger, H; Metzler, U; Wehmeyer, K: CNC-Steuerungen bieten erweiterten Funktionsumfang. ZwF 80 (1985) 12, S. 549–553

4 Metzler, U; Suwanto, S: CNC-Steuerungen – Bausteine für CIM-Lösungen. ZwF 83 (1988) 2, S. 46–51

5 Potthast, A; Metzler, U: Projektierplatz für CNC-Steuerungen. ZwF 83 (1988) 2, S. 63–67

6 Monz, J; Hohwieler, E: Neue Systeme für werkstattorientierte Programmierverfahren. Teil 2: Programmieren des Fertigungsverfahrens Drehen. wt Werkstattstechnik 77 (1987) 10, S. 575–581

7 Liese, S: Einheitliche Bedienerführung im Dialog für NC-Maschinen. wt-Z. ind. Fertig 73 (1983) 11, S. 720

8 Ammon, R; Liese, S; Witte, H; Raether, C: Neue Systeme für werkstattorientierte Programmierverfahren. Teil 1: Einführung zum Verbundvorhaben. wt Werkstattstechnik 77 (1987) 9, S. 501–504

9 Hammer, H: Flexible Fertigungssysteme in CIM-Lösungen. ZwF 81 (1986) 11, S. 637–644

10 Spur, G; Krause, F-L: CAD-Technik. Carl-Hanser-Verlag, München, Wien, 1984

11 Thoß, J; Gier, O: CAD/NC-Kopplung. ZwF 81 (1986) 11, S. 606–610

12 Boffo, M; Lay, G; Schneider, R: Integration von rechnergestützter Konstruktion und Programmierung. ZwF 82 (1987) 6

13 Hohwieler, E; Michl, H-J; Wirth, H: Einsatz der Rundachse für die Komplettbearbeitung auf CNC-Drehmaschinen. ZwF 83 (1988) 2, S. 68–73

14 Panskus, G: Wie muß die Organisationsstruktur entwickelt werden, damit CIM eingeführt werden kann? CIM-Management 4/86, S. 57–65

15 Hohwieler, E; Funke, H-J; Scholl, H; Langmann, H: CNC-Qualifizierung für Ausbildungs- und Werkstattführungspersonal in der Metallindustrie. Zwischenbericht der Wissenschaftlichen Begleitung, IPK-Berlin

13 CIM als Innovationsstrategie und die Forschungsdefizite

JÜRGEN SCHULTE-HILLEN

13.1 Die CIM-Situation in der Fertigungsindustrie

Die Situation in der deutschen Fertigungsindustrie in bezug auf CIM ist gekennzeichnet von einer technisch-innovativen Aufbruchstimmung. Nicht zuletzt durch das CAD/CAM-Förderprogramm der Bundesregierung sind in mehreren tausend deutschen Unternehmen Automatisierungsinseln entstanden, vorrangig im Bereich der Konstruktion und Entwicklung (CAD) und im Bereich der Produktionsplanung und -steuerung (PPS). Einige dieser Unternehmen haben begonnen, diese Automatisierungsinseln DV-technisch zu verbinden. Hierdurch sind kurzfristig Rationalisierungseffekte erreichbar, da Doppelerfassung von Daten vermieden wird, das Formularwesen gestrafft werden kann, und – so hofft man – der Informationsfluß beschleunigt und das Betriebsgeschehen insgesamt transparenter wird (Bild 13.1).

13.2 Stand und Entwicklungstendenzen

13.2.1 Der technische Innovationsschub des CAD/CAM-Förderprogramms in der Fertigungsindustrie

Wir stützen uns bei unserer Darstellung auf eine große Zahl von Beratungen bei der Realisierung von Vorhaben zur Fertigungsautomation in Industrieunternehmen aller Größen, die wir z. T. im Rahmen des Programms „Fertigungstechnik" des BMFT durchgeführt haben. Anfang 1984 war der Einsatzbereich von Verfahren bzw. Komponenten des computergestützten Fertigens wie folgt zu kennzeichnen:
Die in den Unternehmen in Konstruktion (CAD), NC-Fertigung und bei sonstigen CA-Techniken sowie im Bereich der Produktionsplanungs- und -steuerungssysteme (PPS) sowie der Betriebsdatenerfassungssysteme eingesetzten Verfahren der computergestützten Fertigungsautomation waren im wesentlichen als Insellösungen zu kennzeichnen. Neben diesen existierte weiter eine Reihe von Computeranwendungen, die vor allem in den Entwicklungsabteilungen für ingenieurtechnische Berechnungen, wie Finite-Elemente-Verfahren, sonstige Festigkeitsrechnungen, Betrieb von Prüfständen usw. verwendet wurden.

Der Bereich der computergestützten Konstruktion (CAD) wurde zumeist von dedizierten Rechnersystemen dominiert, die bei außerordentlich hohem Investitions-

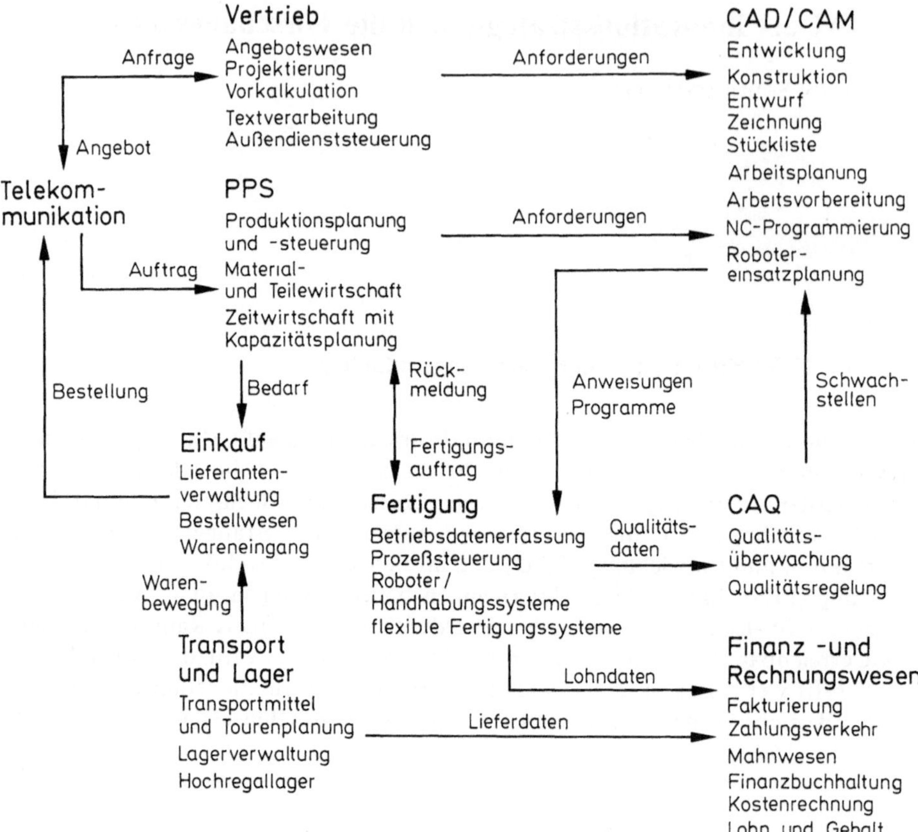

Bild 13.1. CIM: Integrierte Informationsverarbeitung im Fertigungsbetrieb

bedarf pro Arbeitsplatz vor allem in Großunternehmen des Automobil-, Flugzeug-
und Anlagenbaus eingesetzt wurden. Der Investitionsaufwand für einen ersten CAD-
Arbeitsplatz lag zu dieser Zeit noch bei etwa 1 Mio. DM und etwa 250 000 DM für
jeden weiteren Arbeitsplatz. Im Bereich der Fertigung existierte eine große Zahl von
NC-Maschinen, die jedoch mit den verschiedensten Steuerungen ausgestattet war, die
zumeist weder untereinander noch zu vorhandenen oder den wichtigsten in den Markt
eindringenden CAD/CAM-Systemen kompatibel waren.

Zu dieser Zeit waren im produzierenden Gewerbe mit mechanischer Fertigung in
der Bundesrepublik etwa 300 CAD-Systeme im Einsatz. Dem standen auf der Seite
des Finanz- und Rechnungswesens eine Vielzahl von Rechnersystemen gegenüber, die
u. a. den Einsatz von Produktionsplanungs- und -steuerungssystemen ermöglichten.
Mit dem Beginn des CAD/CAM-Förderprogramms der Bundesregierung Anfang
1984 wurde sodann eine breite Welle von Aktivitäten zur CAD/CAM-Einführung bei
den ca. 3000 Herstellern fertigungstechnischer Anlagen und Systeme ausgelöst. Von
den bei diesen Firmen bewilligten 1285 Vorhaben entfielen etwa 500 jeweils auf CAD
allein und CAD/CAM kombiniert sowie ca. 300 auf reine CAM-Einführungen.

Die – ausgelöst durch das CAD/CAM-Förderprogramm – weitgehend parallel ablaufenden Maßnahmen zur Einführung des computergestützten Konstruierens sowie des Einsatzes von PPS-Systemen und des dem CAD nachgeordneten CAM führten auch unabhängig von dem Förderprogramm zu einer Fülle von Einzelmaßnahmen zur weiteren Integration von Teilkomponenten des CIM sowohl bei geförderten als auch nicht geförderten Unternehmen. Gleichzeitig entstand eine umfassende Diskussion darüber, wie die einmal in den Unternehmen in Teilbereichen des computergestützten Fertigens entstandenen und im Rechner gespeicherten Informationen für eine weitere Fertigungsautomation genutzt werden können.

13.2.2 Folgen des Preisverfalls für Hardware

Nachhaltig verändert wurde die Situation im Jahre 1986, als ein drastischer Preisverfall der für die Zwecke des computerintegrierten Fertigens eingesetzten Computer dazu führte, daß der Preis für die Rechenkapazität eines Computers der Klasse VAX750, die sich für die Zwecke der Fertigungsautomation als Quasi-Standard etabliert hatte, von ca. 300 000 DM auf etwas mehr als 1/10 dieses Preises heute sank.

Diese rasante Entwicklung hat im übrigen dazu geführt, daß die Statistiken des CAD/CAM-Förderprogramms des BMFT Stand und Entwicklung der Fertigungsautomation nur noch teilweise korrekt wiedergeben und in Teilen durch die sich überstürzende technische Entwicklung überholt sind.

13.2.3 Kennzeichen der derzeitigen Entwicklung

Die technische Entwicklung. In den letzten ca. zwei Jahren sowie für die nächsten ein bis zwei Jahre wird in der Industrie mit Hochdruck am Ausbau der wichtigsten Insellösungen gearbeitet. Diese Insellösungen sind:
- Konstruktion,
- NC-Fertigung, FFS, HHS mit zugehöriger Programmierung,
- Material (Lager, Transport, Logistik),
- Produktionsplanungs- und -steuerungssysteme,
- Qualitätsüberwachung,
- Lagerhaltung (Fertigwaren, Versand),
- Auftrags- und Angebotswesen,
- Einkauf,
- Schnittstellen zum Finanz- und Rechnungswesen,
- Schnittstellen nach außen, Datenaustausch mit Zulieferern und Abnehmern.

Parallel zu dieser Realisierung von Insellösungen wird intensiv an der Integration der einzelnen Teillösungen zu umfassenderen Teilsystemen des CIM gearbeitet, wobei die Stoßrichtung besonders in mittleren Unternehmen bis etwa 2000 Mitarbeiter dahingeht, nach der Erschließung der Fertigung, der Konstruktion und der Logistik nun auch die kaufmännischen Bereiche, wie Angebotswesen aber auch Finanz- und Rechnungswesen, in den Datenfluß zu integrieren bzw. die entsprechenden Datenflüsse untereinander zu verbinden.

Dabei werden in zunehmendem Maße herkömmliche Rechnersysteme, die ausschließlich oder überwiegend auf das Finanz- und Rechnungswesen ausgerichtet sind und die keinen oder allenfalls einen Batchaustausch gemeinsamer Daten erlauben, durch moderne, vernetzbare Systeme der Informationsverarbeitung verdrängt. Diese sollen vor allem Kompatibilität für einen reibungslosen Austausch gemeinsam genutzter Daten bzw. einen problemlosen Zugriff auf eine gemeinsame Datenbasis gewährleisten. Gleichzeitig werden zunehmend folgende Instrumente zur Integration der einzelnen Automatisierungsbereiche eingesetzt:

– Verbund von Rechnersystemen (verteilte Rechnersysteme, zentraler Großrechner mit intelligenten Peripherierechnern, Clustersysteme usw.),
– Netzwerke verschiedener Konzeption,
– Datenbanksysteme,
– Sonstige Software (Standard oder selbstentwickelt),
– Einbeziehung der neuen Postdienste wie ISDN.

Dabei wird in erheblichem Maße an einer Modernisierung der Fertigung gearbeitet, wobei aufgrund kleinerer Stückzahlen und hoher Spezialisierung in steigendem Maße

– flexible Fertigungssysteme,
– Industrieroboter, Montage- und Handhabungssysteme sowie
– hochintegrierte logistische Systeme

eingesetzt werden. Bei der Planung dieser Systeme wird bereits generell davon ausgegangen, daß sie in einen das ganze Unternehmen umfassenden Informationsfluß eingebettet werden.

Die zu diesem Themenkomplex stattfindenden Diskussionen finden ihren augenblicklichen Höhepunkt in den Versuchen zur Einführung von MAP und TOP, mit denen sowohl in der Fertigung als auch im Büro herstellerunabhängige Standards zur Informationsübermittlung zwischen den verschiedenen Komponenten der Fertigungsautomation hergestellt werden sollen.

Die Diskussion außerhalb der technischen Dimension. Eine Diskussion außerhalb der technischen Dimension dieses Entwicklungsprozesses findet bisher u. E. nicht in ausreichendem Maße statt. Durch die technische Implementierung der CIM-Systeme verändern sich erstmalig Arbeitsinhalte, allerdings ungeplant und mehr zwangsläufig durch die Technik bestimmt. Die Konsequenzen in bezug auf neue Aufgabenverteilung, Kompetenzen (z. B. Zuständigkeit für die Datenpflege, Freigabe von Entwicklungsergebnissen usw.) bleiben jedoch meist undurchdacht und dem Zufall überlassen. Qualifikation und Persönlichkeit bestimmen die Aufgaben- und Kompetenzverteilung; dominierende Mitarbeiter ziehen Kompetenzen an sich und sorgen dafür, daß „der Laden läuft".

Bei CIM steht die Wettbewerbsfähigkeit der deutschen Industrie zur Diskussion. Menschengerechte Gestaltung und Sozialverträglichkeit werden dagegen geringer eingestuft.

Stand der Verbreitung und Innovationstempo. Nicht nur für die Fertigungsindustrie, auch für die Grundstoffindustrie, die Bauindustrie, Handel und Dienstleistungen wird die Vernetzung und rechnergestützte Integration von Verwaltungs-, Produktions- und Vertriebsprozessen in den nächsten Jahren ein Thema sein. Die technischen Innovationen auf dem Gebiet der Netzwerke, Datenbanken, Massenspeichermedien und öffentlichen Kommunikationsdienste werden vor keiner dieser Branchen Halt machen.

Die technische Vernetzung ist mittlerweile möglich und auch finanziell erschwinglich geworden. Hierdurch sind auch kleine und mittlere Unternehmen in der Lage, den Schritt in Richtung CIM zu gehen. Diese sind jedoch i. d. R. noch weniger auf die auf sie zukommende Problematik vorbereitet als die größeren Unternehmen. Für die ca. 20 000 deutschen Fertigungsunternehmen muß jedoch festgestellt werden, daß die meisten von ihnen dieser Entwicklung mehr oder weniger hilflos gegenüberstehen und die organisatorischen und personellen Folgen in ihrer gesamten Problematik noch nicht einmal erfaßt haben.

Das beschleunigte Innovationstempo wird dazu führen, daß die sonst für das Sammeln und Austauschen von Erfahrungen genutzte Einführungzeit so stark verkürzt wird, daß ein solcher Austausch kaum noch zustande kommt. Die Unternehmen entwickeln nahezu synchron ihre eigenc individuelle Computerintegration und machen dabei jedes für sich oft die gleichen Fehler wie andere, die sie, wenn sie aus Erfahrung lernen könnten, vermeiden würden.

Unternehmen und Berater sind mit dieser Situation konfrontiert. Der zunehmende Wettbewerbsdruck zwingt jedoch zur möglichst frühzeitigen Entwicklung und Einführung von CIM. Es ist für die Unternehmen daher kaum möglich, abzuwarten, bis die Konkurrenz Erfahrungen gesammelt hat, mit dem Ziel, deren Erfahrungen dann im eigenen Betrieb zu verwerten. Im übrigen würden diese Erfahrungsschätze als Wettbewerbsvorteile wie Betriebsgeheimnisse gehütet werden.

13.3 Problembereiche

Erforderliche Maßnahmen, bei denen staatliche Förderung unterstützend wirken könnte, sehen wir daher in der möglichst umgehenden Aufarbeitung der gesamten CIM-Problematik, hierbei insbesondere auf den bisher vernachlässigten Gebieten der Organisations- und Personalentwicklung. Aufgrund unserer Gespräche mit dem Projektträger Fertigungstechnik sehen wir gerade hierin eine sinnvolle Ergänzung zu der dort durchgeführten CIM-Förderung.

Die indirekt-spezifische Förderung bietet keinerlei Möglichkeit, derartige Fragestellungen im Vorfeld gründlich zu untersuchen. Der Programmteil CIM-TT geht teilweise in diese Richtung. Eine Zusammenarbeit mit Sozialwissenschaftlern ist hierbei angedacht. Hier ist eine enge Zusammenarbeit dringend notwendig. Der Programmteil CIM-Normung beschäftigt sich überwiegend mit der technischen Normung; organisatorische und qualifikatorische Fragen sind bisher nicht vorgesehen.

Beim gegenwärtigen Stand der CIM-Debatte wird immer noch viel zu sehr rein technisch argumentiert. Für die Frage, ob überhaupt CIM im Unternehmen eingeführt werden soll, wird z. T. ausschließlich nach Kostensenkungaspekten gesucht, um hiermit die Nutzenseite eines Kosten-Nutzen-Vergleichs auszufüllen.

Die Referate auf dem IBM-Anwenderkongreß in Garmisch [1] (u. a. Richter: CIM – nicht nur ein DV-Problem; aber auch Wildemann [3], Scheer, Schuy [2] u. m.) deuten auf einen Wandel der Denkweise hin, der auch bei den Anwendern Fuß zu fassen

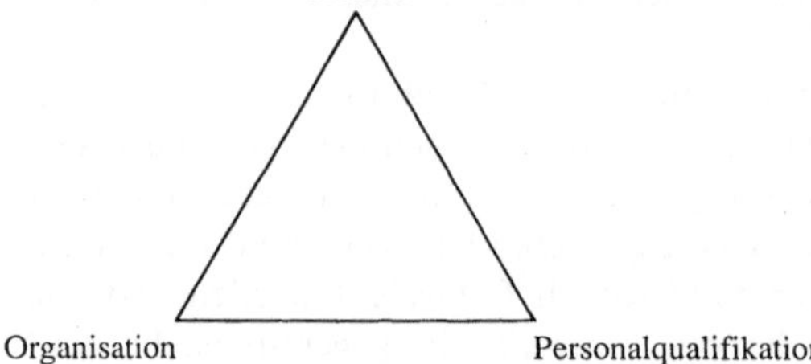

Bild 13.2. Die drei Gestaltungsdimensionen der Einführung neuer Techologien

beginnt. CIM läßt sich nur sinnvoll in Unternehmen einführen, wenn

– Technik,
– Organisation,
– Personal

gleichermaßen als Schwerpunkt betrachtet werden und keiner dieser drei Problemkreise vernachlässigt wird (Bild 13.2). Dieser Denkansatz entspricht weitgehend dem erweiterten Innovationsbegriff, wie er im „Arbeit und Technik"-Programm Verwendung findet. Die Weiterentwicklung dieses Denkansatzes könnte vielleicht sogar zu einem veränderten Technikverständnis führen.

Anläßlich der SYSTEMS '87-Messe in München wurde festgestellt, daß ein gravierender Mangel an qualifiziertem Personal besteht. Für CIM benötigt wird neben ingenieurmäßigem Fachwissen und DV-Wissen vor allem übergreifendes Verständnis für benachbarte Disziplinen und Aufgaben im Unternehmen sowie System- und Methodenwissen. Dies wird in der Ausbildung vielfach vernachlässigt gegenüber der Vermittlung von Spezialwissen. Die Hochschulen sollten vielmehr Wert legen auf die Vermittlung der Fähigkeit zu einem sinnvollen Umgang mit der Technik.

Zusätzlich zu dem Verständnis der inhaltlichen Dimensionen von CIM (Technik, Organisation, Personal) muß bei CIM in der räumlichen und zeitlichen Dimension in viel größeren Abmessungen gedacht werden, (vgl. Schneider, DGB-Bundesvorstand [1]).

Die Wirkungen einer CIM-Maßnahme fallen oft räumlich und zeitlich nicht mit der Ursache zusammen. Sie können erst Jahre später auftreten oder Folgen außerhalb des eigenen Unternehmens hervorrufen (Beispiel: Just-in-time).

Spezielle Branchen, z. B. die Automobil- und Automobilzuliefererindustrie, haben bereits seit Jahren vernetzte Produktions- und Vertriebssysteme im Einsatz. Diese sind am Beispiel der Automobilindustrie auf die Bedürfnisse des Automobilherstellers hin zugeschnitten und mit der Zielsetzung konzipiert, den Herstellungsprozeß des Serienproduktes Auto weiter zu rationalisieren. Die Zuliefererindustrie hat bei der Konzipierung dieser Systeme so gut wie keine Möglichkeit der Einflußnahme auf die Gestaltung.

13.4 Vorschläge für konkrete Fördermaßnahmen

13.4.1 CIM-Qualifizierungskonzept

CIM läßt sich ohne CIM-qualifiziertes Personal nicht realisieren. Geht man davon aus, daß ca. 20 000 Unternehmen der deutschen Fertigungsindustrie in den nächsten fünf Jahren sich mit CIM beschäftigen werden, und nimmt man weiter an, daß in jedem dieser Unternehmen mindestens ein CIM-Experte benötigt wird, so bedeutet dies einen Bedarf von 20 000 CIM-Profis.

Wollte man den Bedarf aus CIM-qualifizierten Hochschulabgängern decken, so wäre dies angesichts der Zahl von 20 000 kaum möglich. An ca. einem knappen Dutzend deutscher Hochschulen werden CIM-qualifizierte Ingenieure, Kaufleute und Wirtschaftswissenschaftler ausgebildet. Großzügig gerechnet ergeben sich hier vielleicht 2000 Hochschulabgänger pro Jahr. Damit ergibt sich ein von Jahr zu Jahr wachsender Fehlbestand.

Die Konsequenz daraus muß sein, einerseits die Hochschulausbildung auf dem Gebiet CIM weiter zu intensivieren und gleichzeitig das Defizit durch betriebsinterne Aus- und Weiterbildung abzufangen. Da der Bedarf nach unten abgeschätzt und die Hochschulabgängerquote nach oben abgeschätzt wurde, dürfte das eigentliche Personaldefizit in den Unternehmen bei weitem, vielleicht sogar um vieles größer sein.

Diese gewaltige CIM-Qualifizierungsaufgabe ist von den deutschen Unternehmensberatern nicht alleine zu bewältigen. Wir würden gern zusammen mit Hochschulen oder sonstigen Forschungseinrichtungen an der Entwicklung eines CIM-Qualifizierungsplans mitarbeiten. Dieser sollte insbesondere auch Vorschläge enthalten, wie das o. a. Massenproblem der Qualifizierung gelöst werden kann, z. B. durch DV-gestützte Lernsysteme, Video, sonstige Medien, Lernzentren o. ä.

Zur SYSTEC '86 in München haben wir zusammen mit der Computerwoche, DV-Anbietern und Systemhäusern eine Sonderschau zum Thema „Wer ist CIM-qualifiziert?" durchgeführt. Es zeigte sich hierbei bereits, daß die Nachfrage nach CIM-Qualifikation sehr groß ist. Sowohl Studenten als auch Mitarbeiter aus den Unterneh-

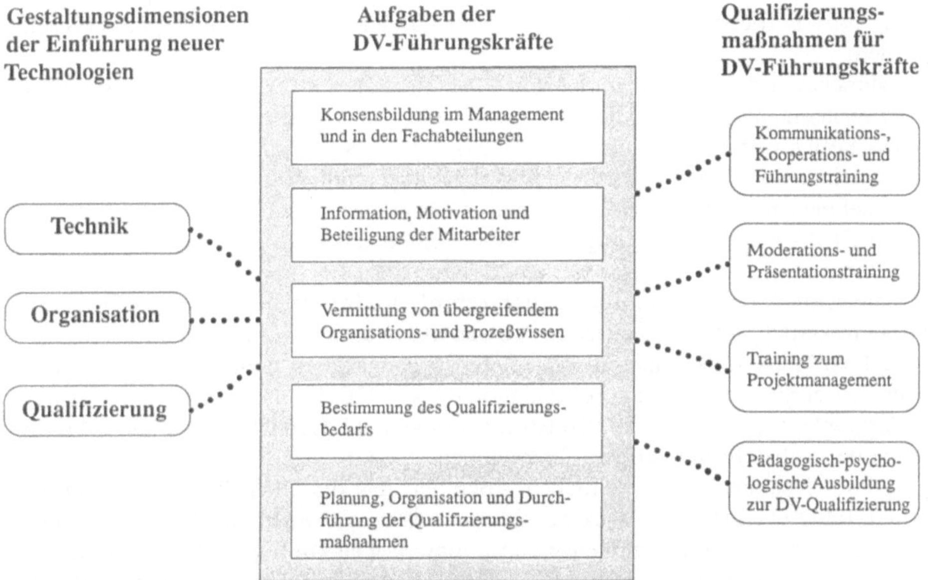

Bild 13.3. Veränderte Anforderungen an DV-Führungskräfte

men sehen diese Problematik auf sich zukommen, haben aber keine Vorstellung und auch keine Möglichkeit, CIM-Qualifikation zu erwerben.

Das zu erarbeitende CIM-Ausbildungsprogramm müßte zunächst festlegen, welches die für CIM wesentlichen Qualifikationsinhalte sind. Diese liegen sowohl auf den Gebieten DV-Organisation und DV-Technik als auch Fertigungseinrichtungen sowie Transport- und Logistiksysteme. Darüber hinaus müssen schwerpunktmäßig Kenntnisse der Arbeitswissenschaft vermittelt werden, um Denken und Handeln in modernen, arbeitsorganisatorischen Formen zu lernen. Weiterhin gehört hierzu das Handwerkszeug zum Aufbau einer CIM-entsprechenden Aus- und Weiterbildungsstruktur, die den Aufbau innerbetrieblicher Betreuungsstrukturen mit umfaßt (Bild 13.3).

CIM-Qualifikation ist gleichzeitig Breitenqualifikation auf fachlicher Ebene. Wenn ganzheitliche Vorgangsbearbeitung den Taylorismus ablösen soll, werden zur Bewältigung dieser Aufgabe nicht mehr Spezialisten, sondern wiederum Generalisten erforderlich sein. Gesucht werden daher Generalisten mit Spezialkenntnissen in mindestens einem oder mehreren Disziplinen. Dies stellt zwangsläufig erhöhte Anforderungen an ein Ausbildungssystem. Ob alle Mitarbeiter diesen Anforderungen gewachsen sein werden, muß gesondert betrachtet werden.

13.4.2 Organisationsleitfaden CIM

Weiteres Schwerpunktthema für FuE sollte die Entwicklung eines Organisationsleitfadens für die CIM-Einführung sein.

Da CIM bislang von der technischen Seite her angegangen wird, entsteht es zumeist aus einzelnen, oft „Baustein" genannten Teilautomatisierungslösungen. Teilautomatisierungen sind oft ungeplante Automatisierungsinseln in Bereichen wie z. B. Konstruktion und Entwicklung, Angebotswesen, Produktionsplanung und -steuerung oder Betriebsdatenerfassung, die miteinander verkoppelt und später vernetzt werden.

Manche der derzeit im Rahmen von CIM angebotenen DV-Lösungen basieren auf einer Systemanalyse, die in ihrem Ansatz viel zu eng angelegt war. Herkömmliche Einzel-Software einfach zu einem CIM-Paket zu verschnüren führt leicht dazu, daß arbeitsteilige Strukturen softwaremäßig abgebildet werden und damit im Anwenderunternehmen unnötig verfestigt werden. CIM-fähige Lösungen müssen daher auf einem CIM-verträglichen Design basieren. Einige neuere Lösungen berücksichtigen dies bereits.

Hinsichtlich der Ablauforganisation erfordert CIM ein konsequentes Denken in Vorgangsketten. Abteilungsgrenzen müssen überwunden werden, wenn CIM in der gedachten Weise funktionieren soll. Diese Vorgangsketten greifen auch zunehmend über Betriebsgrenzen hinweg. So sind gerade in der Kfz-Industrie erhebliche Anstrengungen unternommen worden, Konstruktionsdaten des Herstellers direkt in CAD-Systeme der Zuliefererindustrie zu übernehmen.

Dieses Denken in ganzheitlichen Abläufen, das die CIM-Philosophie mit sich bringt, führt zu einer mehr objektbezogenen organisatorischen Gliederung des Unternehmens und über Unternehmensgrenzen hinweg. Die künftige CIM-Organisationsstruktur wird vermutlich auch mit weniger Hierarchiestufen auskommen. Bei der Aus- und Weiterbildung sind diese Veränderungen zu berücksichtigen. Insbesondere wird eine stärkere Verbindung von technischem und kaufmännischem Wissen bei der Realisierung von CIM erforderlich werden.

13.4.3 Studie zum veränderten Kommunikationsverhalten

Drittes und wichtigstes Teiluntersuchungsfeld ist die Kommunikationsproblematik. Mit CIM kommen in zunehmendem Maße öffentliche und private Netze in den Unternehmen zum Einsatz. Die Kommunikation wird daher in zunehmendem Maße auch DV-gestützt abgewickelt. Inwieweit dies zu einer Veränderung des Kommunikationsverhaltens führt (Abnahme der vom Menschen beeinflußten Kommunikation, Abnahme der persönlichen Mensch-zu-Mensch-Kommunikation oder aber Zunahme derselben), ist bisher nicht hinreichend ergründet.

Die sozialen Konsequenzen derartiger ungewünschter Veränderungen sind leicht vorstellbar. Durch geeignete Gestaltung der Kommunikationssysteme, durch entsprechende Einführungs- und Nutzungsgestaltung, durch Betreuung und Hinweise zum richtigen Handeln und Umgang mit dieser neuen Technik können Fehler vermieden werden.

13.4.4 Zusammenfassung der Situationsanalyse

Insgesamt ist die augenblickliche Situation durch eine außerordentlich dynamische Entwicklung auf praktisch allen Gebieten des computerintegrierten Fertigens gekennzeichnet. Das Schwergewicht der Tätigkeit liegt derzeit noch in der Entwicklung der

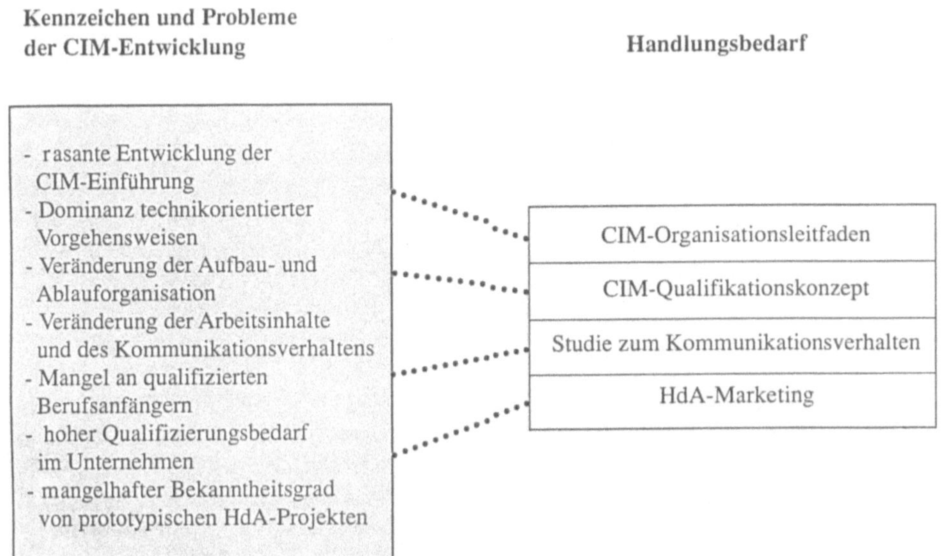

Bild 13.4. CIM-Entwicklung und Handlungsbedarf

Fertigungsinseln sowie bei der partiellen Verbindung von jeweils zwei bis höchstens drei der anfangs bereits genannten Automatisierungskomponenten (Bild 13.4).

Die ganze Entwicklung ist weiter gekennzeichnet durch eine große Unsicherheit im Hinblick auf neue, problemadäquate Lösungsansätze, insbesondere im Hinblick auf die zu wählenden Organisationsstrukturen und die vorrangig auszuwählenden Bereiche für die Realisierung von CIM-Komponenten. Weiter kann ein erhebliches Erfahrungsdefizit festgestellt werden, das eine der wesentlichen Grundlagen für die häufig spekulative CIM-Debatte darstellt.

13.5 Literatur

1 IBM-Anwenderkongreß '87, „Industrie und Technik", Garmisch, 21.–23.10.1987. Dokumentation, IBM Deutschland GmbH, 7000 Stuttgart 80
2 Schuy, K: CIM-Einführung, Unternehmenserfolg, Mitarbeitermotivation – unvereinbare Gegensätze oder eine logische Konsequenz? In: IBM-Anwenderkongreß '87, s.o.
3 Wildemann, H: Einführung neuer Technologien in Produktion und Logistik. In: IBM-Anwenderkongreß '87, s.o.
4 Richter, K: CIM-Implementierung für den Mittelstand – nicht nur eine DV-Aufgabe. In: IBM-Anwenderkongreß '87, s.o.

14 Die Industrielandschaft der Zukunft

VOLKER VOLKHOLZ
unter Mitarbeit von Axel Eggers, Alexander Frevel,
Annegret Köchling, Thomas Lauenstein

14.1 Schlußfolgerungen

Die private und öffentliche CIM-Entwicklung und -Erprobung ist nicht mit einzel-
technologischen Maßnahmen zu vergleichen, da CIM-Lösungen die Zukunft der
Fabrik, die Zukunft der Industrielandschaft und somit auch die Zukunft der Arbeit
wesentlich nachhaltiger und unwiderrufbarer als einzelne Technologien strukturieren.
Streng genommen ist CIM keine technische, sondern eine gesellschaftliche Aufgabe.

In Auseinandersetzung mit den vorgängigen Entwicklungstendenzen wird ein
Forschungs- und Entwicklungs(FuE)-Bedarf insbesondere hinsichtlich CIM-Lösungen gesehen, die billiger, sicherer, „informationsökologischer" und pluralistischer
innerhalb einer Industrielandschaft sind. Dieser Bedarf ist technisch allein nicht zu
realisieren. Es bedarf erheblicher qualifikatorischer und arbeitsorganisatorischer, vor
allem aber konsensualer Anstrengungen. Befürchtet wird, daß die zu erwartenden
privaten und öffentlichen FuE-Maßnahmen ausschließlich Anpaßentwicklungen an
das Leitbild der kapitalintensiven „Fabrik der Zukunft" unterstützen. Geworben
wird für die Unterstützung eines erweiterten, pluralistischen Lösungsraums für CIM-
Lösungen. Unbeschadet der Verantwortlichkeit des Verfassers ist anzumerken, daß
die hier formulierten Überlegungen zahlreiche Denkanstöße einem IBM-Weiterbil-
dungs-Colloquium verdanken.

14.2 Wachsende inner- und zwischenbetriebliche Produktivitätsunterschiede

Im Vordergrund der Erörterung stehen derzeit CIM-*interne* Strukturen und Prozesse.
Die Diskussion um deren Gestaltung ist zweifelsohne wichtig, wie die Debatte um die
techno- und anthropozentrisch gestaltete Fabrik der Zukunft zeigt. Allerdings werden
gegenüber der Bewältigung CIM-interner Fragen die *nicht-CIM-fähigen* Betriebe,
Betriebsbereiche und Arbeitnehmer das weitaus größere Problem darstellen. Die
ökonomisch-gesellschaftlichen Folgeprobleme sind schwerwiegender als die bislang
vorrangig diskutierten technisch-sozialen Bewältigungsprobleme.

CIM als Kernstück der Fabrik der Zukunft ist teuer. Hierauf verweisen die
verstreuten Informationen über Hard- und Softwarekosten, Planungs- und Imple-
mentierungskosten (einschließlich Qualifizierungskosten), Betriebs- und Instandhal-
tungskosten, forcierte Trennungen von Betriebs- und Arbeitszeiten sowie über ungeplante Lern- und investive Folgekosten. Bezeichnenderweise ist über die Kosten von

CIM-Bausteinen viel weniger bekannt, als über ihre technische Gestaltung. Trotz der fragmentarischen Kenntnisse ist es gerechtfertigt, von einem Sprung in der Kapitalintensität zu sprechen. Werden zur Beurteilung die – nach Branchen und Betriebsgröße vorliegenden – durchschnittlichen jährlichen Investitionsaufwendungen der Betriebe herangezogen, so bedeuten die vorherrschenden CIM-Konzeptionen den Ausschluß von etwa 2/3 bis 4/5 aller Betriebe! In diesem Zusammenhang ist daran zu erinnern, daß eine mehrschichtige Produktion einen erhöhten Output bedeutet, der verkauft werden muß. Notwendig erscheint noch der Hinweis, daß die ideelle Leitfigur der Losgröße $n = 1$ eine tendenzielle Irreführung darstellt. Im Bereich von CIM kommt es sicherlich zu einer Verengung des Teilespektrums. Werden – und dies soll ja geschehen – ähnliche Werkstücke zu einer Gruppe zusammengefaßt, so dürfte nach wie vor gelten, daß diese zu maximieren ist.

Wird nun versucht, eine antizipierende Evaluation zu betreiben, so ist folgendes Bild wahrscheinlich: Entstehen wird ein hochautomatisierter Industriesektor quer über alle Branchen hinweg, der alle nicht CIM-fähigen Betriebsteile ausgelagert hat; die Ursachen hierfür mögen technischer und/oder ökonomischer Natur sein. Um diese Kernbetriebe gelagert ist eine produktivitätsärmere (Zulieferer-)Industrie, die Leistungsanforderungen genügen muß, die nur mit quasi-ausbeuterischen Methoden erbringbar sind (Arbeitsintensivierung, Leistungsdruck, beständige ökonomische Unsichterheit etc.). Im Schatten dieser Kern-/Randbetriebe existiert noch ein kleinerer Sektor von Betrieben mit – gemessen an CIM-Technologien – veralteten Arbeitsmitteln, dafür aber erfahrenen, improvisationsfähigen und phantasiereichen Arbeitnehmern. Dieser unmoderne Sektor wird der eigentliche Träger flexibler Produktion sein. Im Übergangsprozeß zu diesem Zustand wird nun von den CIM-forcierenden Betrieben eine Filetpolitik betrieben. Es erfolgt nicht nur eine Konzentration der Investitionsmittel, sondern auch, um diese CIM-Investitionen überhaupt zu rechtfertigen, eine Konzentration auf CIM-geeignete Produkte. Die restlichen Betriebsteile sind also doppelt bestraft; sie erhalten weniger Investitionsmittel und die wahrscheinlich weniger kostengünstig zu produzierenden Teile. Das dann nachweisbare Defizit an Wirtschaftlichkeit ist Ergebnis einer unternehmerischen Strategie.

Zu diesem innerbetrieblichen Aussonderungsprozeß kommt ein verschärfter zwischenbetrieblicher Verdrängungs- und Konzentrationsprozeß, der besonders in Branchen mit geringen Wachstumsraten wirkt, da flexible Automation und insbesondere CIM in der Regel nur bei Produktionserweiterung greift. Derzeit ist dies deutlich bei Schmieden und Gießereien zu sehen. Und schließlich ist wahrscheinlich, daß die Betriebe, die sich CIM leisten können (müssen), sich in Überkapazitäten steigern, so daß derzeit gesunde Branchen notleidend werden. Aus der Entwicklung der Stahlindustrie ist (doch noch) einiges für die Zukunft zu lernen.

Für Arbeitsplätze und Arbeitnehmer lassen sich die Folgen dieser Entwicklungstendenzen dahingehend beschreiben, daß mit erheblichen Polarisierungstendenzen zu rechnen ist. Diese mögen auch in vertikaler Hinsicht stattfinden, viel entscheidender aber ist die horizontale Dimension; es wird Facharbeiter und Angestellte mit und ohne mikroelektronischer Qualifikation, gestalteter Arbeit und Partizipation sowie belastungsminderndern Maßnahmen etc. geben. Selbst wer diese szenarischen Bilder für kritikbedürftig hält, muß bedenken, daß die nicht-CIM-fähigen Betriebe, Betriebsbereiche und Arbeitnehmer das größere Problem darstellen. Die gesamte, auch gewerkschaftliche, Diskussion dreht sich aber um die Arbeitnehmer in den CIM-Betriebsteilen. Die hier geführte Diskussion zwischen technozentrischen und anthropozentrischen Lösungen in der Fabrik der Zukunft ist wichtig, gegenüber der großen Zahl der Betriebe, die nie diesen Typus der Fabrik erreichen werden, aber vielleicht doch nachrangig. Im übrigen gilt, daß die dominante, hochflexible und kapitalintensive Fabrik der Zukunft nur in einer entsetzlich starren Umwelt funktionieren dürfte.

Soll diesen Tendenzen gegengesteuert werden, so lassen sich einige ökonomische Kriterien angeben, denen die technischen Entwicklungen zu genügen haben:

a) Die Produktionsmittel der Zukunft müssen so billig und wirtschaftlich sein, daß sie in *einschichtiger* Produktion wirtschaftlich genutzt werden können; kaum ein anderes Kriterium dürfte dem Erhalt der gegenwärtigen, noch leidlich pluralistischen, bundesdeutschen Industriestruktur entsprechend förderlich sein;

b) die Produktionsmittel und -systeme der Zukunft müssen so billig sein, daß der Ausschluß von Arbeitnehmern von diesen Produktionsmitteln unnötig ist. Kein anderes Kriterium dürfte so sehr die Forderung nach Qualifizierung für alle und Erhalt der Solidarität als Möglichkeiten der Arbeitnehmer unterstützen wie dieses. Werden diese beiden Kriterien ernst genommen, so ist der derzeitige CIM-Beitrag zu einer hochproduktiven, pluralistischen und humanen Arbeitsgesellschaft (noch) als ziemlich kümmerlich zu beurteilen.

Drei Lösungsansätze können benannt werden:

1. Es ist nichts dagegen einzuwenden, daß die kapitalintensive CIM-Lösung *eine* Betriebsvariante der Zukunft ist; alles ist aber dagegen einzuwenden, daß hieraus eine monopolitische Leitfigur wird. Benötigt werden pluralistische Leitbilder; statt der Fabrik der Zukunft ist die *Industrielandschaft der Zukunft* als Ensemble unterschiedlich verfaßter Betriebe auszuarbeiten. Gefordert sind: die Ergänzung der kapitalintensiven um deutlich kapitalärmere Lösungen (PC-fähige CIM-Lösungen) sowie die Ergänzung der Hersteller- und Großindustriellen Lösungen um anwenderzentrierte Lösungen.

2. Allen CIM-Lösungen gemeinsam ist, daß anstelle der Rationalität von Einzelmaßnahmen eine gesteigerte betriebliche Systemrationalität treten muß. Deren Ausarbeitung verlangt aber vor allem die Kenntnis der *stofflich-ökonomischen Interpendenzen*, die in einer Branche, einem Betrieb gelten. Im Programm „Humanisierung des Arbeitslebens" liegen reiche Erfahrungen vor, über die Folgen ungleicher Produktivität sachlich interdependenter Arbeitsplätze und Betriebsbereiche, aber auch über das mühselige Kurieren von Mängeln an dem Ort, an dem sie sichtbar werden (z. B. Gestaltung von Putzarbeitsplätzen), anstatt an den Orten, wo sie verursacht werden (z. B. montagegerechtes Konstruieren; Vermeidung von Putzursachen in der Modellschreinerei). Einer technischen CIM-Lösung hat also die Beherrschung der stofflich-ökonomischen Interdependenzen vorauszugehen. Weiterhin ist bei CIM-Lösungen wesentlich stärker als bislang zu unterscheiden zwischen rechnergestützten bzw. integrierten Informationsbearbeitungen, die in ihrer dezentralen Form zur Beherrschung der Interdependenzen erforderlich sind und den maschinellen, flexibel automatisierten Teilen, die derzeit und zukünftig noch stärker maßgeblich für die Kapitalintensität von Lösungen verantwortlich sein werden. Zu fördern ist die Erarbeitung von Lösungen, in denen auch derzeitige Arbeitsmittel, ergänzt um Meßfühler etc., zwecks Informationserarbeitung einen vollwertigen Platz haben. Entscheidend ist also insgesamt die Sicherung einer größeren Pluralität von Lösungen.

3. Speziell die Erzeugung einer betrieblichen Gesamtrationalität als gedankliches Orientierungsmodell für Systemplanungen stellt andersartige Anforderungen an betriebliche Kommunikationsleistungen als aktuell praktiziert. Anstelle von Aktennotizen, Entscheidungsvorlagen, Stellungnahmen, Ausschüssen, Sitzungen usw., d. h. anstelle formalisierter Kommunikationsbeziehungen, müssen Kommunikationsformen treten, die streßfreien, statusunabhängigen und bereichsübergreifenden Informations- und Meinungsaustausch fördern, über spezielle Formen der Gesprächsmoderation Informationsbarrieren reduzieren, Positionskriege zu fruchtbarem Meinungsaustausch umfunktionieren und zu gemeinsamen Arbeitsergebnissen führen. Unterstützt werden derartige innerbetriebliche Entwicklungen durch gezielte Anstöße von außen in Form eines ähnlich organisierten und moderierten überbetrieblichen Erfahrungsaustausches auf regionaler Ebene. Das primäre Ziel der hier skizzierten Gesprächsrunden ist nicht der Austausch von „Statements", sondern das Durchlaufen gemeinsamer Lernprozesse. Daher werden sie als *Lerngemeinschaften* bezeichnet.

14.3 Folgen asynchroner Innovationen

Derzeit dominieren eindeutig technische Lösungsmuster; Arbeitsorganisation und Qualifikation haben eher den Charakter von „Schmierseife" als von integralen, gleichberechtigten Bestandteilen des Lösungskonzeptes. Dies wird als asynchrone Innovation bezeichnet. Die Folge hiervon ist eine wachsende Diskrepanz zwischen technisch möglicher und tatsächlich realisierter Produktivität und (!) Wertschöpfung.

Trotz der zweifelsohne vorhandenen Vielzahl technischer Entwicklungsprobleme gibt es eben auch eine Tendenz zu fertigen Ergebnissen. So zeichnet sich in einem HdA-geförderten Lagerdistributionsbetrieb eine EDV-integrierte Lösung über alle betrieblichen Funktionsbereiche bei dezentralem Mensch-Rechner-Dialog ab. Theoretisch ergeben sich hierdurch sowohl erhebliche Produktivitätsvorteile (Aufgabe der artteiligen Arbeitsteilung zugunsten mengenteiliger Lösungen: 1 Kunde – 1 Komplettbetreuer) als auch neue *Wertschöpfungspotentiale* (Informations-Service). In dem Maße, wie die technischen Probleme gelöst sind bzw. sich als lösbar erweisen, zeigt sich, daß die tatsächlich realisierte Produktivität und Wertschöpfung abhängen von der Qualifizierung aller Mitarbeiter (und zwar – das ist entscheidend – über sämtliche Hierarchiestufen hinweg), von der organisatorischen Innovationsfähigkeit, also dem Zuschneiden neuer Organisationsstrukturen und von Rückgriffen auf partizipative Strategien bei der Entwicklung von technischen, qualifikatorischen und organisatorischen Innovationen. Wiederum kann auf vielfältige Erfahrungen aus dem Programm Humanisierung des Arbeitslebens zurückgegriffen werden; sie zeigen: a) Viele Probleme extrem artteiliger Arbeit haben ihre Ursachen in einem beschränkten Management. Beschränkt bedeutet hier sowohl „in traditionellen (vertikalen und horizontalen Hierarchien) Organisationsstrukturen denkend" als auch „Lösungen ausschließlich auf (eigene) Führungsbereiche beziehend" mit Tendenzen der deutlichen Ausgrenzung der Bereiche in anderen Führungsfunktionen. b) Viele technische Innovationen werden extrem konservativ eingeführt, d. h. bei möglichst weitgehender Konstanz aller Systemteile außer den gerade geänderten. Unter Systemteile werden hier sowohl technische Systemelemente (z. B. vorhandene Systemanwendungen) als auch organisatorische Elemente (vorhandene Arbeitsorganisation, Ablauforganisation, Aufbauorganisation) verstanden. Angesichts dieses *betrieblichen Strukturkonservatismus* wäre folgende Diskussionserweiterung dringend erforderlich: Anstelle immer nur von den sozialen Folgen technischer Innovationen zu reden, müssen vielmehr auch die technischen, organisatorischen, sozialen, wirtschaftlichen Folgen beharrender Betriebsstrukturen erörtert werden.

Aus dem Gesagten lassen sich drei *gegensteuernde Gestaltungsanforderungen* nennen:

1. Die Problemformel *technische Gestaltbarkeit* ist durch die der *betrieblichen Gesamtrationalität* zu ersetzen, wobei stofflich-ökonomische Interdependenzen zu beachten sind.
2. Versteht sich „Gestaltung" als Gesamtheit von technischer, ökonomischer, sozialer und organisatorischer Anwendung, so ist viel stärker als bislang zwischen *Gestaltbarkeit von eingesetzter Technik und der faktischen Gestaltung* derselben zu unterscheiden. Gestaltbarkeit verweist auf die prinzipiellen Möglichkeiten, Gestaltung auf den Umfang tatsächlich vollzogener Prozesse. Ohne Diffusion von Gestaltungswissen hinsichtlich prinzipieller Gestaltungsmuster, -leitbilder, Prinziplösungen sind aktive Beteiligungen an Diskussionen über CIM-Anwendungen fruchtlos.
3. Sehr viel stärker als bislang ist zwischen der *Gestaltbarkeit im Einsatz von Technik und Gestaltbarkeit in der Entwicklung von Technik* zu unterscheiden. Ebenso wie für den Einsatz von Technik sind auch für die Entwicklung von Technik prinzipielle Gestaltungsmöglichkeiten (z. B. Werkzeugkonzept nach DZIDA) zu erörtern.

Haben nun diese Beobachtungen und Überlegungen die Mächtigkeit einer Tendenz, so folgt hieraus, daß das Zeitalter ingenieurkundlicher Dominanz zu Ende gehen wird. Gewerkschafter und Politiker werden eines Tages ernüchtert feststellen, daß sie einer Berufsgruppe hinterherlaufen, die durch ihre Erfolge zur Relativierung ihrer gesellschaftlichen Bedeutung maßgeblich beigetragen hat. So gesehen ist die CIM-Diskussion einer der Vorboten der Selbstverständniskrise der Ingenieure. Innovative und erfolgreiche Ingenieure und Manager betonen Organisation und Qualifikation; alle anderen reden von technischen Innovationen. Das ist eine futuristische These. Sie ist jedoch nicht wirklichkeitsfremd. Verwiesen sei darauf, daß Prestige und Akzeptanz der Mediziner derzeit ihre Relativierung erfahren – gerade weil durch die ungeheuren Erfolge der medizinischen Wissenschaften ihre Grenzen deutlich geworden sind (ganzheitliche Medizin als alternative Betrachtungsweise).

Im Programm Humanisierung des Arbeitslebens gibt es eine Diskussion um einen erweiterten ganzheitlichen Innovationsbegriff. Die Lücke zwischen dieser programmatischen Diskussion und ihrer operativen Handhabung ist zu schließen. Antizipative Gestaltung bleibt so lange ein Schlagwort, wie es nicht gelingt, von der Diskussion um Gestaltung zur Diskussion um Gestaltungsmaßnahmen und -werkzeuge überzugehen. Gestaltungsprofessionalismus muß Gestaltungsideologie (Kritik) ersetzen. Schritte hierzu sind möglicherweise

- die *sachgebietsbezogene Strukturierung und Formalisierung des Gestaltungswissens* aus Arbeitsschutzliteratur und Forschungsprojekten in Form von einzelnen Gestaltungsaussagen (z. B. zur Arbeitsstrukturierung), typischen (betrieblich realisierten)

Organisationsmodellen (z. B. Modellversuche mit Restriktionen), anzustrebenden Gestaltungsleitbildern und -mustern, Prinziplösungen (z. B. Werkstattprogrammierung, Fertigungsinsel);

– der Aufbau von *Gestaltungs-Datenbanken* mit einem Angebot abrufbaren Gestaltungswissens, das die Umsetzung von Gestaltungsaussagen, Organisationsmodellen und Leitbildern auf Betriebe mit ihren Besonderheiten erleichtert;

– die Entwicklung von *Gestaltungswerkzeugen* zur Vermittlung von Gestaltungswissen (z. B. PC-gestützte Software-Ergonomie-Demonstration, Planspiele als EDV-Simulationen) und zur Anwendung von Gestaltungswissen (z. B. generierbare Checklisten);

– die Entwicklung einer Vorgehensweise bei komplexen CIM-Planungen, bei denen mit unvollständigem Gestaltungswissen (z. B. Anwendung von Systemkopplungen) schrittweise Lösungen erarbeitet werden. Die klassische *Systemplanung* mit einzelnen Planungsstufen, -entscheidungen und -unterlagen ist gezielt um *Gestaltungs-Sollbruchstellen* zu erweitern.

– Die *Institutionalisierung von* betrieblichen und überbetrieblichen *Lerngemeinschaften* als unerläßliche Voraussetzung zur Handhabung des Gestaltungswissens und -instrumentariums.

14.4 Wechselwirkung zwischen Qualifikation und Gesundheit

Die These von der Umstrukturierung der Belastungen – Abnahme der körperlichen Belastungen, Zunahme von psycho-mentalen Anforderungen – hat die These der Entkopplung von qualifikatorischen und gesundheitlichen Anforderungen begünstigt. Diese Entkopplungsthese trifft zu in bezug auf schwere Muskelarbeit incl. der hierzu erforderlichen körperlichen Leistungsfähigkeit. Sie ist aber nicht allgemeingültig: Zum einen ist bezüglich der körperlichen Belastungen ebenfalls eher von einer Umstrukturierung zu sprechen. Insbesondere werden in der Folge der Einführung computergesteuerter Arbeitsmittel die Zunahme einseitiger Körperbelastungen und Bewegungsarmut beobachtet. Zum anderen dürfte die Bewältigbarkeit psycho-mentaler Anforderungen – so die These – wesentlich von der verfügbaren Qualifikation mit abhängen. Ist also in bezug auf körperlich schwere Arbeit eine Entkopplung von Qualifikation und gesundheitlicher Beanspruchung gegeben, so findet in bezug auf psycho-mentale Anforderungen eine spezifisch neue Kopplung statt.

Diese Überlegung kann sich auf Erfahrungen in den Arbeitsstrukturierungsprojekten der 70er Jahre mit teilautonomen Gruppen stützen. Entgegen den Erwartungen ergab sich dort mit steigenden Belastungen innerhalb von Bandbreiten keine direkte Steigerung der Beanspruchung. Die im Vergleich zum vorherigen Zustand gestiegenen Belastungen gingen vor allem auf erhöhte psycho-mentale Anforderungen im Zusammenhang mit der Erweiterung der Arbeitsinhalte zurück. Die erweiterten Arbeitsinhalte und Entscheidungsspielräume verlangten eine erhöhte Qualifikation. Diese wiederum wirkte dem Steigen der Beanspruchung entgegen. Dieser Zusammenhang entspricht Erfahrungsberichten von Praktikern im Zusammenhang mit der Einführung programmgesteuerter Arbeitsmittel, denen zufolge durch ausreichende Qualifizierung die Angst des Bedieners vor dem neuen Arbeitsmittel gemindert wie auch die

Streßbewältigungsfähigkeit z. B. in Störungssituationen gesteigert wird. Er entspricht auch Ergebnissen der Streßforschung, die einen Zusammenhang zwischen erhöhter Arbeitsautonomie und Belastungsregulationschancen herstellen.

Um dem Zusammenhang von Qualifikation und Gesundheit auch zukunftsbezogen hinsichtlich eines vermehrten Einsatzes von CIM-Komponenten gerecht zu werden, sind einige Erweiterungen des Problemhorizontes erforderlich: Zunächst ändern sich *Inhalte und Methoden der Qualifizierung*. Dies einmal durch die Forderung nach lebenslänglicher Weiterbildung, was vor allem die Ausbildung reflexibler Lernfähigkeiten verlangt: Das Lernen lernen. Dies schließt einfache Anpaßqualifizierungen aus. Bezeichnenderweise ist z. B. nicht bekannt, wieviele Arbeiter mehrere CNC-Steuerungen beherrschen und welche Probleme mit dem Erwerb einer weiteren CNC-Steuerung verbunden waren. Sodann ist zwischen *Pionier- und Normallernern* zu unterscheiden. Beginnt eine neue Technologie ihren Diffusionsprozeß, so lockt sie zunächst sachlich interessierte, hochmotivierte und neugierige Arbeitnehmer. Für diese Gruppe steht die Beherrschung eines neuen Arbeitsmittels im Vordergrund; mangelnde Didaktik und Streßprobleme werden in den Hintergrund geschoben. Diese „Pionierlerner" setzen aber offensichtlich – entgegen den Erwartungen – keine verallgemeinerbaren Standards. Sowohl CNC-Maschinen-Hersteller als auch Arbeitsämter berichten übereinstimmend: Entweder der didaktische Aufwand steigt oder die Mißerfolgsrate bei den Teilnehmern von Qualifizierungsmaßnahmen. Den veränderten Qualifizierungsbedingungen im Verlauf der Diffusion von neuen Arbeitsmitteln und den zugehörigen Qualifizierungsmaßnahmen ist bislang zu wenig nachgegangen worden, obwohl sich hier eine möglicherweise gravierende Diffusionsschranke für programmgesteuerte Arbeitsmittel andeutet. Trifft die Hypothese der Pionierlerner zu, so kann weiter gefolgert werden, daß Qualifizierungsbedarfe zunächst systematisch unterschätzt werden und dementsprechend auch das Problem gesundheitlicher Überforderungen. Ein dritter zu beachtender Gesichtspunkt ist schließlich der ab Ende der 80er Jahre einsetzende *Prozeß des kollektiven Alterns* von Belegschaften als eine Folge des Wanderns der geburtenstarken Jahrgänge durch das Erwerbsleben und der nachrückenden geburtenschwachen Jahrgänge. Eine zukunftsbezogene Politik der Arbeitsqualität heißt eben auch, sich vorzustellen, daß 60jährige Normallerner CNC-Maschinen steuern und an CAD-Arbeitsplätzen tätig sind. In der Alterszusammensetzung der Belegschaften steht ab den 90er Jahren ein Trendbruch an, der an Bedeutung durch die weitere Diffusion programmgesteuerter Arbeitsmittel gewinnt. Bezeichnenderweise stammen die meisten Grundlagenarbeiten zur Lernfähigkeit älterer Arbeitnehmer (ab 40 Jahre) aus den 60er und 70er Jahren, abgesehen von einigen HdA-Vorhaben zur Qualifizierbarkeit lernungewohnter Arbeiter[1]. Aus diesen Arbeiten ist die Differenzierung zwischen biologischem und sozialem Alter bekannt; außerdem wird eher von einer Umstrukturierung von Arbeits- und Lerngewohnheiten als von diesbezüglich mangelnden Fähigkeiten gesprochen. Wie sich alle diese Ergebnisse unter den Bedingungen stark diffundierender programmgesteuerter Arbeitsmittel bewähren/bestätigen, wäre einer Nachprüfung wert.

---

[1] Diese haben die prinzipielle Qualifizierbarkeit belegt; offen ist aber, ob und wie weit dies zu realistischen Kosten-Nutzen-Kalkülen möglich ist.

Soll den vorstehend skizzierten Problemen begegnet werden, sind *Gestaltungsanforderungen* aufzuzeigen, die vor allem den unterschiedlichen Lerngeschwindigkeiten und Lerngewohnheiten der Menschen Rechnung tragen:

a) Arbeitsplätze mit computer- bzw. programmgesteuerten Arbeitsmitteln und insbesondere solche in CIM-Systemen sind dann menschengerecht gestaltet, wenn sie auch 60jährigen die Arbeit an ihnen ermöglichen.

b) Die Softwaregestaltung wird dann unterschiedlichen Lerngeschwindigkeiten und -gewohnheiten gerecht, wenn Programmpakete nicht nur als Ganzes eine komplette Bearbeitung erlauben, sondern wenn Teile die Bearbeitung einzelner Arbeitsschritte ermöglichen (zur schrittweisen Erarbeitung der EDV-Nutzung von einzelnen Anwendunggn im Rahmen konventioneller Arbeitsstrukturen bis zur Komplettanwendung mit neuen Arbeitsstrukturen. Dazu sollte bereits eine Anwendung auf geringem Qualifikationsniveau Aufgabenbewältigungen mit geringem Komfort und niedriger Arbeitsgeschwindigkeit erlauben (langsame Aufstiegsmöglichkeit von einfachen zu komplexen Anwendungen).

c) Einer Überforderung lernlangsamer und Unterforderung lernschneller Arbeitnehmer ist durch differentielle Arbeitsgestaltung zu begegnen.

Soweit beurteilbar, scheint zu diesen Themen eine *praktisch orientierte Grundlagenforschung* mit einem stark interdisziplinären Akzent angebracht. Nun ist es aber so, daß Interdisziplinarität leichter zu fordern als zu realisieren ist. Also ist ein schrittweises Vorgehen – mit definierten Sollbruchstellen –, d. h. vertiefte Konzeptionsstudien, Durchführung von Workshops mit Probeläufen von Projektteams und Vorhaben empfehlenswert.

14.5 Notwendige Erarbeitung einer Informationsökologie

Das exponentielle Wachstum erzeugbarer als auch erzeugter Informationen scheint ebenso belegt zu sein wie die Tendenz zur Aufhebung von Zeitdifferenzen in der Distribution von Informationen. Aus individueller Sicht ergibt sich hieraus eine stark wachsende Diskrepanz zwischen erzeugter und verarbeitbarer bzw. verarbeiteter Information. Ein steigender Bedarf an informatorischen Selektionsleistungen ist unverkennbar. Ob und wie weit es auf der Ebene sozialer Systeme ebenfalls wachsende Diskrepanzen zwischen erzeugten und verarbeiteten Informationen gibt, ist weitgehend unbekannt. Sicher scheint zu sein, daß zukünftig von einer zunehmenden Problemverschiebung zu reden sein wird: Problematisch werden weniger Informationserzeugung und -verteilung, sondern deren Konsumtion; die Bemühungen um Systeme künstlicher Intelligenz weisen in diese Richtung. Gerechnet werden muß mit der Möglichkeit – so die These –, daß die Informationsgesellschaft, gekennzeichnet u. a. durch vernetzte Systeme, zunehmend durch „Informationsverschmutzung", also einer Überfülle nicht zureichend selektierter Informationen, charakterisiert sein wird. Der Effekt einer Informationsverschmutzung kann aber auch durch Informationsmangel bzw. zu starre Informationsabfolgen entstehen. Gemeinsam ist diesen unterschiedlichen Erscheinungsweisen der Mangel an handlungsrelevanter Information. Die Erarbeitung einer *Informationsökologie*, die nach der Verarbeitbarkeit von Informationen aus individueller und betrieblicher Sicht fragt, steht auf der Tagesordnung.

Informationsverschmutzung und -ökologie sind zunächst als phantasieanstiftende Begriffe gesetzt, die die Suche nach den richtigen (d. h. brauchbaren) Fragestellungen forcieren sollen. Sie werden als Problem- und Lösungsformel eingesetzt, da vermutet wird, daß sich hierunter eine Vielzahl von Einzelerscheinungen ordnen lassen. Vorgestellt seien zunächst einige Beispiele.

Nichts hat die Gebräuche der Universitäten so sehr erschüttert wie die Einführung des Fotokopierens, dessen wesentliche Wirkung darin bestanden hat, die Knappheit von Informationen aufzuheben. Bis zur Einführung des Fotokopierers war es notwendig, in Vorlesungen zu gehen, zuzuhören, mitzuschreiben, Ausfertigungen zu erstellen, Bibliotheken zu besuchen, dort um knappe Plätze zu kämpfen, schnell und konzentriert zu lesen und sich in Seminaren Notizen zu machen, also gleichzeitig zu schreiben und zu diskutieren. Mit der unendlichen, beliebigen Vervielfältigung von Skripten entfielen diese Schwierigkeiten. Die Jagd nach Papieren begann, das Besitzen von Informationen in Form von Skripten wurde abgekoppelt von dem Beherrschen der Informationen. Das assoziative Wissen (viel mehr konnte überschlagend durchgelesen werden) stieg, das handwerklich-informationelle Wissen sank. Vielleicht gibt es inzwischen eine Art Gegenbewegung. Das Beispiel zeigt aber, daß es verkehrt ist, nur Knappheit mit Überfluß (Freiheit) zu konfrontieren. Die knappen Informationen hatten eine Reihe von lernförderlichen Tugenden zur Folge, die jetzt anderweitig realisiert werden müssen.

Ergänzend ist anzumerken, daß die dem Kopierer folgenden Computer, heute häufig PC's, zwar die Auswertungsmöglichkeiten von Informationen bei immer besserer Software steigerten, aber ob von einer gesteigerten *Auswertungsqualität* gesprochen werden kann, ist eine offene Diskussion. Soweit beurteilbar, sind diese Phänomene der Informationsfülle und problematischen Auswertungsqualität auch auf Industriebetriebe übertragbar. Verwiesen sei auf Erfahrungen mit medizinischer Computer-Diagnostik: Diese hat unstrittig zur Früherkennung von Leiden sowie zu ihrer Behandelbarkeit beigetragen. Genau so unstrittig ist aber auch ihre häufig nötige Nutzung und die zunehmende Abhängigkeit von Ärzten, die nicht mehr ihren eigenen Erfahrungen trauen. Bislang ungelöst ist das Problem, sinnvollen und sinnlosen Nutzen zu trennen. Erwähnung verdienen noch die Erfahrungen des Bundeskriminalamtes (BKA) in der Terroristen-Bekämpfung. Das BKA-Beispiel steht für das Übersehen wichtiger Informationen, obwohl alles auf das systematische Sammeln und Bewerten von Informationen angelegt war. Der letzte Börsenkrach ist offensichtlich durch in den USA massenhaft verbreiteten Computerkauf und Verkaufsprogramme akzentuiert worden. Dies Beispiel zeigt, daß das massenhafte Auftreten individuell rational begründeter „Wenn-dann-Programmierungen" zu kollektiven Irrationalitäten führen kann. Belegt werden soll damit, daß es nicht genügt, das Konzept der Informationsökologie nur aus individueller Perspektive zu entwerfen; Informationsökologie muß auch eine *Systemeigenschaft* sein.

Innerhalb der CIM-Diskussion werfen diese Beispiele zunächst folgende Fragen auf: Wie komplex dürfen EDV-integrierte Systeme sein, um noch beherrschbar zu sein? Ist es nicht häufiger so, daß einmal implementierte Systeme nur noch eine sehr begrenzte zusätzliche Lernbereitschaft haben; z. B. wegen der Folgeprobleme von Programmänderungen? Findet nicht wegen der Informationsfülle und der Probleme der Informationsselektion häufig eine Problemverschiebung dergestalt statt, daß einer kostengünstigen Fertigung gesteigerte indirekte Kosten (Verwaltungsgemeinkosten) entsprechen, und gehen hiervon nicht auch wieder neue ökonomische Zwänge aus?

Möglicherweise noch gravierender sind zwei Eigenschaften von CIM-Systemen, die zunächst als durchaus positiv einzustufen sind. CIM-Systeme setzen auf horizontale Kooperation unter der Bedingung der Informationstransparenz. Allgemein gilt, daß CIM-Systeme der Ablauforganisation den Vorzug vor der Aufbauorganisation geben, daß also letztere sich anzupassen hat. Häufig geschieht dies durch Zusammenfassung mehrerer betrieblicher Hierarchien zu einer CIM-Hierarchie oder durch rigide verstärkte Kooperation verschiedener Hierarchien, die dann doch das Problem der Entscheidbarkeit im Konfliktfall aufwerfen. Hierarchien haben aber nicht nur die Bedeutung von Über- und Unterordnung mit bürokratischen Folgeeffekten. Ihre wesentliche rationale Leistung besteht in der Selektion von Informationen, dem Formulieren von Prioritäten und der Entscheidung im Konfliktfall, wobei zugleich hinzuzufügen ist, daß das Leistungspotential von Hierarchien sehr begrenzt ist, sie also nur funktionieren, wenn sie nicht zu häufig in Anspruch genommen werden. Wie komplex darf also eine CIM-Struktur sein, damit die zugehörige Hierarchie noch funktioniert? Wie muß eine Hierarchie aussehen, die mit komplexen CIM-Strukturen fertig wird?

Die Informationstransparenz von CIM-Systemen hat nun die Eigenschaft, betriebliche Sozialsysteme auf deren *formalisierte Organisation* zu reduzieren. Diese legt fest, wer, was, wann mit wem wie zu tun hat. Jeder weiß aber, daß diese formelle Organisation der Regelhaftigkeit nur eine Seite des betrieblichen Systems ist. Daneben gibt es ein weites Spektrum der informellen Organisation (z.B. innerbetrieblich persönliche Kontakte). Soziologen sagen, daß ohne informelle Organisation kein Betrieb funktioniert. Untersuchungen bzw. Überlegungen über das Verhältnis von formeller und informeller Organisation bei CIM-Systemen sind nicht bekannt. Vermutet wird aber, daß insbesondere auch die informelle Organisation eine ganze Reihe informationsökologisch unverzichtbarer Leistungen erbringt. Hierzu gehören:
- das Fertigwerden mit widersprüchlichen Anforderungen,
- das Bewältigen von Engpässen,
- das Verlieren von Informationen (jede Geschäftsführung würde verrückt, wenn sie tagtäglich genau mitbekommen würde, was im Betrieb passiert),
- das Puffern von Informationen bei der Kooperation mit anderen Abteilungen (genau überlegen, was weitergegeben wird),
- das Verdecken von Versagensleistungen, dafür aber die Entwicklung von Teamgeist,
- das Beschränken von Leistungsintensität, dafür aber die Erhaltung einer langfristigeren Arbeitsfähigkeit.

Informellen Organisationen ist im hohen Maße ein Ambivalenz ihrer Leistungen zu eigen, d.h. sie sind häufig in der Hierarchie unbeliebt und erbringen doch notwendige Leistungen. Es zeigt sich eben, daß die betriebliche Systemrationalität nicht einfach auf ihre technische Rationalität zu reduzieren ist. Und hierin dürfte ein wesentlicher Schwachpunkt der bisherigen CIM-Entwürfe bestehen. Gemessen an der tatsächlichen Informationsverarbeitung eines Betriebes kann es durchaus sein, daß die informationsverarbeitenden Leistungen eines CIM-Systems – trotz seiner Komplexität – gefährlich armselig ist, dies um so mehr, wenn diese CIM-Leistungen als dominant strukturbildend gesetzt werden.

Erforderlich ist hier eine Analyse des Phänomens „Informationsverschutzung" sowie die Erarbeitung einer Informationsökologie sowohl aus individueller Sicht (Informationsarmut, -überfluß, soziale Kommunikation, Verhältnis von Information zur Kooperation und Handlung) als auch aus der Sicht des Betriebes, wobei wesentliche Fragen, die der Proportionierung von horizontaler, aber auch vertikaler Arbeitsteilung und des Verhältnisses von formeller und informeller Organisation sind.

In den Vordergrund geschoben werden muß der Begriff der betrieblichen Systemrationalität: dies nicht nur auf unternehmensstrategischer Ebene, sondern auch auf betrieblich operativer Ebene. Zu erarbeiten sind informationsökologische Konzepte, insbesondere aus Anwender-Sicht. Die Problemverschiebung von der Erzeugung zur Verarbeitung von Informationen muß akzentuiert werden. Da insbesondere informationsökologische Gesichtspunkte als Systemeigenschaft noch als weitgehend unabgeklärt gelten dürften, ist hier Grundlagenforschung angebracht. Diese informationsökologische Grundlagenforschung kann sich aus konservativ-soziologischer Systemtheorie eine Menge Anregungen holen: einfach deshalb, weil diese Richtung der Soziologie nach den funktionalen und disfunktionalen Leistungen von (Teil-) Strukturen fragt und außerdem in methodischer Hinsicht über ein Instrumentarium verfügt (Äquivalenz-Funktionalismus), das offen für unterschiedliche Strukturen ist, also nicht alles von vornherein nach dem Kriterium des „one-best-way" sortiert. Abgesehen von dieser speziellen Richtung müßte die Industriesoziologie eine Menge Anregungen erbringen können, würde sie sich entschließen, CIM nicht quasi-technikgläubig (Gestaltbarkeitsdiskussion) zu diskutieren, sondern als ein Strukturprinzip sozialer Systeme im Vergleich zu anderen Verfahren der Strukturierung. Gelänge es, Psychologen und Pädagogen, (wegen der Probleme individueller Verarbeitbarkeit von Informationen) zu interessieren, und gelänge es, Informatiker (wegen der Probleme technischer Strukturierung von Informationen) zu motivieren, so wäre ein interdisziplinärer Forschungsansatz vorstellbar, der sowohl für die Systemgrenzen von CIM-Systemen als auch für die CIM-interne Mensch-Maschine- und vor allem Mensch-Mensch-Strukturierung wichtige Gestaltungsanregungen liefern würde.

Soll kurzfristig etwas geschehen, so kann den CIM-Entwicklern und Anwendern in Form von Kurz-Lektüre oder Kurz-Seminaren zum einen eine Beispielsammlung rund um Informationsverschmutzung und -ökologie und zum anderen eine Art komprimierte Betriebssoziologie mitgegeben werden (was zu erarbeiten wäre). Beide Angebote hätten die Funktion der Problem-Sensibilisierung, die daran zu erinnern hätte (das gilt auch für Technik-Journalisten), daß die Reduktion der Fabrik der Zukunft auf kompakte Maschinen-Bilder und Strichzeichnungen von Vernetzungen vielleicht doch etwas einfältig ist.

14.6 Ungedeckter Bedarf an Sicherheit

Neue Technologien werden gerne als unfall- und gesundheitssicher eingestuft. Dies gilt auch für komplexe(re), also vernetzte Systeme. Bezüglich letzterer wird geltend gemacht, daß schon wegen der aus wirtschaftlichen Gründen zu minimierenden Störzeiten ein hoher vorbeugender Instandhaltungsaufwand getrieben wird.

Diesen beruhigenden Tendenzaussagen stellen sich drei Argumente entgegen. Erstens ist die Behauptung unfall- und gesundheitssicherer neuer Technologien und insbesondere vernetzter Systeme nicht zureichend abgesichert, zweitens wird die technisch forcierte Problemverschiebung vom Unfall-, zum Krisen- bzw. Katastrophenschutz nicht ausreichend gesehen und drittens sind andere Dimensionen der Sicherheit, wie Schutz vor Datenmißbrauch und Schutz vor Computer-Kriminalität ungelöst. Insgesamt fehlt ein umfassendes Sicherheitsverständnis und demzufolge auch ein Sicherheitskonzept.

Zum Unfallrisiko ist anzumerken, daß in den Begriffssystemen der Berufsgenossenschaften, mit denen Unfälle dokumentiert, beschrieben und analysiert werden, neue Technologien überhaupt nicht enthalten sind. Demzufolge handelt es sich nahezu definitionsgemäß um unfallfreie Technologien (Eulenspiegel-Effekt). Folgerichtig gibt es nur Gerüchte und mühsame Recherchen, die z.B. besagen:
- eingesetzte Industrieroboter, insbesondere in mittelständischen Betrieben, sind sehr wohl ein Unfallrisiko;
- bei CNC-Maschinen sind zwar weniger, aber schwerere Unfälle als bei konventionellen Werkzeugmaschinen zu beobachten;
- es gibt keine hinreichende Software-Sicherheit gegen Manipulationen durch Ausstehende („Hacker");
- beim PC-Einsatz, z.B. in Schmieden, würden erhebliche Probleme (z.B. Schmutz, Hitze, Kälte) auftreten, die die Funktionssicherheit beeinträchtigen könnten;
- die Umsetzung einfacher, beinahe banal anmutender Regeln der Sicherheitstechnik an Bildschirm-Arbeitsplätzen, wie z.B. Kipp- und Standsicherheit der Geräte, Sicherheit der Elektroinstallationen stößt in der Betriebspraxis auf erhebliche Probleme.

Soweit nachvollziehbar, reagieren die betrieblichen und außerbetrieblichen Arbeitsschutzinstitutionen auf programmgesteuerte Arbeitsmittel in der Praxis vorzugsweise mit mechanischen Maßnahmen wie z.B. Schutzgitter beim Einsatz von Industrierobotern. Jedenfalls zeichnen sich für die Fachkräfte der Arbeitssicherheit empfindliche Kompetenzdefizite, z.B. in der Sicherheitsbeurteilung von EDV-Programmen zur Robotersteuerung oder CNC-Steuerung ab. Sind diese Kompetenzdefizite nicht behebbar, dann wird der Arbeitsschutz eine Einrichtung für zunehmend veraltete Technologien, was längerfristig zu Krisenerscheinungen in diesen Einrichtungen führen muß. Bezüglich des Gesundheitsschutzes ist nach wie vor anzumerken, daß es keine langfristigen epidemiologischen Studien über die Arbeit an und mit programmgesteuerten Technologien gibt. Der GfAH-Befund bei CNC-Werkern mit mehrjähriger Berufserfahrung, daß keiner dieser Menschen seine jetzige Tätigkeit bis zum 60. Lebensjahr für ausübbar hält, ist unwidersprochen („Verschleißarbeitsplätze"). Noch tabuisiert ist der Umschlag von häufigeren und weniger schwerwiegenden Unfällen zu seltenen und schwerwiegenden Ereignissen, die als betriebliche Krisen oder betriebliche bzw. überbetriebliche Katastrophen bezeichnet werden können. Es können Szenarios zu CIM-Bausteinen entwickelt werden. Die direkte Unfall-, Krisen- bzw. Katastrophenträchtigkeit von CIM-Systemen als Gesamtkomplex kann vom Verfasser nicht beurteilt werden. Wenn sich aber die in Abschn. 14.3 beschriebene Tendenz zu asynchronen Innovationen durchsetzt und sich die Asynchronität speziell auf Arbeitssicherheit und CIM-Anwendungen bezieht, ist das Treffen vorbeugender Arbeitssicherheitsmaßnahmen erschwert. Damit steigt die Wahrscheinlichkeit für das Auftreten schwerwiegender Sicherheitsverstöße in den Systemanwendungsbereichen generell. Und wenn sich die ebenfalls zuvor beschriebene Tendenz zu verstärkten innerbetrieblichen und zwischenbetrieblichen Produktivitätsunterschieden (Abschn. 14.2) fortsetzt und gleichzeitig die Arbeitnehmer in den weniger produktiven Bereichen arbeitsschutzmäßig unterversorgt werden, die weniger produktiven Bereiche in ihren Leistungen aber auf die produktiven Teilsysteme hin funktionalisiert werden, sind Tendenzen des Ansteigens von Arbeitsstreß und Arbeitsunfällen in diesen Bereichen mit Sicherheit zu vermuten.

Bereits die Anwendungen von CIM-Bausteinen gehen einher mit *Just-in-time-Prinzipien*. Anforderungen der unmittelbaren Reaktion auf Datenvorgaben über das Tätigen komplexer Dispositionen können zwei Typen von betrieblichen Krisen hervorrufen. Dies sind zum einen Prozeßfehlsteuerungen, die z. B. zu Schadstoffemissionen führen können und zum anderen Ablauffehlsteuerungen, die zu Produktionsfehlern (zu große, zu kleine Mengen usw.) führen können. Sind Teile der Dispositionen EDV-gestützt und laufen diese außerhalb der Einwirkungen menschlicher Erfahrungen, Intuitionen und Fachkunde ab, so potenzieren sich die Wahrscheinlichkeiten für Prozeßfehlsteuerungen und Ablauffehlsteuerungen. Die Diskongruenzen zwischen der Perfektionierung maschineller Funktionen (z. B. Systemkopplungen) und der gleichbleibenden Betrachtung des Menschen als „black box", insbesondere hinsichtlich Verursachung von Bewältigungsmöglichkeiten bei Arbeitsstreß, mutet gleichzeitig unlogisch und unreif an. Befassen sich mehrere Betriebe mit Just-in-time-Produktionen, können außerbetriebliche Folgewirkungen auftreten: Es entstehen Überlastungen des Straßenverkehrs (steigender Lastwagenverkehr mit zeitgenauen Fahrplänen), die Verkehrsstaus, Unfälle und in Abhängigkeit von der Ladung auch Katastrophen begünstigen. Funktionieren Stromverteilungsnetze und Verkehrsüberwachungssysteme nach ähnlichen Prinzipien wie die betrieblichen Informationsnetze, ist menschliches Fehlverhalten mit gravierenden katastrophenähnlichen Folgen nicht auszuschließen.

Für den Gesamtkomplex von vermuteten Streßeffekten, Arbeitsunfällen, Betriebskrisen und Katastrophen gilt, daß die Orte der Verursachung und die Orte des Auftretens dieser Schäden zu weiten Teilen auseinanderfallen, aber auch, daß minimale Fehler in der Bedienung oder Anwendung von Systemen sich zu schwerwiegenden Auswirkungen fortpflanzen (Fehlerakkumulationen) können.

Über *Datenschutz und EDV-gestützte Leistungserfassung und -kontrolle* ist viel diskutiert worden. Zweifelsfrei können diese Schutzgüter durch CIM-Systeme verletzt werden. Ob und wie weit dies geschieht, hängt nicht von den technischen Möglichkeiten, sondern deren Nutzung ab, woran sich zeigen läßt, daß CIM-Systeme nicht nur technisch-ökonomisch auszulegen sind, sondern auch einer konsensualen Bearbeitung bedürfen. Und schließlich steht fest, daß Computer ihre eigenen Formen der Kriminalität schaffen: von den Raubkopien bis zum unbefugten und mißbräuchlichen Eindringen in vernetzte Systeme. Wenn es möglich ist, per Computer Wirtschaftskriminalität zu begehen, so ist es auch möglich, ganze CIM-Systeme zu blokkieren oder zu beeinträchtigen. Die Folgen hiervon sind sowohl inner- als auch überbetrieblich immer stärkere Sicherheitskontrollen („Zugangskontrollsysteme"), also das Anwachsen polizeistaatlicher Tendenzen im Betrieb. Soll Flexibilität in Zukunft nur noch unter betriebsschutzbedingter Aufsicht funktionssicher sein?

Als globale Anforderung kann formuliert werden, daß neue Technologien und insbesondere CIM-Systeme sicher sein müssen. Zu erarbeiten ist ein umfassendes, mehrdimensionales Sicherheitskonzept. Es muß aber auch Klarheit darüber geschaffen werden, wie weit technische Sicherheitskonzepte reichen und ab wann, wo und wie konsensuale Sicherheitskonzepte unverzichtbar sind.

Lösungsansätze liegen in einem Mehr an *Transparenz und Ehrlichkeit*. Aus der Kernenergiediskussion kann eines mit Sicherheit gelernt werden: Nachgeschobene Maßnahmen sind nur halbe Maßnahmen! Wünschenswert wäre die Einberufung einer überbetrieblichen Sicherheitskommission mit spezifizierten Aufgaben, die
- die verschiedenen Problemdimensionen absteckt,
- lösbare Schritte ermittelt (z. B. Aufnahme neuer Technologien in die Unfalldokumentation, langfristige epidemiologische Untersuchungen),
- die Standards technischer Sicherheit vorantreibt (auch Befassung mit Anwendungssoftware mit (teil-)automatisierten sensiblen Dispositionsentscheidungen),
- die Modelle organisatorischer und konsensualer Sicherheit (Qualifizierung, Formen der Arbeitsorganisation, die Streßbewältigung zulassen) vorantreibt,
- versucht, unklare bzw. ungeklärte Probleme mit geeigneten Methoden (Szenarien, Simulationstechniken, Planspielen, Risikobewertungen) zu präzisieren bzw. zu kalkulieren.

Dringlich ist, die bislang eher zersplitterten Sicherheitsdiskussionen zu bündeln, aber auch, daß die aktuellen Gerüchte-Leerfelder durch möglichst gesicherte Wissensbestände abgelöst werden.

15 Auswirkungen von Vernetzungsstrategien auf Arbeitsplätze – mögliche Beiträge der Arbeitspsychologie und Arbeitspädagogik

WALTER VOLPERT

15.1 Allgemeines

Die unter Bezeichnungen wie CIM angekündigten technisch-organisatorischen Konzepte sind im wesentlichen noch Zukunftsprojektionen. Es ist sinnvoll und notwendig, sich im Rahmen einer vorlaufenden Technikfolgen-Abschätzung mit derartigen Konzepten zu befassen. Andererseits muß man jedoch darauf achten, nicht der Faszination großspuriger, aber nicht verwirklichter technischer Lösungen und dem Optimismus einiger System-Entwickler (und -Verkäufer) aufzusitzen und Wunsch- oder Sollens-Vorstellungen für realistische Antizipationen zukünftiger Tatbestände zu halten. Die tatsächliche Entwicklung wird sich nach aller Wahrscheinlichkeit sehr viel langsamer und widersprüchlicher vollziehen als manchenorts prophezeit; die beiden extremen Utopien – einerseits der zentralistisch-bürokratisch vollständig durchgeplante, automatische Produktionsablauf und andererseits die autonome, durch Informationstechnik gestützte Inselfertigung – werden beide wohl nicht verwirklicht werden: das erste wegen seiner mangelnden Effizienz und Flexibilität; das zweite wegen der damit drohenden Auflösung hierarchischer Strukturen.

Der Trend zur zunehmend größeren und vernetzten Produktionssteuerung durch Programmsysteme, welche auch die dispositiven, administrativen usw. Bereiche einschließt, wird sich aber zweifellos fortsetzen. Aufgrund der bisherigen Erfahrungen kann man mit einiger Sicherheit die folgenden Veränderungen annehmen:

a) Die bisherige horizontale Betriebsstruktur, insbesondere die Abteilungsgrenzen, werden in Frage gestellt werden, wobei dieser Veränderungsdruck auf den für Organisationen typischen Struktur-Konservativismus trifft; dies läßt eine Reihe von Friktionen erwarten.

b) Die Kontrollierbarkeit der individuellen Tätigkeit und Leistung wird erheblich steigen.

c) Der Raum möglicher Optionen hinsichtlich arbeitsorganisatorischer Lösungen und hinsichtlich des Aufgabenzuschnitts vergrößert sich.

d) Der Handlungs- und Dispositionsspielraum bei den Arbeitsaufgaben verringert sich tendenziell; dies gilt jedoch nicht für alle Optionen.

e) Es kommt zu neuen Qualifikationsanforderungen und Formen psycho-mentaler Belastung, die von großer Bedeutung für die Realisierbarkeit der genannten Optionen sind.

f) Der Handlungsspielraum der Einzelbetriebe und der Interessenvertretungen in diesen Einzelbetrieben wird sich erheblich verringern.

Die folgenden Ausführungen beziehen sich – da der Verfasser das Fachgebiet „Arbeitspsychologie und Arbeitspädagogik" vertritt – im wesentlichen auf die vorgenannten Bereiche d) und e), wobei die Annahme eines großen Spielraums bei der Arbeitsgestaltung (c) gewissermaßen die Grundlage ist.

Die Arbeitspsychologie und Arbeitspädagogik haben in den letzten Jahren Instrumente zur Bewertung von Arbeitsaufgaben im Hinblick auf ihren Handlungsspielraum und ihre psycho-mentale Belastung vorgelegt (z. B. VERA und RHIA). Darüber hinaus gibt es einen durchaus breiten – wenn auch über die Disziplinen hinaus wenig bekannten – Erkenntnisstand über Ziele und Methoden der Weiterbildung von Erwachsenen im Hinblick auf neue Technologien. Zu speziellen Fragestellungen liegen jedoch noch wenig konkrete Ergebnisse und Lösungsvorschläge vor. Deshalb befaßt sich der nächste Abschnitt mit möglichen Problemen und Forschungsfeldern im Bereich der Analyse.

15.2 Forschungsdefizite im Bereich der Analyse

Hier muß der Schwerpunkt auf empirischen und theoretischen Analysen konkreter Folgen der Einführung neuer Planungs- und Steuerungstechnologien und ihrer Projizierung in die Zukunft legen. Die psychologisch-pädagogische Ausschmückung utopischer Idyllen ist demgegenüber ausgesprochen überflüssig.

15.2.1 Untersuchung von Regulationserfordernissen und Handlungsspielraum und ihrer Veränderungen

In vielen Untersuchungen hat sich gezeigt, daß die Regulationserfordernisse bzw. der Handlungsspielraum einer Arbeitsaufgabe das zentrale Merkmal im Hinblick auf günstige oder ungünstige Auswirkungen der Arbeitstätigkeit auf die Persönlichkeit sind. Die zunehmende Vernetzung und Programmsteuerung im gesamten Produktionsablauf bringt es zwangsläufig mit sich, daß eine Reihe von Daten sehr viel eindeutiger festgelegt ist (keinen Interpretationsspielraum mehr läßt) und daß bestimmte algorithmische Abläufe in fixierter Weise vollzogen werden. Diese Potenz ist der Ausgangspunkt für Hoffnungen eines technologischen Taylorismus, einen vollständig vorausgeplanten, in seinem Ablauf festgelegten und perfekt kontrollierbaren Organisationsmechanismus zu erzeugen. Solche Vorstellungen sind zwar illusionär; es wird aber zweifellos versucht werden, sich ihnen in konkreten Organisationsformen anzunähern. Dies wird mit einer drastischen Reduzierung der Regulationserfordernisse und Handlungsspielräume an den Arbeitsplätzen verbunden sein.

Bekanntlich ist aber das tayloristisch-zentralistische Organisationskonzept seit langem nicht unangefochten. Es gibt immer wieder neue Varianten eines alternativen Modells, das auf die Qualifikation, Eigenverantwortung und Selbständigkeit der Organisations-Mitglieder setzt. Im Rahmen eines solchen Konzepts ist die dargestellte Verringerung der Interpretationsspielräume von Daten und der Ablaufvariation von Prozessen nicht zwangsläufig mit einer Reduzierung der Regulationserfordernisse und des Handlungsspielraums verbunden. So kann z. B. die Restriktivität von Vorgabedaten verringert werden, indem man einen zeitlichen Spielraum der Aufgabenbewältigung setzt (Rahmenpläne); ähnlich können Ablaufprogramme als Simulationsmittel und Planungshilfen, nicht als zwingende Vorschriften, eingesetzt werden. In theoretischen und empirischen Untersuchungen ist zu prüfen, wieweit derartige Möglichkeiten realisierbar oder schon realisiert sind und ob die zu den erwarteten positiven Auswirkungen auf die Höhe der Regulationserfordernisse führt.

Häufig wird vorgeschlagen, die Breite des Gestaltungsspielraumes durch die Erstellung unterschiedlicher Szenarien zu belegen und darzustellen, also durch verschiedene Organisationskonzepte bei gleichem Produktionsziel und vergleichbarem technologischem Aufwand. Aus arbeitspsychologischer Sicht sind aus diesen Szenarien die jeweiligen Arbeitsaufgaben und daraus wiederum die Regulationserfordernisse zu erschließen, somit die unterschiedlichen Konzepte im Hinblick auf die Persönlichkeitsförderlichkeit der Arbeitsplätze zu bewerten. Instrumentarien hierfür liegen grundsätzlich vor bzw. können adaptiert werden; das gesamte Vorgehen bedarf jedoch noch der Ausarbeitung.

Um entsprechende Organisationskonzepte zu verwirklichen bzw. um Optionen in diese Richtung nicht frühzeitig zu verbauen, ist nach übereinstimmendem Urteil in den Sozialwissenschaften eine frühzeitige und umfassende Beteiligung der Betroffenen erforderlich. In diese Beteiligung ist unbedingt auch die Softwareentwicklung einzuschließen. Eine solche Beteiligung stellt nun wiederum besondere Regulationserfordernisse (und bringt – um vorzugreifen – besondere Qualifikationsanforderungen und Belastungsformen mit sich). Auch diese bedürfen der genaueren Untersuchung, damit verhindert werden kann, daß Beteiligungsprozesse daran scheitern, daß man ihre psychologischen Voraussetzungen nicht hinreichend bedacht hat.

15.2.2 Untersuchung der psycho-mentalen Belastung und ihrer Veränderung

Es liegt in der Natur der Sache, daß neue Belastungsformen, insbesondere im Bereich der psycho-mentalen und informatorischen Belastung (also infolge des Umgangs mit abstrakten Daten und formal repräsentierten Prozeduren), auftreten. Gerade in diesem Bereich ist der Kenntnisstand hinsichtlich der Belastungsarten und -grenzen noch gering. Theoretische und empirische Untersuchungen, Grundlagen- wie Feldforschung, sind dringend erforderlich. Wichtige Fragestellungen könnten hierbei sein:
- Lassen sich für Arbeitsaufgaben, die in enger Beziehung zur maschinellen Datenverarbeitung stehen, Belastungsgrenzen für ein langfristig beeinträchtigungsfreies Arbeiten angeben, und zwar sowohl hinsichtlich des Umfangs als auch der Struktur jener Informationen, die weitgehend gleichzeitig zu berücksichtigen sind? Wo kommt es dabei zu ausgesprochenen Überlastungssituationen (wenn z.B. gleichzeitig an unterschiedlichen Stellen Eingriffe notwendig werden)?
- Welche Regulationshindernisse (gemäß dem durch das Verfahren RHIA definierten Katalog) treten an solchen Arbeitsplätzen verstärkt auf?
- Insbesondere: In welchem Umfang kommt es dabei zu widersprüchlichen Handlungsanforderungen – von der einfachen Ebene der Unterschiedlichkeit verschiedener DV-Systeme bis hin zu sehr stark belastenden Dilemmata derart, daß man unterschiedlichen Handlungsanforderungen nicht gleichzeitig entsprechen kann und dann für Abweichungen zur Verantwortung gezogen wird, auf deren Auftreten man keinen Einfluß hatte?

– Unter welchen Umständen kommt es zu der nicht erwünschten Form der Entlastung, daß der Arbeitende jegliche Verantwortung für den vor sich gehenden Prozeß ablehnt, auch und gerade bei hohen Risiken für andere?

15.2.3 Probleme der Qualifizierung

Angesichts der heftigen Diskussion zu diesem Thema dürfte dessen Bedeutung außer Frage stehen. Wichtige Untersuchungsthemen scheinen mir hierbei zu sein:
– Wo werden Qualifikationsdefizite gemeldet, die über den Mangel an gewissen Grund- und Verfahrenskenntnissen der Datenverarbeitung hinausgehen – sei es von den betroffenen Individuen, von den Unternehmen oder von anderen Beteiligten?
– Wo wird insbesondere über solche Qualifikationsdefizite berichtet, die sich auf die angestrebten Beteiligungsformen beziehen?
– Wie reagieren Unternehmen auf solche Defizite, wenn diese durch kurzfristige Schulungsmaßnahmen nicht behoben werden können? Kehrt man resigniert zu vermehrter Arbeitsteilung zurück?

15.3 Forschungsdefizite im Bereich von Konzipierung und Gestaltung

Es muß zwar dringlich vor einer voreiligen Gestaltungseuphorie und dem damit verbundenen Glauben an arbeitswissenschaftliche „Kochrezepte" gewarnt werden. Andererseits erfordert der angesprochene technische Wandel dringend sozialwissenschaftliche Gestaltungskonzepte, weil es sonst weder zum effizienten noch zum menschengerechten und persönlichkeitsfördernden Einsatz der neuen Technologien kommen wird.

15.3.1 Erstellung von Leitlinien für „Handlungsspielraum" und „psycho-mentale Belastung"

Damit in der durch den Begriff CIM angedeuteten Entwicklung Optionen offengehalten und realisiert werden können, welche auf der Kompetenz und Motivation der Mitarbeiter basieren, bedarf es zunächst einer Sensibilisierung für solche Fragen bei den Systementwicklern. Diese hängen manchmal dem Irrglauben an, die Folgen ihrer technischen Entwicklungen seien grundsätzlich positiv oder zumindest nicht von ihnen zu verantworten. Neben einer Intensivierung der öffentlichen Diskussion und einer Veränderung der Ausbildung von Ingenieuren und Informatikern dürfte insbesondere die Entwicklung von Leitlinien und Kriterien-Katalogen für die Beurteilung neu entstehender Arbeitsplätze unter arbeitspsychologischen und -pädagogischen Gesichtspunkten (möglichst mit Positiv- und Negativbeispielen) von Bedeutung sein. Solche Leitlinien sollten bestimmte Merkmale des zukünftigen Arbeitsplatzes als „Entwicklungs-Produkt" umschreiben, ohne vorschnell auf Einzellösungen zu fixieren; darüber hinaus sollten sie Charakteristika des partizipativen „Entwicklungs-Prozesses" beschreiben, wobei nicht nur das Erfordernis einer solchen Betroffenenbeteiligung zu formulieren ist, sondern auch die jeweiligen Bedingungen und Vorgehensweisen beschrieben werden müssen.

Dabei müssen auch Grundsätze einer „differentiellen Arbeitsgestaltung" ausgearbeitet werden: Arbeitsaufgaben sind für unterschiedliche Personen und Gruppen mit unterschiedlichen Profilen der Qualifikation und der Belastbarkeit unterschiedlich auszulegen, damit es nicht zu Überlastungen oder Unterforderungen von Teilgruppen kommt.

Die genannten Leitlinien müssen – im Sinne einer *kontrastiven Aufgabenanalyse* – auf eine Verteilung zwischen menschlichen Aufgabenanteilen und maschinellen Prozeduren hinführen, welche die typisch menschlichen Besonderheiten und Stärken schützt und fördert. Nur was sich unter einer solchen Perspektive als Restfunktion für maschinelle Prozeduren ergibt, sollte automatisiert werden.

Hinsichtlich der Beurteilungskriterien für die zu entwickelnden Arbeitsaufgaben sind die Merkmale erhöhter Regulationserfordernisse (also eines größeren Handlungsspielraums) möglichst genau für den jeweiligen Produktionsbereich darzulegen. Zusätzlich sind Hinweise über eine nach Art und Umfang angemessene psycho-mentale Belastung zu geben; insbesondere sollen Belastungskonstellationen und -spitzen dargestellt werden, die es unbedingt zu vermeiden gilt. Dem Problem der widersprüchlichen Handlungsanforderungen (s. o.) ist dabei besonderes Augenmerk zu widmen.

15.3.2 Qualifizierungskonzepte

In der – auf das Entwicklungsprodukt und den Entwicklungsprozeß bezogenen – Qualifizierung *aller* Beteiligten bei der Arbeitsgestaltung unter den Bedingungen von Vernetzung und Programmsteuerung liegt letztlich der Schlüssel für den vernünftigen Einsatz dieser Technologien. Dabei muß ebenfalls für alle, besonders aber für die zukünftigen Arbeitsplatzinhaber, das Prinzip der *Einheit von Arbeitsgestaltung und Qualifizierung* verwirklicht werden. Im Hinblick auf die genannte Personengruppe erfordert dies insbesondere:
- Es müssen Konzepte entwickelt werden, um die individuellen Voraussetzungen – im kommunikativen und im sachlichen Bereich – für eine erfolgreiche *Beteiligung am Innovationsprozeß* zu schaffen.
- Hierzu sowie für adäquate Aufgabenbewältigung dürfte eine prozeßunabhängige Qualifikation von besonderer Bedeutung sein, die man mit Begriffen wie *„Denken in Zusammenhängen und Kreisläufen"*, „Erfassung vernetzter und rückgekoppelter Systeme" sowie „Dispositions- und Planungs-Kompetenz im Umgang mit solchen Systemen" umschreiben kann. Auch hierfür sind Qualifizierungskonzepte zu entwickeln.
- Gleiches gilt für die Befähigung, die Möglichkeiten und Grenzen der Informationstechnik kritisch einzuschätzen und sich dabei auch der *menschlichen Besonderheiten und Stärken* gegenüber maschinellen Prozeduren und Automatismen bewußt zu werden.
- Schließlich gehört hierzu auch das eigene Umgehen mit dem *Prinzip der Verantwortung:* die Erkenntnis der Rolle und Bedeutung des reflektiert handelnden Individuums in vernetzten Systemen.

In diesen Bereichen besteht noch ein sehr großes Forschungs- und Konzipierungsdefizit. Vor allem muß bedacht werden, daß die entsprechenden Konzepte hinsichtlich ihrer *Lernziele* differenziert werden müssen und daß sie in ihrer *Didaktik und Metho-*

dik auf die Weiterbildung von Erwachsenen ausgerichtet sein müssen. Gerade in dieser Hinsicht ist das allgemeine Problembewußtsein noch sehr gering. Häufig glaubt man, wenn man einen Qualifizierungsbedarf entdeckt hat, stelle sich die entsprechende pädagogisch-psychologische Kompetenz gewissermaßen im Selbstlauf ein. Das Resultat sind in der Regel veraltete und unangemessene Lehrmethoden sowie entsprechend geringe Lehrerfolge.

15.4 Zusammenfassung

Im psychologisch-pädagogischen Bereich entsteht aus der CIM-Problematik vermehrter Forschungsbedarf. Ohne eine hinreichende Lösung der Frage nach dem adäquaten Aufgabenzuschnitt und einer angemessenen Qualifizierung sind mit Sicherheit erhebliche negative Auswirkungen zu erwarten. Dabei erscheinen die folgenden drei Schwerpunkte von besonderer Bedeutung:
– Die Unzulänglichkeit eines zentralistisch-deterministischen Organisationskonzepts muß erneut deutlich gemacht werden, um Optionen für einen sowohl effizienteren als auch humaneren Einsatz dieser Technologien offen zu halten.
– Es bedarf psychologischer Gestaltungshilfen, welche insbesondere die Aspekte der Regulationserfordernisse und der psycho-mentalen Belastung behandeln und dabei relativ spezifisch auf den jeweiligen Produktionsprozeß bezogen sind.
– Es bedarf eines umfassenden Konzeptes der Qualifizierung aller Beteiligten, in welchem die Lernziele (vor allem die prozeßunabhängigen) hinreichend präzisiert und die Lehrmethoden ausgearbeitet sind. Das Denken in Zusammenhängen und die Reflektion der eigenen, verantwortlichen Rolle in vernetzten Systemen sind dabei besonders wichtig.

15.5 Literatur

Brödner, P: Fabrik 2000. Alternative Entwicklungspfade in die Zukunft der Fabrik. Berlin (West): edition sigma, 1985
Erbe, HH: Die Werkstatt als Mittelpunkt des Fertigungsprozesses. In: Hoppe, M; Erbe, HH (Hrsg.): Rechnergestützte Facharbeit (Bd. 7 der Reihe Berufliche Bildung). Wetzlar: Jungarbeiterinitiative an der Werner-von-Siemens-Schule, 1986, 33–48
Hirsch-Kreinsen, H; Schultz-Wild, R (Hrsg.): Rechnerintegrierte Produktion. Zur Entwicklung von Technik und Arbeit in der Metallindustrie. Frankfurt/Main: Campus, 1986
Leitner, K; Volpert, W; Greiner, B; Weber, WG; Hennes, K: Das RHIA-Verfahren: Analyse psychischer Belastung in der Arbeit. Köln: TÜV Rheinland, 1987
Moldaschl, M; Weber, WG: Prospektive Arbeitsplatzbewertung an flexiblen Fertigungssystemen. Psychologische Analyse von Arbeitsorganisation, Qualifikation und Belastung. Berlin: Technische Universität, 1986
Naschold, F: Organisationsentwicklung und technische Innovation. Z. Arb. Wiss. 41 (1987), 193–195
Volpert, W: Kontrastive Analyse des Verhältnisses von Mensch und Rechner als Grundlage des System-Design. Z. Arb. Wiss. 41 (1987), 147–152
Volpert, W: Lernen und Aufgabengestaltung am Arbeitsplatz. Z. für Sozialisationsforschung und Erziehungssoziologie 7 (1987) 242–252
Volpert, W: Oesterreich, R; Gablenz-Kolakovic, S; Krogoll, T; Resch, M: Verfahren zur Ermittlung von Regulationserfordernissen in der Arbeitstätigkeit (VERA). Köln: TÜV Rheinland, 1983

16 Forschungsfelder für vernetzte Informationsfluß- und Materialflußkonzepte in Produktion und Logistik

HORST WILDEMANN

16.1 Einleitung: Zur wirtschaftlichen Notwendigkeit einer Integration

Charakteristisch für die heutige Wettbewerbssituation einer Unternehmung ist eine Schrumpfung vieler Marktsegmente, eine Internationalisierung des Wettbewerbs mit zunehmendem Preis-/Kostendruck, eine stärkere Individualisierung der Bedürfnisse sowie eine Verkürzung der Produktlebenszyklen in zahlreichen Branchen. Ausgelöst durch diese Entwicklungen ist der Produktions- und Logistikbereich zu einem entscheidenden Wettbewerbsfaktor der Unternehmung geworden.

Neben den technologischen Systemen stellen besonders die logistischen Systeme ein Rationalisierungs- und Flexibilitätspotential dar, welche es auszuschöpfen gilt. Als Lösungsansätze für die Neugestaltung stehen die Just-in-time-Produktion (JIT) und die computerintegrierte Fertigung (CIM) im Mittelpunkt der Diskussion.

Zur Implementierung einer kundennahen JIT-Produktion und Beschaffung ist eine ganzheitliche Betrachtung der Auftragsabwicklung in einer „logistischen Kette", die z. B. Zulieferer, Rohmateriallager, Fertigung, Teilelager, Montage, Fertigwarenlager und die Warenverteilung bis hin zum Abnehmer umfaßt, erforderlich. Der Materialfluß verläuft vom Zulieferunternehmen zum Abnehmer. Der zur Koordination notwendige Informationsfluß verläuft entgegengerichtet und zeitlich vorgezogen vom Abnehmer und Zulieferanten. Durch eine derartige integrative Kopplung aller am Wertschöpfungsprozeß beteiligten Bereiche kann die Weiterleitung von Marktimpulsen anforderungsgerecht durch die gesamte logistische Kette bis zum Lieferanten realisiert werden. Aufgrund des langwierigen Einführungsprozesses sind Teilintegrationsschritte vorzusehen (vgl. Bild 16.1).

Just-in-time-Prinzipien und CIM streben gleiche Ziele an und ergänzen sich gegenseitig bei der Ausschöpfung vorhandener Rationalisierungspotentiale. Das Erschließen dieser Rationalisierungs- und Flexibilitätsreserven wird besonders durch einen simultanen Einsatz beider Konzepte erreicht. Die Implementierung organisatorischer und technologischer Vernetzung wird somit zu einer wirtschaftlichen Notwendigkeit zur Erlangung von Wettbewerbsvorteilen.

16.2 Problemanalyse: Einführungsprozeß einer computergestützten Fabrik

Eine computergestützte Fabrik kann nicht als geschlossene Einheit, sondern nur in Teilen entstehen. Basis ist die technische Integrationsfähigkeit der Automatisierungs-

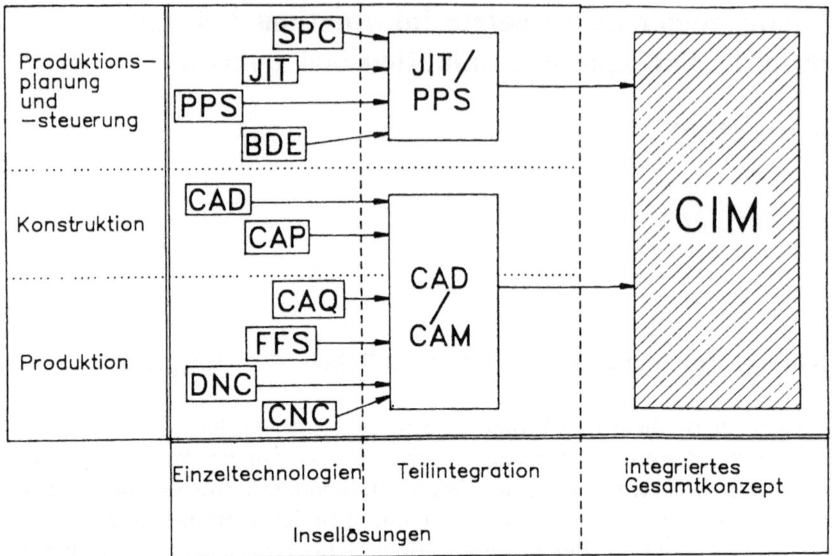

Bild 16.1. Teilintegrationsschritte auf dem Weg zu CIM

komponenten und deren organisatorische sowie informationstechnische Verknüpfung.

Unternehmungen, die ihren Produktionsbereich in ein CIM-System unter Beachtung von JIT-Prinzipien überführen möchten, werden bei der Analyse ihrer Ausgangssituation die Durchdringung mit CIM-Komponenten und den derzeitigen Integrationsgrad erfassen. Um die geplante Leistungsfähigkeit des Produktionssystems zu erreichen, wird ein Sollzustand definiert. Um diesen zu erreichen, ist eine für jedes Unternehmen unterschiedlich große *Technologielücke* zu schließen. Diese Technologielücke, die in der Ausgangssituation konstatiert wird und zu einem definierten Zeitpunkt geschlossen sein soll, läßt sich in verschiedene Komponenten gliedern. Zur Erreichung von CIM ist es erforderlich, die Komponentenlücke durch CA-Technologien zu schließen. Eine andere Dimension stellt die *Integrationslücke* dar, die die mangelnde Integration der Komponenten über Netzwerke, standardisierte Schnittstellen, gemeinsame Datenbanken etc. beschreibt. Der Aufbau von CIM-Systemen stellt somit einen simultanen Diffusionsprozeß von Einzeltechnologien und Integrationsprozeß dieser Komponenten dar.

Die Analyse von bisher begonnenen Einführungsprozessen zeigt weiter, daß vier weitere methodische Lücken durch eine rational geplante Einführungsstrategie zu überwinden sind:
1. Die Beherrschbarkeitslücke,
2. die Organisationslücke,
3. die Argumentationslücke und
4. die Erwartungslücke.

Die Beherrschbarkeitslücke entsteht durch die zunehmende EDV-Durchdringung und Integration von bisher getrennten Funktionen Die Qualifikationsanforderungen

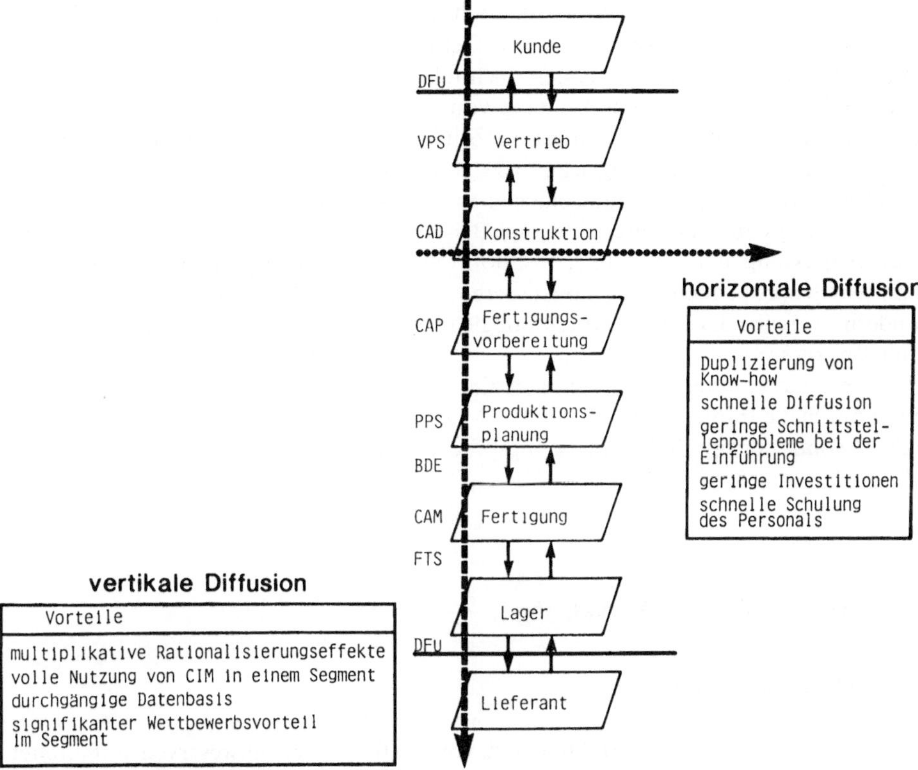

Bild 16.2. Diffusionsrichtung von Informationstechnolgien

an die Mitarbeiter ändern sich tiefgreifend. Da die Qualifikation der im Unternehmen vorhandenen Mitarbeiter diesen Anforderungen häufig nicht gerecht wird, ist die Beherrschbarkeit der Technologie nicht immer zu gewährleisten. Ohne den Diffusionsprozeß begleitende Personal- und Organisationsentwicklung entsteht im Zeitablauf die Beherrschbarkeitslücke.

Auch können bei der Diffusion Systeminkompatibilitäten zwischen Unternehmensorganisation und technischen Systemen entstehen, die auch von der Diffusionsrichtung abhängen (vgl. Bild 16.2). Die Vorwegnahme organisatorischer Anpassungen an die in der Zukunft auftretenden Anforderungen von CIM ist nicht vollständig möglich. Diese Lücke ist nur begrenzt durch organisatorische Vorplanung zu schließen. Jedoch ist es möglich, die Strukturen so zu gestalten, daß ihre Flexibilität eine konfliktarme und schnelle Veränderung erlaubt.

Der Nutzen implementierter CIM-Bausteine steigt über die Nutzungszeit, da deren Integration mit vor- und nachgelagerten Bereichen zu einer multiplikativen Steigerung von Rationalisierungseffekten führt und auch strategische Vorteile im Wettbewerb eröffnet. Dieser Zusatznutzen ist jedoch meist schwer quantifizierbar. Um diesen Integrationsnutzen überhaupt zu erschließen, sind Investitionen in die „weißen Flecken" der EDV-Landschaft einer Unternehmnung erforderlich (z. B. in Datenbanken und Netze). Eine Einzelprojektbetrachtung bringt selten eine Rendite. Daraus ergibt sich die Notwendigkeit durch eine Technologieportfolio die Investitionen so zu lenken, daß auch zukunftsweisenden Technologien Finanzmittel zufließen.

Schließlich entsteht bei der Nutzung von CIM die Erwartungslücke als Differenz des geplanten Zielerreichungsgrades im Zeitverlauf und des tatsächlich realisierten. Die mangelnde Zielerreichung ist nur zum Teil auf zu hoch gesetzte Erwartungen zurückzuführen. Eine Hauptursache stellen Mängel in der Einführungsplanung der technischen Systeme dar. Hier sind zum Beispiel vermeidbare Bedienungsfehler, fehlende Anpassung der Ablauforganisation, zu früher Einstieg in die Technologie, Schnittstellenprobleme etc. zu konstatieren, die die Effizienz in der Nutzungsphase mindern. Aufgabe der Einführungsstrategie für CIM und JIT ist es, einen Beitrag zum Schließen dieser Lücken zu leisten.

Ausgehend von der Ist-Situation ist eine Soll-Situation zu einem definierten Zeitpunkt durch die Implementierung von CIM zu erreichen. Durch die Einführungsstrategie ist somit der optimale Anpassungspfad vom Ist- zum Soll-Zustand festzulegen.

16.3 Ansatzpunkte zur Vernetzung

16.3.1 Ebenen der Vernetzung

Die Nutzung von Synergieeffekten und von Rationalisierungsreserven auf breiter Basis ist mit einer rein technischen Vernetzung nicht zu erreichen. Zur Erschließung dieses Potentials muß die Integration weit über die Verknüpfung von CAX-Komponenten hinausgehen.

Es hat sich als zweckmäßig erwiesen, vier verschiedene Entwicklungsstufen der Integration zu unterscheiden:

1 technische Verknüpfung   = DV-technisches Verbinden von Senden/Empfangen,
2 semantische Verknüpfung = Verstehen der Zielsetzungen und Strukturen,
3 interaktive Verknüpfung = Handlungsabläufe bei Ereignissen,
4 strategische Verknüpfung = zielorientiertes Ausrichten und Zusammenwirken der Elemente.

Mit der technischen Verknüpfung der Rechnersysteme wird die Basis zur Kommunikation der im Produktionsprozeß beteiligten Teilnehmer geschaffen. Zum besseren Verständnis der einzelnen Partner sind in der zweiten Entwicklungsstufe der Integration die Objekte gemeinsam zu definieren, welche an den Schnittstellen übergeben werden.

Während die „Reifegrade" 1 und 2 einen statischen Prozeß darstellen und ihre Realisierung über DV-technische Mittel bzw. generelle organisatorische Regelungen erfolgt, sind die Entwicklungsstufen 3 und 4 als dynamische Prozesse erst unter Einbeziehung entsprechender Organisationsstrukturen erreichbar. Erst die Integration intelligenter DV- und Kommunikationssysteme und flexibler Produktionssysteme in informations- und materialflußverstärkende Organisationsformen lassen eine Vernetzung mit hohem Reifegrad erreichen.

16.3.2 Innerbetriebliche Vernetzung

Bei der Anwendung vernetzter Informationsfluß- und Materialflußkonzepte entstehen dezentrale Ablauf- und Entscheidungsfunktionen. Isolierte Optimallösungen in Teilbereichen können dabei nicht das von der verfügbaren Information abhängige Gesamtoptimum erreichen. Zentrale Rechnersysteme sind daher erforderlich, um integrierte Teilsysteme zu erreichen. Die integrierte Informationsverarbeitung fußt somit auf der Verknüpfung von technischer und dispositiver Fertigungssteuerung und der Dezentralisierung von Produktionssteuerungskonzepten.

Die traditionelle Trennung dispositiver und technischer Steuerung des Wertschöpfungsprozesses wird durch die Implementierung von JIT-Prinzipien partiell aufgelöst. Damit ist es z. B. möglich, über abgerufene Aufträge erforderliche Impulse an die Lager- und Transportsteuerung zu geben. Ebenso ist es denkbar, erforderliche Lieferabrufe für Lieferanten unmittelbar auszulösen. Hierzu sind im PPS-Bereich Schnittstellen zu bilden, die eine Einbindung in eine unternehmensspezifische Rechner- und Programmhierarchie ermöglichen. Diese kann z. B. folgende Struktur aufweisen:

Die Prozeßsteuerung an den einzelnen Maschinen, Handhabungs-, Transport- und Lagersystemen bildet die unterste Ebene in der Rechnerhierarchie. Hier sind neue Technologien wie Industrieroboter oder flexible Fertigungssysteme in die betriebliche Informationsverarbeitung zu integrieren. Aufgrund unterschiedlicher Hardware werden auf dieser Ebene in der Regel verschiedenartige Steuerungen eingesetzt, die mit Hilfe eines übergeordneten Prozeßleitsystems zu koppeln sind. Die Prozeßrechner können über ein lokales Netzwerk (LAN) mit einem übergeordneten Fertigungsleitsystem gekoppelt werden, das seinerseits mit CAD-Rechnern und der kommerziellen DV zur Produktionsplanung und -steuerung in Verbindung steht. Die Kommunikationsfähigkeit zwischen diesen Ebenen und Komponenten ist letztlich die Voraussetzung für die Verwirklichung eines CIM-Konzeptes. Für die Planung, Koordination und Kontrolle innerhalb der logistischen Kette können aus den existierenden Konzepten auf die Unternehmung spezifisch angepaßte Kombinationen zur Anwendung gelangen.

Die zentrale Planung und Steuerung der betrieblichen Kapazitätseinheiten erfordert eine geeignete Betriebsdatenerfassung, so daß nach jedem Arbeitsgang entweder „online" oder periodisch eine Rückmeldung erfolgen kann. Der gewünschte Materialdurchsatz in der logistischen Kette wird dann auf der Basis der laufenden Rückmeldungen durch entsprechend korrigierende Eingriffe in den Produktionsablauf sichergestellt.

Bei einer Just-in-time-Produktion sind jedoch zeitnähere Steuerungsmaßnahmen erforderlich. Diese werden erreicht, wenn parallel zu den Reorganisationsmaßnahmen im Fertigungsbereich wie z. B. Fertigungssegmentierung oder flußorientierter Aufbau von KANBAN-Regelkreisen eine Reorganisation der Produktionsplanung und -steuerung mit einer Dezentralisierung von dispositiven Funktionen erfolgt. Dabei werden bestimmte Planungs- und Entscheidungskompetenzen wie z. B. die kurzfristige Reihenfolgeplanung innerhalb festgelegter Handlungsspielräume in den ausführenden Bereich rückverlagert.

Durch die Dezentralisierung reduziert sich die Komplexität der zentralen Fertigungssteuerung. Der gesamte Materialfluß unterliegt einer ständigen Kontrolle, so daß Rückmeldungen jeweils nur nach mehreren verknüpften Arbeitsgängen erforderlich sind. Neben der Zahl der Rückmeldungen reduziert sich auch das zu übertragende Datenvolumen, wenn die Produktion mit festen Raten erfolgt. Weiterhin werden einige Steuerungsfunktionen konventioneller PPS-Systeme durch generelle Regelungen wie z. B. „nur Weitergabe von Gutteilen" und „Produktion nur auf Anforderung" etc. abgedeckt.

Ausgangspunkt für eine interne Informationsverarbeitung sind die in vielen Unternehmen zur Produktionsplanung und -steuerung eingeführten MRP-Systeme. MRP-Systeme bilden nicht nur die Basis für eine Einführung von vernetzten Informationsfluß- und Materialflußprinzipien in der Produktionsplanung und -steuerung, sondern auch für die Integration der betriebswirtschaftlichen und technischen Datenverarbeitung zu einem CIM-System mit gemeinsamem Grunddatenbestand. Verknüpfungen über ein LAN stellen die Verbindung zu anderen dezentralen Teilsystemen dar, welche für eine schnelle Informationsversorgung der „Integrierten Produktion" erforderlich sind.

Neue Informationstechnologien zielen darauf ab, mit Hilfe von Modularprogrammen und Hardwarekonzepten die zielgerichtete Kombination von Dezentralisierung von Wertschöpfungsfunktionen und deren Integration in ein Gesamtkonzept zu erreichen.

16.3.3 Überbetriebliche Kommunikation

Während innerbetrieblich lokale Netzwerke für eine zeitverzugslose und papierlose Informationsverarbeitung zur Verbesserung der Reaktionsfähigkeit zum Einsatz kommen, müssen bei der Überschreitung der Unternehmensgrenze öffentliche Technologien verwendet werden. Ein direkter Informationsaustausch kann dabei sowohl mit dem Abnehmer als auch mit dem Zulieferer eines produzierenden Unternehmens stattfinden. Vertriebsseitig dient die unmittelbare Anbindung an Kunden der beschleunigten Auftragserfassung ohne das Risiko von Eingabefehlern. Damit kann die Einplanung des Auftrages und die Bestätigung für den Kunden kurzfristiger erfolgen. Ebenso kann durch den Einsatz neuer Kommunikationstechnologien beschaffungsseitig eine papierlose Abwicklung realisiert werden, die zur Reduzierung der Wiederbeschaffungszeiten beiträgt. Prinzipiell besteht für den Einsatz neuer Kommunikationstechnologien kein Unterschied, ob sie beschaffungs- oder absatzseitig verwendet werden, da lediglich die technische Verknüpfung zweier Unternehmungen unabhängig vom produktbezogenen Dateninhalt relevant ist. Daher können für die technische Realisierung hier Kommunikationstechnologien für beide Enden der logistischen Kette am Beispiel der Beziehung Abnehmer-Zulieferer dargestellt werden.

Die Reduzierung der Informations-Durchlaufzeiten zu Kunden und zu Lieferanten bedingt in vielen Fällen eine situativspezifisch abgestufte DV-Unterstützung, so daß hier hinsichtlich der Informationsübertragung die Eignung verwendbarer Kommunikationstechnologien gefordert ist (vgl. Bild 16.3). Dadurch entstehende Kosten für erforderliche Installationen und laufenden Betrieb müssen beurteilt und in Relation zu dem erwarteten Nutzen gesetzt werden.

Verfügbare Kommunikationstechnologien sind anhand von Beurteilungskriterien wie Übertragungs-, Zugriffsicherheit u. a. zu bewerten, die die Anforderungen einer produktionssynchronen Beschaffung bzw. Zulieferung berücksichtigen. Zur Zeit ist

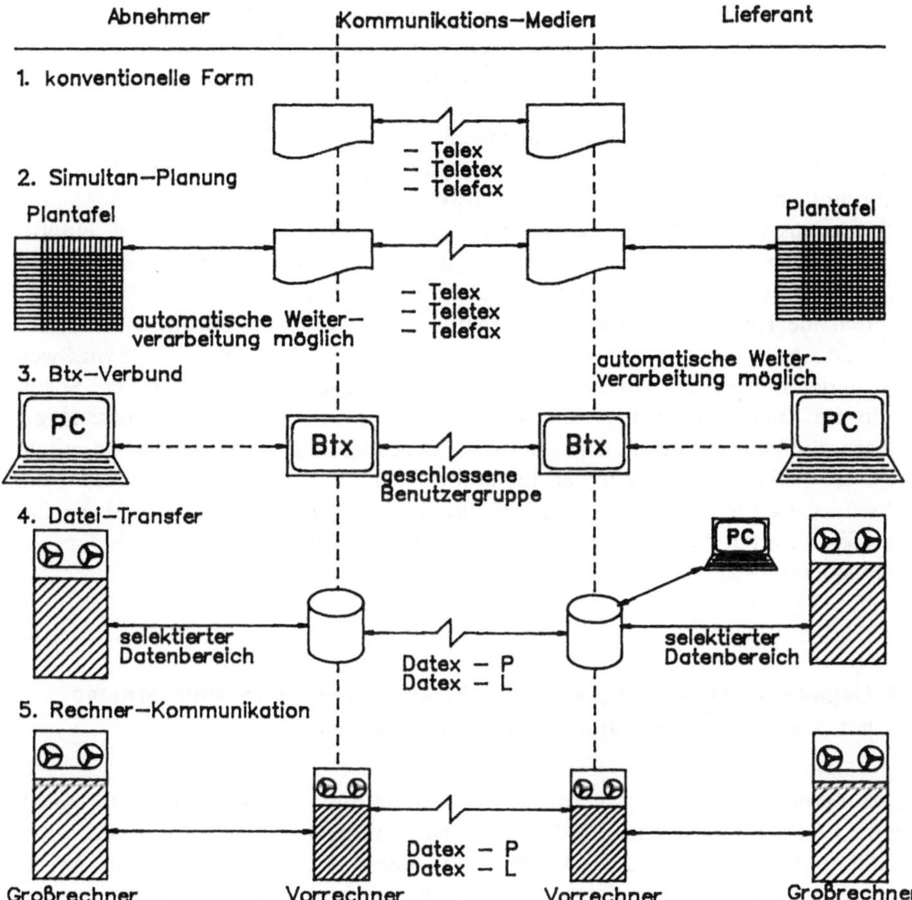

Bild 16.3. Modelle zur integrierten Informationsverarbeitung zwischen Lieferant und Abnehmer

noch kein System in der Lage, alle gestellten Anforderungen zu erfüllen. Es wird auf eine Kombination verschiedener Systeme nämlich Textkommunikation und Datenkommunikation zurückgegriffen.

Im Rahmen des überbetrieblichen Materialaustausches steht die häufige Lieferung kleiner Mengen als ein wichtiges Kriterium für eine erfolgreiche JIT-Konzeption im Gegensatz zur Reduzierung der Transportkosten bei großen Entfernungen. Um dieser Kostensteigerung entgegenzuwirken, ist es sinnvoll, Lieferungen für ein abgegrenztes Gebiet einem einzigen Spediteur zu übertragen, welche dieser sammelt und in einer Ladung an den Bestimmungsort transportiert. Hierfür wird ein Gebietsspediteur verpflichtet.

Entsprechend der Verknüpfung innerhalb der logistischen Kette können zwei generelle Arten überbetrieblicher Vernetzung unterschieden werden:

Fall 1: Kunde – Spediteur – Produzent,

Fall 2: Produzent – Spediteur – Zulieferant.

Ziel beider Anlieferungskonzepte ist es, Waren in einer definierten Region mit großer Anzahl Lieferanten täglich zusammenzufassen und als Komplett-Ladung zu entsprechend niedrigen Tarifen über die große Distanz zum Abnehmer zu transportieren. Durch die Integration des Spediteurs in den Informationsfluß wird die Übertragung logistischer Funktionen auf ihn in größerem Maße als bisher möglich. Die Inanspruchnahme von Dienstleistungen wie Verpackung, Lagerführung und Bestandsorientierung verlagert einen Teil der Verantwortung für die Versorgungssicherzeit an das Speditions-Unternehmen. Damit steigt gleichzeitig die Notwendigkeit, langfristige Bindungen auch mit dem Spediteur einzugehen, um die wachsende Abhängigkeit bezüglich der Versorgungssicherung abstützen zu können.

Durch die Integration in den Informationsfluß wird dem Spediteur im ersten Schritt die Abruf-Information vom Abnehmer zugestellt. Der Liefer-Abruf wird weiterhin an den Lieferanten geleistet. Aufgrund vereinbarter Zeiten ist damit der Spediteur für die Abholung der Teile und die Zustellung beim Abnehmer verantwortlich. In einer weitergehenden Stufe ist es denkbar, den Spediteur zur Datenstation auszubauen. In diesem Fall erfolgt der Lieferabruf durch den Abnehmer direkt beim Spediteur. Dieser leitet die Abruf-Information an den Lieferanten weiter. In Abhängigkeit fest zu vereinbarender Vorlaufzeiten übernimmt der Spediteur die Versorgung des Abnehmers.

16.4 Organisatorische und personelle Wirkungen und Gestaltungsräume der Vernetzung von Informations- zum Materialfluß

Mit der Vernetzung von Informations- und Materialfluß in Produktion und Logistik wird die Erstellung differenzierter Produkte zu konkurrenzfähigen Kosten bei hoher Qualität und kurzfristiger Lieferbereitschaft angestrebt. Je nach Integrationsgrad entstehen unterschiedlich starke Auswirkungen auf Personal und Organisation. Neben den anzustehenden Sachzielen sind auch mitarbeiterorientierte Ziele, wie Qualifikation, Motivation u. a., für eine effiziente Technologienutzung zu beachten. Personelle Auswirkungen neuer Produktionstechnologien sind nach den drei Mitarbeitergruppen

- Führungskräfte,
- Planer und
- Anlagenbediener

zu analysieren. Entscheidend für die personelle Gestaltungsnotwendigkeit bei einem Einsatz integrierter Informations- und Materialflußkonzepte ist die Verdeutlichung organisatorischer Spielräume.

Organisationsspielräume. Durch die ihm Rahmen von CIM entsprechende Datenverbindung zwischen technischen und administrativen Funktionen kann ein höherer Grad an Aufgabenintegration erreicht werden. Diese ganzheitliche Aufgabenerfüllung durch den Mitarbeiter kann in dreierlei Hinsicht erhöht werden. Horizontal lassen sich verstreut wahrgenommene gleichrangige Aufgabenelemente in einer Stelle zusammenziehen. Dasselbe gilt vertikal für arbeitsteilig organisierte Planungs-, Entscheidungs-, Durchführungs- und Kontrollaufgaben. Schließlich lassen sich bislang ausgelagerte Hilfsfunktionen in die Hauptaufgaben zurückverlagern.

Die Vorteile dieser Funktionsintegration liegen in der Vermeidung von Doppelarbeit, einer höheren Auskunftsbereitschaft sowie einer verbesserten Planungsqualität. Probleme einer vorhandenen Integration liegen in der zunehmenden Komplexität des EDV-Systems, der Gefahr der Fehlinterpretation von Daten, die von anderer Stelle gepflegt werden sowie in höheren Anforderungen an die Personalqualifikation.

Einen wichtigen Ansatzpunkt zur Herbeiführung einer mitarbeiterorientierten Organisationsstruktur stellt das Konzept der Fertigungssegmentierung dar, das die Schaffung kleiner autonomer, produktorientierter Einheiten in der Produktion zum Inhalt hat.

Im Rahmen der Ablauforganisation bewirkt die informations- und materialflußorientierte Verkettung von Anlagen zwei Veränderungsmöglichkeiten, nämlich die Möglichkeit zur Dezentralisierung von Funktionsbereichen und die Verflachung von Organisationen.

Organisatorische Dezentralisierungschancen beziehen sich auf eine Erhöhung der Delegation, Partizipation und der Informationsrechte. Die Realisierung bewirkt höhere Qualifikationsanforderungen an die Mitarbeiter. Die klare Abgrenzung zwischen Funktionsbereichen geht beim Einsatz integrierter Informationsverarbeitung verloren.

Der Einsatz neuer Technologien kann zu einer Verflachung von Organisationsstrukturen führen. Der Wegfall von Arbeitsplätzen bewirkt eine geringere Kontrollspanne des unteren Managements und ermöglicht es häufig, eine Hierarchieebene zu eliminieren. Auch die integrative Wirkung neuer Technologien durch multifunktionale Arbeitsplätze kann zu einer Verflachung der Organisation beitragen. Die Komplexität der neuen Technologien erfordert Intelligenz vor Ort. Kompetenz, Verantwortung und Entscheidungsspielraum müssen auf derzeit hierarchisch untergeordnete

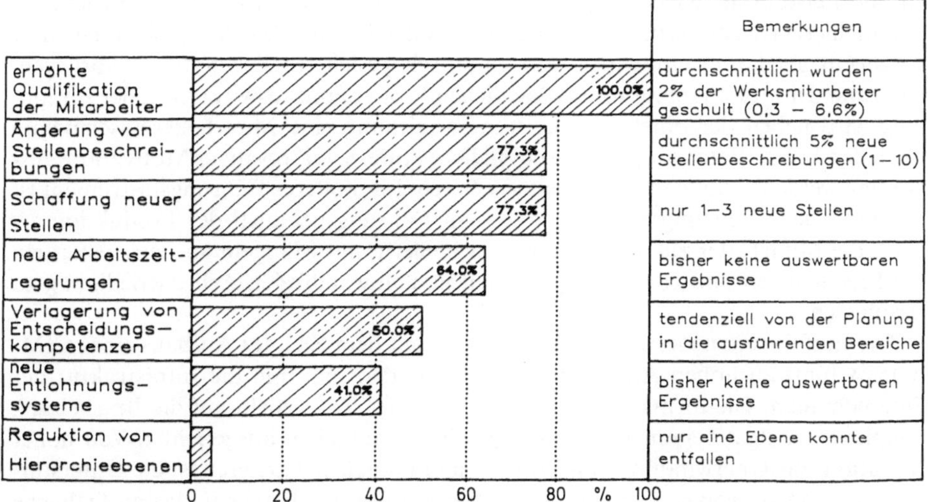

Bild 16.4. Organisatorische und personelle Wirkungen neuer Produktionstechnologien

Ebenen z. B. an den Fertigungsprozeß delegiert werden. Hierzu ist es nicht erforderlich, die Organisation grundlegend zu verändern, sondern auch die Arbeitsbedingungen vor Ort sind den Anforderungen hochqualifizierter mittlerer Manager anzupassen.

Personelle Wirkungen. Durch den Einsatz neuer vernetzter Produktions- und Logistiktechnologien ergibt sich eine Strukturverschiebung der Qualifikationsanforderungen und Veränderung der Arbeitsinhalte. Es erfolgt eine Zunahme der höherwertigen technischen Fähigkeiten, während routinisierte, relativ anspruchslose Tätigkeiten entfallen. Arbeitselemente der Planungs-, Fertigungs- und Kontrollaufgaben werden so zusammengefaßt, daß der Mitarbeiter eine größere Anzahl unterschiedlicher Arbeitsgänge ausführt. Voraussetzung hierfür sind eine entsprechende Eignung der Mitarbeiter und eine transparente Gestaltung der Produktionsstruktur (vgl. Bild 16.4).

Nach der Bestimmung der Qualifikationsanforderungen hat die Wahl der Schulungsmaßnahmen, die Wahl der Aus- und Weiterbildungsmethoden sowie die Bestimmung des Zeitpunktes der Weiterbildung zu erfolgen. Generell ist bei der Auswahl von Schulungsmaßnahmen die Zielgruppen-, Inhalts- und Zeitpunktadäquanz sicherzustellen. Entsprechende Schulungsinhalte und Schulungszeitpunkte sind auf die unterschiedlichen Zielgruppen (hierarchischen Ebenen) abzustimmen.

Ein unterstützendes Element bei der Integration der Mitarbeiter in den Fertigungsprozeß stellt die Bildung von Arbeitsgruppen dar. Diese werden nach funktions- und produktbezogenen Gesichtspunkten zur Erreichung einer höheren Motivation der Mitarbeiter gebildet. Der Arbeitsgruppe wird selbstverantwortlich eine Arbeitsaufgabe übertragen, welche die einzelnen Tätigkeiten der Mitarbeiter freier, abwechslungsreicher und verantwortungsvoller gestalten läßt. Neben der Befriedigung sozialer Bedürfnisse am Arbeitsplatz kann ein stärkeres Gruppen- und Zusammengehörigkeitsgefühl eine Leistungsmotivation für jedes Gruppenmitglied bewirken.

Mit dem Einsatz vernetzter Technologien ändern sich auch die Anforderungen an die Entlohnungskonzepte. Ziel muß es sein, die Entlohnungssysteme so zu gestalten, daß die Leistungsbereitschaft der Mitarbeiter erhöht wird. Wesentliche Bedeutung kommt hierbei leistungsorientierten Entgeltsystemen zu, obwohl hinsichtlich ihrer Auswirkungen kaum eindeutige und empirisch gesicherte Erkenntnisse vorliegen. Aufgrund der im Zeitablauf unterschiedlichen Motivationsauswirkungen der Entlohnung wird neben der objektiven Leistungsermittlung eine Mitarbeitereinschätzung durch den Vorgesetzten angestrebt. Zusätzliche Anreize mit positiver Motivationsauswirkung werden somit dem Mitarbeiter geboten. Ein weiteres Führungsinstrument ist die individuelle Leistungszulage, die es dem Führungspersonal der Produktion erlaubt, die Mitarbeiter zur Beseitigung von Fehlern und Mängeln an Betriebsmitteln und Erzeugnissen und zur termingerechten und einwandfreien Arbeitserledigung zu veranlassen.

Die Einführung neuer Prozeßtechnologien mit dem Ziel des Aufbaus eines CIM-Systems führt zu hohen Anforderungen an das Personal und die Infrastruktur der Unternehmung. Die formale Organisation ist in der Regel nicht auf die Bearbeitung komplexer, zeitlich begrenzter, einmaliger Sonderaufgaben ausgerichtet. Von hoher Bedeutung zur Überwindung von Willens- und Fähigkeitsbarrieren ist die Unterstützung von Machtpromotoren. Die Anforderungen an die Planer umfassen fachliche und persönliche Fähigkeiten. Aufgrund des häufig fehlenden Know-how für die

Einführung neuer Prozeßtechnologien ist ein erfolgreiches Projektteam aus neuen und erfahrenen Mitarbeitern zusammenzusetzen.

Nicht ohne Auswirkungen auf die Führungsorganisation ist der Einsatz vernetzter Technologien. Mit steigender Automatisierung findet eine Verlagerung der Tätigkeiten aus der Fertigung in die Planung statt. Aufgaben der Arbeitsvorbereitung und der vorbeugenden Instandhaltung erhalten, zur Sicherstellung eines hohen Nutzungsgrades der kapitalintensiven Anlagen, stärkere Prioritäten. Neben personellen Strukturverschiebungen ist auch die Aufbauorganisation einer Veränderung unterzogen. Besonders eine Umstellung der Arbeitsorganisation auf teilautonome Gruppen erfordert einen Wandel in der Führung. Während die Organisation und die Persönlichkeitsstruktur der Mitarbeiter im Management im wesentlichen auf die effiziente Erfüllung operativer Tätigkeiten ausgerichtet ist, erfordert der Einsatz neuer integrierter Technologien eine sorgfältige Planung in unterschiedlichen Unternehmensbereichen. Neue Technologien verändern durch ihre Integrationswirkung bestehende Strukturen und sind nur bei einer Ganzheitsbetrachtung der Unternehmung effizient einsetzbar.

16.5 Forschungsbedarf für Vernetzungsstrategien in der logistischen Kette

16.5.1 Formulierung von Wettbewerbs- und den dazu erforderlichen Vernetzungsstrategien

Für die Wettbewerbsfähigkeit eines Unternehmens gilt: Je später sich ein Unternehmen auf Veränderungen einstellt, desto geringer ist sein Handlungsspielraum. Vorteilhafter sind frühzeitige Reaktionen oder besser noch eine „strategische Vorbereitung" des Unternehmens auf Veränderungen durch den Aufbau von Flexibilitätspotentialen.

Wettbewerbsstrategien der Unternehmungen können prinzipiell entweder auf eine Kostenführerschaft gegenüber den Mitwettbewerbern, auf eine Differenzierung der eigenen Produkte gegenüber den Branchenprodukten oder auf eine Konzentration auf bestimmte Marktsegmente abzielen. Die Globalisierung der Märkte führt in vielen Bereichen zu einer weltweiten Standardisierung der Produkte, so daß der Preis – und damit die Kosten – immer mehr zum Erfolgsfaktor wird. In dieser Marktsituation ist vielfach eine auf die Strategie der Kostenführerschaft ausgerichtete Massenproduktion flexiblen Produktionskonzepten überlegen. In Märkten, die vorrangig durch Produktinnovationen, Produktleistungen, Kundenservice und spezifische Anpassung an Kundenwünsche geprägt werden, erweisen sich Produktionssysteme mit hohem Wechselpotential im Rahmen einer Differenzierungsstrategie als vorteilhaft. Investitions- und Rationalisierungsstrategien müssen daher auf die jeweilige Marktsituation und Wettbewerbsstrategie abgestimmt sein.

Mit der Einführung integrierter Informationsfluß- und Materialflußkonzepte ist die Vorgehensweise zur Verknüpfung neuer Technologien ebenfalls an die unternehmensindividuelle Wettbewerbsstrategie anzupassen (vgl. Bild 16.5). Wie haben entsprechende Vernetzungsstrategien auszusehen?

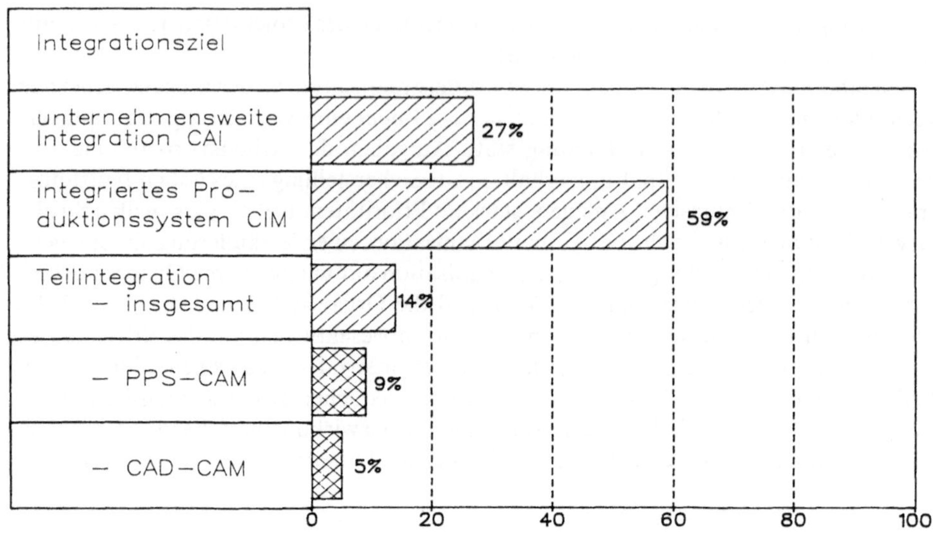

Bild 16.5. Integrationsziele der befragten Unternehmen

16.5.2 Einführungskonzepte

Just-in-time-Prinzipien und CIM ergänzen sich gegenseitig und erfordern eine aufeinander abgestimmte Einführungsstrategie. Ziel dieser Einführungsstrategie ist die erfolgreiche Implementierung der neuen Technologie in der Unternehmung. Ausgehend von der Ist-Situation wird eine Soll-Situation zu einem definierten Zeitpunkt zu erreichen versucht. Durch die Einführungsstrategie soll der optimale Anpassungspfad vom Ist- zum Sollzustand festgelegt werden, der innerhalb der Grenzen des Handlungsspielraumes gefunden werden muß.

Bei der Auswahl der optimalen Vorgehensweise innerhalb der vorliegenden Grenzen sind vier zentrale Fragen zu beantworten:

1. Wann soll die neue Produktionstechnologie eingeführt werden?
2. Wie soll die Systemveränderung durchgeführt werden?
3. Wo werden die Verfahren eingeführt und in welche Richtung sollen sie sich im Unternehmen verbreiten?
4. Welche personellen Aspekte sind bei der Einführung zu beachten?

Alternative Anpassungspfade müssen vor dem Hintergrund der strategischen Orientierung der Unternehmung bewertet werden, um so die situativ beste Vorgehensweise zu bestimmen. Wie hat eine entsprechende Vorgehensweise im Rahmen einer Einführungsstrategie, in Abhängigkeit von markt- und unternehmungsbedingten Aspekten, für vernetzte Informationsfluß- und Materialflußkonzepte auszusehen?

16.5.3 Investitionsplanungs- und Wirtschaftlichkeitsanalysen von CIM

Die Integration von Informations- und Materialfluß ist nicht nur die Realisierung des technisch Möglichen, sondern stellt eine betriebswirtschaftliche Notwendigkeit dar. So kann die Gestaltung der Logistik nach dem Just-in-time-Konzept richtig angewendet vielen Unternehmen zu mehr Wettbewerbsfähigkeit verhelfen. Reduzierungen der Bestände und der Durchlaufzeiten sowie Produktivitätssteigerungen sind die Folge. Um diese Effekte zu realisieren, sind Strukturveränderungen in der logistischen Kette, Investitionen in neue Produktionstechnologien und eine Neugestaltung der Informationssysteme erforderlich. Die Notwendigkeit zur Integration der Informationssysteme resultiert aus einer Erhöhung der Effizienz und einer Reduzierung von Kosten z. B. durch das Vermeiden von Doppelarbeit. Investitions- und Rationalisierungsstrategien dürfen sich nicht nur auf den Produktionsbereich beschränken, sondern müssen vor- und nachgelagerte betriebliche Funktionsbereiche mit einbeziehen. Zu tätigende Investitionen dürfen nicht, wie häufig üblich, nur kurzfristig anfallenden

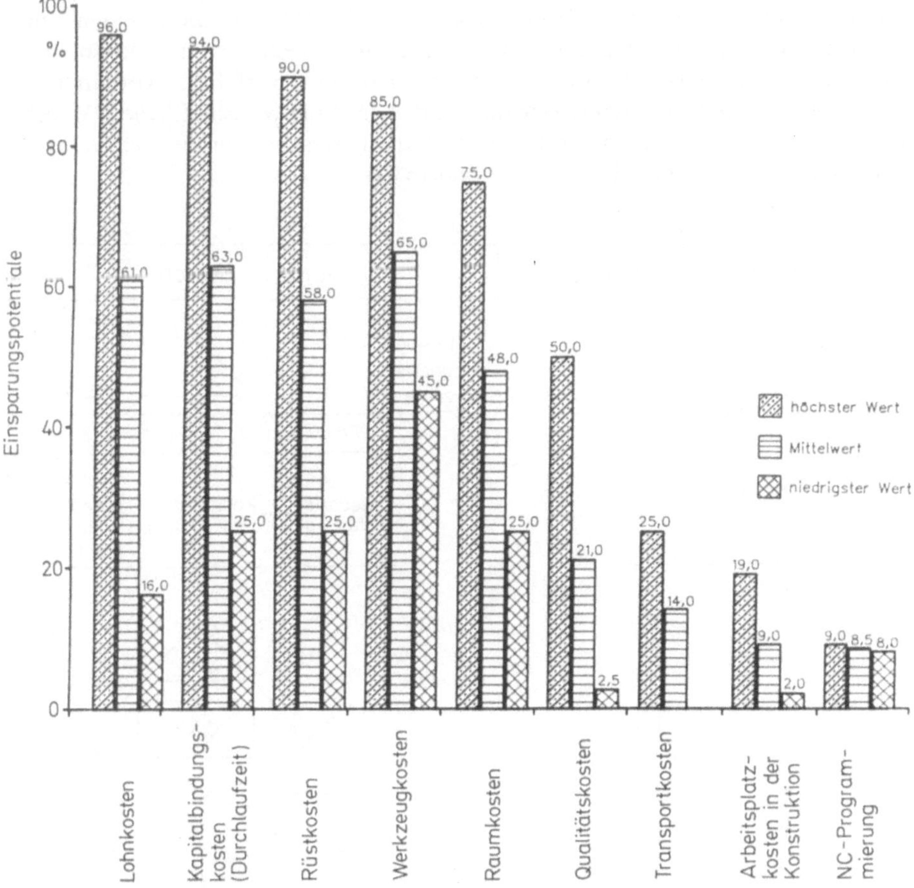

Bild 16.6. Einsparungspotentiale für Kosten in verschiedenen Bereichen

Erträgen ausgerichtet werden, sondern sind unter Berücksichtigung ihrer strategischen Dimension zu bewerten.

Erforderlich ist eine Wirtschaftlichkeitsanalyse, die vor allem die Zeitbeschleunigungseffekte der Integration und die damit verbundenen Kapitalfreisetzungen des Umlaufvermögens sowie alle direkten und indirekten Einsparungspotentiale beinhalten (vgl. Bild 16.6). Die Messung eines Integrationsgrades bzw. Integrationsnutzens würde gezielte Investitionen in Teilkomponenten von CIM rechtfertigen und die Bestimmung eines entsprechenden „break-even point" erleichtern.

16.5.4 Einsatz von Expertensystemen

Mit Hilfe von Expertensystemen ist es möglich geworden, den Entscheider bei schlecht strukturierten Entscheidungsproblemen zu unterstützen. Schlecht strukturierte Entscheidungsprobleme zeichnen sich aus durch unbekannte entscheidungsbestimmende Faktoren, eine hohe Anzahl dieser und aufgrund bestehender Interdependenzen zwischen diesen Faktoren schwer zu durchdringende Zusammenhänge. In Verbindung mit vernetzten Informationsfluß- und Materialflußkonzepten sind schlecht strukturierte Entscheidungsprobleme z. B. die Erstellung von Arbeitsplänen, da hier eine Vielzahl von Informationen über Fertigungsverfahren, vorhandenen Kapazitäten und einzelnen Arbeitsabläufe einfließen. Eine wirtschaftliche DV-technische und organisatorische Integration ohne Expertensysteme für die nicht regelbaren Bereiche ist somit unabdingbar (vgl. Bild 16.7).

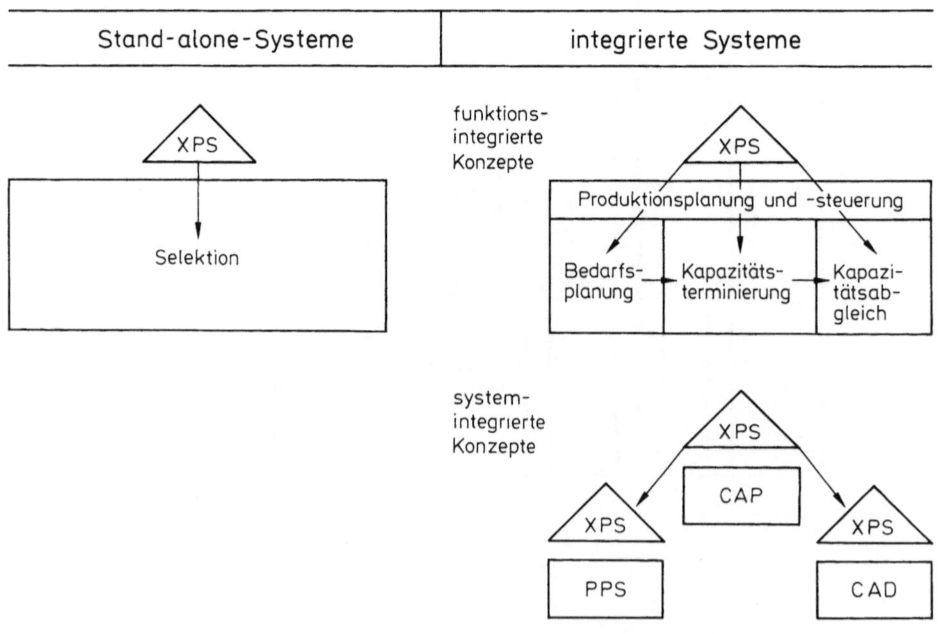

Bild 16.7. Entwicklungsrichtungen des Expertensystem-Einsatzes

Wo sind in Zukunft Einsatzgebiete von Expertensystemen in einer „integrierten Produktion" und wie lassen sie sich ökonomisch rechtfertigen?

16.5.5 Analyse der organisatorischen und personellen Wirkungen von Vernetzungsstrategien

Mit dem Einsatz von vernetzten Technologien wurden hohe Anforderungen an das Personal und die Infrastruktur der Unternehmung gestellt. Mit einer Verschiebung der Qualifikationsanforderungen und der Arbeitsinhalte geht auch eine Veränderung der Entlohnungsformen einher. Neue Schulungs-, Aus- und Weiterbildungsmaßnahmen, bestimmt nach Inhalt und Zeitpunkt, sind auf die unterschiedlichen hierarchischen Zielgruppen abzustimmen. Durch die Integration technischer und administrativer Funktionen wird ein höherer Grad an Aufgabenintegration erreicht. Höhere Handlungskompetenzen und stärkere Motivation bedingen bei den Mitarbeitern eine zusätzliche Qualifikation.

Wie die oben genannten Entwicklungstendenzen erkennen lassen, ist eine Verschiebung der Qualifikationsanforderungen eine zwangsläufige Folge auf dem Weg zum Computer Integrated Manufacturing. Neue Berufsbezeichnungen wie z. B. der CIM-Designer, Wissens-Ingenieur machem mit dem Einsatz neuer Technologien die Runde.

Welchen Einfluß haben Vernetzungsstrategien auf Organisation und Personal und wie haben zukünftige Qualifikationsanforderungen einzelner Mitarbeiter auszusehen?

16.6 Literatur

Autorenkollektiv: Der Einsatz flexibler Fertigungssysteme, Forschungsbericht KfK – PFT 41, Kernforschungszentrum Karlsruhe (Hrsg.), Karlsruhe 1982

Balcezak, W: Tandem assembles, tracks and tests – without paper!. In: Modern Materials Handling, Februar 1984

Becker, H: Lokale Netzwerke. In: VDI-Z 128 (1986) 3, S. 57–60

Beckurts, K-H: Chancen für einen zweiten Aufbruch, Manager Magazin (1984) 9, S. 154–167

Berthold, H-J: Aktionsdatenbanken in einem kommunikationsorientierten EDV-System. In: Informatik-Spektrum (1983) 1, S. 20–26

Dostal, W; Kamp, A-W; Lahner, M; Seessle, WP: Flexible Fertigungssysteme und Arbeitsplatzstrukturen. Mitteilungen aus der Arbeitsmarkt- und Berufsforschung 15 (1982) 2, S. 182–191

Eidenmüller, B: Auswirkungen von CIM auf Ablauf- und Aufbauorganisation im Produktionsbereich, Vortrag auf der Systec '86, Sonderdruck, München 1986

Eversheim, W: Möglichkeiten zur Rationalisierung der Auftragsabwicklung. In: Industrie-Anzeiger (1981) 71, S. 29

Federle, H; Rittershaus, E: Strukturierung der Automatisierungssysteme als Voraussetzung von Kommunikationskonzepten in der Praxis, CIM-Management (1986) 3, S. 50–56

Ferdows, K; Miller, JG; Nakane, J; Vollmann, Th: Evolving Global Manufacturing Strategies; Projections Into The 1990's. International Journal of Operations und Production Management (in Druck)

Förster, H-U; Syska, A: Der Inselstaat steht vor der Integration. In: CAD/CAM-Report (1985) 10, S. 128–137

Hackstein, R: Produktionsplanung und -steuerung (PPS), Ein Handbuch für die Betriebspraxis, Düsseldorf 1984

Jelinek, M; Goldhar, JD: The Interface between Strategy and Manufacturing Technology. In: Columbia Journal of World Business, Spring 1983, S. 26–36

Levitt, T: Die Globalisierung der Märkte, Harvard Manager (1984) IV, S. 19–27

Lutz, B: Personalstrukturen bei automatisierter Fertigung. In: Lutz, B/Schultz-Wild, R: FFS und Personalwirtschaft, Frankfurt, New York 1982, S. 85–101

Maier-Rothe, C: Wettbewerbsvorteile durch höhere Produktivität und Flexibilität. In: Arthur D Little Int. (Hrsg.): Management im Zeitalter der strategischen Führung, Wiesbaden 1985, S. 126–161

Maier-Rothe, C: Logistik als kritischer Erfolgsfaktor. In: Arthur D Little Int. (Hrsg.), Management der Geschäfte von morgen, Wiesbaden 1986, S. 127–137

Mertens, P; Hofmann, J: Aktionsorientierte Datenverarbeitung. In: Informatik-Spektrum (1986) 9, S. 323–333

Mertens, P; Plattfaut, P: Informationstechnik als strategische Waffe, Arbeitspapier Erlangen 1986

Mlakar, T: CIM für Kleinstserien. In: CIM Management (1986) 2, S. 42–53

Neipp, G: Einführungsstrategien für die rechnergestützte Produktion. In: Neipp/Pfeiffer (Hrsg.): Strategien der industriellen Fertigungswirtschaft, Berlin 1986, S. 139–166

Porter, M: Wettbewerbsstrategie, Frankfurt 1983

Rusthon, D: CIM-Auswirkungen auf das Personal. In: Bullinger, H-J (Hrsg.): Menschen – Arbeit – Neue Technologien, 4. IAO-Arbeitstagung, Berlin, Heidelberg, New York, Tokyo 1985

Scheer, A-W: CIM Computer Integrated Manufacturing, Berlin, Heidelberg, 1987

Scheer, A-W: EDV-orientierte Betriebswirtschaftslehre, Berlin u. a. O. 1984

Scheer, A-W: Strategie zur Entwicklung eines CIM-Konzeptes. In: Industrie-Manager (1986) 1, S. 50–56

Schulz, H: Erfolgreiche Nutzung des Potentials rechnergestützter Fabrikautomatisierung. In: Werkstatt und Betrieb 118 (1985) 9, S. 565–568

Schuy, K: PPS-Systeme im CIM-Verbund. In: Die Arbeitsvorbereitung 22 (1985) 5, S. 151–152 und 6, S. 189–191

Siebenborn, H: CIM-rechnerintegrierte Fertigung. In: ZwF 79 (1983) 3, S. 127–132

Skinner, W: The productivity paradox, HBR (1986), July–August, S. 55–59

Sommerlatte, T: Die Veränderungsdynamik, die uns umgibt. Ist das Unternehmen ausreichend darauf eingestellt? In: Arthur D Little (Hrsg.): Management der Geschäfte von morgen, Wiesbaden 1986, S. 1–15

Wagner, F-J: Einflüsse von CIM auf Produktion und Materialbeschaffung. In: ZwF 81 (1986) 9, S. 455–459

Walsh, J: Die Mitarbeiter gewinnen – motivieren wir unternehmerisch und zukunftsorientiert? In: Arthur D Little Int. (Hrsg.): Management der Geschäfte von Morgen, Wiesbaden 1986, S. 145–156

Wheelwright, SC; Hayes, R: Competing through manufacturing, HBR (1985), Jan./Feb., S. 99–109

Wiendahl, H-P: Integration von PPS-Systemen in CIM-Konzepte. In: VDI-ADB (Hrsg.): Rechnerintegrierte Konstruktion und Produktion 1986, VDI-Bericht Nr. 611, Düsseldorf 1986, S. 207–231

Wildemann, H: Flexible Werkstattsteuerung nach KANBAN-Prinzipien. In: Flexible Werkstattsteuerung durch Integration von KANBAN-Prinzipien, hrsg. v. H. Wildemann, München 1984, S. 33–99

Wildemann, H: Just-In-Time-Lösungskonzepte in Deutschland. In: Harvard Manager (1986) 1, S. 36–48

Wildemann, H: Strategische Investitionsplanung für neue Technologien in der Produktion. In: ZfB-Ergänzungsheft (1986) 1, S. 1–48

Wildemann, H: Strategische Investitionsplanung für CAD/CAM, Stuttgart 1986

Wildemann, H: Integriertes Verfahren zur Investitionsentscheidung und -kontrolle für komplexe Fertigungssysteme, Düsseldorf, erscheint 1987

Wildemann, H: Produktion und Zulieferung auf Abruf: Das Just-In-Time-Konzept, München 1987

17 Arbeitstätigkeiten, Qualifikationsanforderungen und Weiterbildungskonzepte bei der computergestützten Integration von Produktionsprozessen

ALEXANDER WITTKOWSKY und HOLM GOTTSCHALCH

17.1 Zur Qualifikationsentwicklung bei rechnergestützter Integration

Bei informationstechnischer Integration bisher separater EDV-Teillösungen in bestimmten Betriebsbereichen ist die Entstehung einer Reihe organisatorischer und sozialer Probleme der künftigen menschlichen Arbeit schon heute antizipierbar. Wir werden uns auf die Entwicklung der Arbeitsaufgaben und Tätigkeiten sowie die damit zusammenhängenden Probleme der Entwicklung der Qualifikationsanforderungen und des Qualifizierungsbedarfs konzentrieren. Zunächst betrachten wir am Modell eines kleinen bis mittelständischen Produktionsbetriebes bisher getrennte, wenn auch schon teilweise mit Informationstechnik durchdrungene Bereiche, die „vernetzt" oder „integriert" werden, und versuchen, Auswirkungen auf die menschliche Arbeit und die Qualifikationsanforderungen zu erkennen.

17.1.1 CAD-CAM-Integration

Wenn die im Konstruktionsbüro erzeugte CAD-Geometrie mit der Technologie der NC-Fertigung verbunden wird und NC-Programme für Werkzeugmaschinen von einem CAD-Programmsystem „automatisch" generiert werden (dafür gibt es technische Alternativen, vgl. [5]), so wirkt dies in mehrfacher Weise auf die betriebliche Organisationsstruktur, die Aufgaben, Tätigkeiten und Handlungen der technischen Angestellten und die Qualifikationsanforderungen. Konstrukteure, die die Fertigungstechnologie und ihre spezifischen Probleme nur wenig kennen, wären in der Lage, auf Grundlage ihrer CAD-Geometriedaten ein NC-Programm erzeugen zu lassen und direkt an die Fertigung weiterzuleiten. Dieses wäre jedoch mit einer dreifachen Unsicherheit belastet; ein Konstrukteur als CAD-Anwender kennt nicht das Programmsystem und seine mathematisch-informationstechnischen Voraussetzungen, weil eine nur sehr schwer zu überbrückende Kluft zwischen Programm-Anwendern (Konstrukteure, Techniker, Zeichner) und Programm-Entwicklern (Informatiker, Mathematiker, Softwareingenieure) existiert; er kann auch nicht die Qualität und Korrektheit des NC-Programm-Erzeugers beurteilen und überprüfen, kann allenfalls die Sätze einzelner fertiger Programme mit einem NC-Maschinenarbeiter zusammen nachvollziehen; das NC-Programm andererseits wurde von Personen erstellt, die weder die besonderen Bedingungen der Konstruktion noch der Fertigung im Betrieb kennen; der Konstrukteur ist überdies nur sehr ungenügend mit der Zerspanungstechnologie und allem, was dazugehört (Werkzeugwesen, Spannmittel und Vorrichtungen) vertraut; im Unterschied zu einem aus der Fertigung ins Programmierbüro aufgestiegenen NC-Programmierer kann ein Konstrukteur kaum die praktischen Realisierungsschritte eines Programms kontrollieren. Der Maschinenarbeiter erhielte ein NC-Programm, das für ihn von doppelter Unsicherheit gekennzeichnet ist; er mißtraut, da er mitverantwortlich gemacht werden kann, sowohl dem fertigungsfremden Konstrukteur als auch den Mathematikern und Informatikern im großen anonymen Entwicklungsteam des Softwareherstellers.

Wurden NC-Programme bisher von Facharbeitern direkt an der Maschine oder vom Programmierbüro der Arbeitsvorbereitung in enger Verbindung zur Fertigung erstellt (schon weil die Programmierer früher selbst an der NC-Maschine standen), so treten bei informationstechnischer Integration die Bereiche Konstruktion und Fertigung in ein unmittelbares Verhältnis zueinander, obschon die notwendigen Voraussetzungen der Fachkenntnisse und Erfahrungen der Konstrukteure einerseits und der NC-Maschinenarbeiter andererseits auf verschiedenen Ebenen liegen. Es wäre denkbar, das NC-Programmierbüro, in dem die erfahrensten Facharbeiter aus der Fertigung oder Techniker arbeiten, aufzulösen zugunsten eines DNC-Betriebes direkt aus dem Konstruktionsbüro heraus oder zugunsten einer CNC-Werkstattprogrammierung, die nur noch die fertigen Programme im Erstlauf zu testen und geringfügig zu optimieren und zu korrigieren hat (Bild 17.1).

Die unter bestimmten betrieblichen Bedingungen äußerst schwierige Aufgabe für Konstrukteure, NC-fertigungsgerecht oder auch montagegerecht zu konstruieren, wäre – statt auf Fachkenntnisse und Erfahrung der Arbeiter und Techniker – auf die Qualität des NC-Programmpaketes angewiesen; dieses müßte die weite Brücke zwischen geometrischen Konstruktionsdaten bis zur Maschinensteuerung schlagen. Es ist ein langer, abgestufter Weg von der Idee des Konstrukteurs bis zur Fertigung des geplanten Teiles; verschiedene Abteilungen wirken an der Gestaltung mit; sie steuern Erfahrungen bei, führen in Korrekturzyklen Änderungen ein, setzen dem Konstrukteur einschränkende Bedingungen aus der Praxis der Fertigung und Montage (etwa Besonderheiten der Fertigungsmittel, Werkzeuge oder des Materials, die Einfluß auf Toleranzen und Qualität haben könnten); die Integration von CAD und CAM sollte diesen Weg, auf dem sich die Konstruktion mit praktischer Erfahrung und Korrekturvorschlägen anreichert, nicht einschränken oder gar auf dieses zyklische Feed-back verzichten, wie es bei einer monolithischen DNC-Lösung geschehen könnte; die Informationstechnik kann vielmehr Möglichkeiten bieten, diese Integration noch offener und interaktiver zu gestalten.

Vom Standpunkt der Fertigung aus betrachtet, wäre es informationstechnisch auch möglich, von einer graphisch-interaktiven CNC-Steuerung aus auf das CAD-System zuzugreifen und NC-Programme im Dialog in der Werkstatt zu entwickeln; so würde das Wissen um die technologischen Bedingungen und die praktische Erfahrung in der Werkstatt genutzt. Aber der direkte Kurzschluß zwischen Fertigung und Konstruktion unter Ausschluß der AV-Programmierung setzt gewisse Kenntnisse des Maschinenarbeiters über die Konstruktion und das CAD-System voraus, dessen er sich nun bedienen können soll. Ferner ist für diesen Integrationsschritt eine gemeinsame Entwicklung der (bisher traditionell getrennten) Hersteller von CAD-Systemen und CNC-Steuerungen für Werkzeugmaschinen vorauszusetzen.

Mit diesen Annahmen wollten wir zeigen, welche Probleme menschlicher Arbeit aus der Integration von CAD und CNC-Programmierung in einem Produktionsbe-

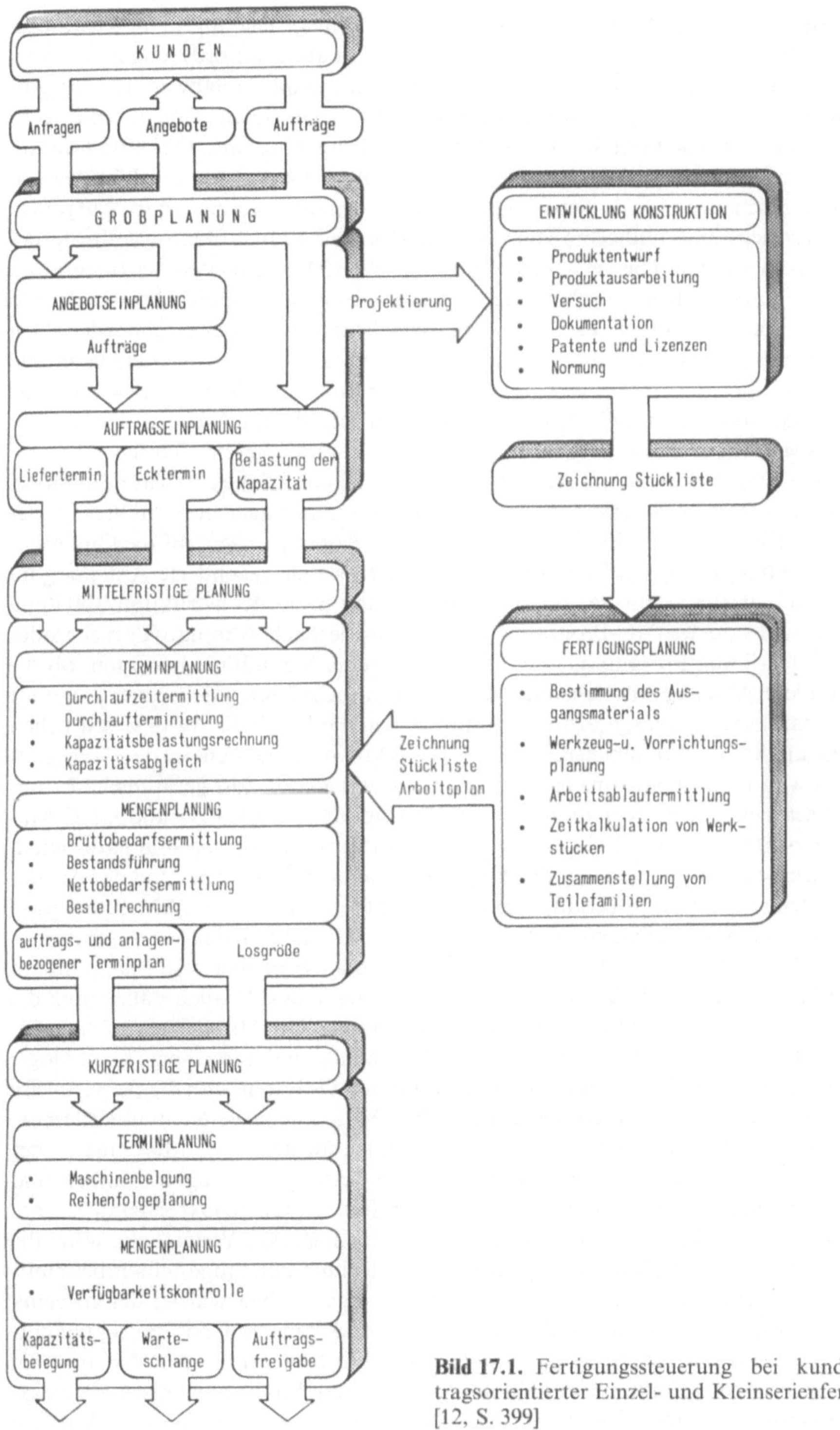

Bild 17.1. Fertigungssteuerung bei kundenauftragsorientierter Einzel- und Kleinserienfertigung [12, S. 399]

trieb beispielsweise des Maschinenbaus entstehen können. Die angedeuteten Konsequenzen für die Aufgaben, Tätigkeiten und Qualifikationsanforderungen der verschiedenen Berufsgruppen sind keineswegs zwangsläufig oder unabwendbar. Es gibt bei Integration mittels Informationstechniken erweiterte Spielräume für die technisch-organisatorische Gestaltung der Aufgaben, Tätigkeiten und Qualifikationsanforderungen der Arbeitsplätze in CIM-Strukturen; diese Spielräume könnten zugunsten menschengerechter Arbeitsgestaltung so genutzt werden, daß Aufgaben, Handlungsspielräume und Kompetenz erweitert und die Qualifikationsanforderungen entwickelt werden. Die verschiedenen technischen Möglichkeiten der Integration müßten *vor* strategischen Entscheidungen über den Innovationspfad, den der Betrieb einschlagen soll, hinsichtlich ihrer sozialen Folgen beurteilt und bewertet werden. Den Ingenieuren und Betriebsleitungen, die Innovationsprozesse im Betrieb planen, müßte ein analytisch-prognostisches Instrumentarium für Sozialprobleme im Betrieb in die Hände gelegt werden, mittels dessen sie die oben angedeuteten Konsequenzen der CAD-CAM-Integration mittels Informationstechnik antizipieren könnten.

Die Vor- und Nachteile für die Entwicklung der menschlichen Arbeit müßten bei einer bestimmten Option erkennbar werden, die Planungsingenieure müßten in der Lage sein, sich bewußt und in klarer Kenntnis der Konsequenzen auf die Qualifikationsentwicklung zu entscheiden, ob die AV (sofern sie als gesonderte Abteilung im Mittelbetrieb existiert) mit der NC-Programmierung in die Konstruktionsabteilung verlagert wird und wo NC-Programme dann vom (je nach Alternative) mehr oder weniger integrierten Programmsystem erzeugt werden. Sie müßten bewerten, ob die als besondere Abteilung bestehende AV nur auf die CAD-Geometriedaten zugreift und sich daraus fertigungsgerechte Programme macht oder ob die AV in wesentlichen Anteilen direkt ins Aufgabenspektrum der CAM-Komponenten in der Werkstatt integriert wird oder ob auf eine eigenständige AV und all das dort gesammelte Erfahrungswissen zugunsten einer unmittelbaren Verbindung von CAD- und CNC-Maschine verzichtet werden soll. Diese alternativen Integrationsformen sind natürlich in starkem Maße abhängig von den Produktionsaufgaben des Betriebes und der Art des CAD-Systems; die CAD-Technik ermöglicht heute engere CAD-CAM-Integration und Verbindung von Aufgaben- und Handlungsbereichen durch das 3D-Volumenmodell und Möglichkeiten der Bewegungssimulation oder Erproben von Spannmitteln und Werkzeugen am CAD-konstruierten Modell eines Teiles. In allen Fällen muß die betriebliche Weiterbildung für bestimmte Berufsgruppen Qualifizierungsprobleme lösen; Konstrukteure müßten sich mit der NC-Technik und ihrer sog. Technologie vertraut machen; NC-Programmierer müßten das CAD-System und die Arbeitsweise des Konstrukteurs mit ihm kennenlernen; CNC-Maschinenarbeiter müßten lernen, wie sie auf die CAD-Geometrie zugreifen, wenn sie an der CNC-Maschine in der Werkstatt Programme erstellen wollen. Von den Rationalisierungswirkungen und Freisetzungsfolgen insbesondere in der AV, in der die erfahrensten Arbeitskräfte sind, wollen wir hier absehen; es könnte für einen Betrieb ein starker Verlust sein, wenn die Aufgabenbereiche und Handlungsspielräume der technischen Angestellten beschnitten und ihre berufliche Entwicklungsperspektive abgebrochen würde; der Erweiterung des Aufgabenspektrums in der Konstruktion oder in der CNC-Fertigung entspräche eine Dequalifizierung der technischen Angestellten in der AV und im Programmierbüro. Es muß im Vorfeld der Entscheidung für eine technisch-organisatorische Option deutlich sichtbar werden, mit welchen sozialen Folgeentwicklungen gerechnet werden muß, wenn sie getroffen wird; ob sich der Betrieb beispielsweise den Verzicht auf seine qualifiziertesten AV-Facharbeiter und NC-Programmierer leisten kann zugunsten eines Programmpaketes und der damit ermöglichten Integration.

17.1.2 CAD-PPS/CAP-Integration

Betrachten wir die Integration zweier weiterer betrieblicher Bereiche: CAD- und, vermittelt über die Werkstückgeometrie und Stücklisten, PPS-Systeme. Ihr Vernetzungsgrad hängt ab von einer gemeinsamen Datenbasis der getrennten CAD- und PPS-Systeme, mit denen man handelt, als wären sie eines. CAD-Konstrukteure könnten in einem integrierten PPS-System beispielsweise Terminierungen und Kapazitätsplanungen vornehmen, über die Stücklisten Steuerungsaufgaben wahrnehmen, könnten bestimmte Aufträge fremdvergeben und Eilteile oder Ersatzteile mit Priorität ins PPS-System einführen. Sie könnten sich im PPS-System Informationen und Daten abrufen, die für die von ihnen erwartete fertigungs- und montagegerechte, vor allem NC-gerechte Konstruktion von Bedeutung sind; sie könnten Lagerbestände prüfen und im Zusammenhang mit Termin- und Kapazitätsplänen zur Vermeidung von Engpässen ihre Konstruktionen variieren (Bild 17.2). Weitere Möglichkeiten bestehen bei Vernetzung von CAD mit CAP über das Bindeglied der Werkstückgeometrie in einer Datenbank; so könnten CAD-Konstrukteure auch Aufgaben der Arbeitsplanung (Arbeits-, Montage-, Prüfpläne) aufnehmen oder sich daran beteiligen, bzw. in diese eingreifen; die Konstruktion könnte also davon bestimmt sein, welche Fertigungsmittel, Werkzeuge und Vorrichtungen zur Verfügung stehen und überhaupt einsetzbar sind. Die mit derartiger Vernetzung gegebenen Handlungsmöglichkeiten würden die Konstruktionstätigkeit inhaltlich stark erweitern und weitläufige Konsequenzen der geometrischen Konstruktion planbar, kalkulierbar, gestaltbar machen. Die Qualität der Arbeit im Konstruktionsbüro würde gesteigert.

Es hinge in starkem Maße von der vorhandenen Arbeitsorganisation im Konstruktionsbüro ab (Arbeitsteiligkeit zwischen Konstrukteuren und Zeichnern oder etwa integrierte Aufgabenstruktur nach Inselkonzeption), für *wen* diese Erweiterungen des Handlungs- und Entscheidungsspielraumes möglich werden und für welche Beschäftigten im Konstruktions- und Arbeitsplanungs-/Steuerungsbereich Rationalisierungswirkungen und Einschränkung ihres Aufgabengebietes einträten. Die Vernetzung zieht betriebsorganisatorische Restrukturierungen nach sich, sie wird bisherige Kompetenzabgrenzungen unterlaufen und strittig machen und setzt eine starke Erweiterung der Kenntnis des Konstrukteurs und technischen Zeichners über die betriebliche Produktions- und Arbeitsplanung sowie die Fertigungssteuerung voraus; diese sind im Konstruktionsbüro normalerweise kaum vorhanden.

Wenn Konstrukteuren bei integrierten CAD-PPS- sowie CAD-CAP-Strukturen erweiterte und vertikal bereicherte Handlungsspielräume eröffnet werden, wobei integrierte Anwender-Software den Benutzer in beiden Systemen unterstützt, ohne daß er ständig zwischen den Systemen wechseln muß, so setzt dies zweierlei voraus:
1. eine klare Verteilung und Abgenzung der Kompetenzen und Verantwortlichkeiten an den Schnittstellen zwischen den Abteilungen und betrieblichen Positionen;
2. eine Weiterqualifizierung einerseits der Konstrukteure, Techniker und technischen Zeichner im Konstruktionsbüro im Hinblick auf die betrieblichen Zusammen-

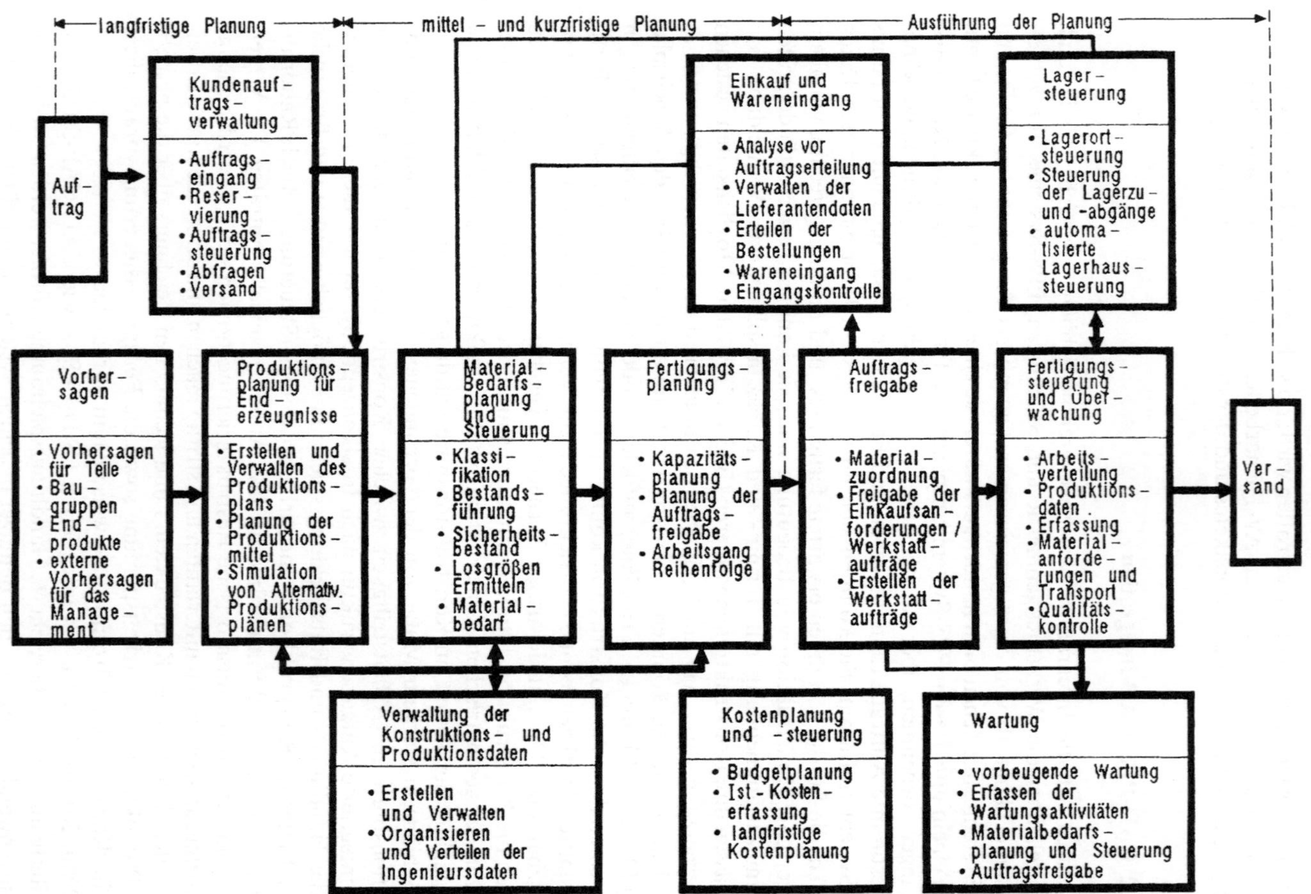

Bild 17.2. Möglichkeiten integrierter PPS-Systeme

hänge und Abhängigkeiten im Planungs- und Steuerungsbereich sowie eine Weiterqualifizierung der technischen Angestellten in diesem vielfältig gegliederten Bereich im Hinblick auf die Funktionsweise und den Aufbau des CAD-Systems, auf
dessen Daten sie zugreifen wollen und die sie für Materialwirtschaft, Lagerhaltung,
Bestellungen, Kapazitäts- und Zeitwirtschaft benötigen.

Die Durchdringung des Konstruktionsbüros mit CAD und die Integration mit der
Produktionsplanung und -steuerung ziehen die Planbarkeit, Kalkulierbarkeit und
Terminierbarkeit der Arbeit von Ingenieuren, Konstrukteuren und Technikern nach
sich; die geistige, in ihrer Komplexität unverstandene und dem Rationalisierungszu-
griff noch entzogene Arbeit im Konstruktionsbüro wird mit dem Anspruch konfrontiert, planbar zu sein, innerhalb der Kostenvorgaben zu bleiben und in die Terminierungen des PPS-Systems zu passen; die Kopfarbeiter in der Konstruktion werden das
als Angriff auf ihr traditionelles Selbstverständnis und ihren Arbeitsstil erleben.

Das Hauptproblem dieser Integrationslinie scheint uns nicht informationstechnischer Art zu sein (dies wird im Laufe der nächsten Jahre sicher gelöst werden),
sondern betriebsorganisatorischer Art, und in Abhängigkeit von der organisatorischen Alternative und vom Zuschnitt der Arbeitsaufgaben werden sich Qualifikationsanforderungen stellen; in diesem Falle müßten die Konstrukteure die Schranken
ihres Büros und ihrer Arbeitsmethoden überwinden und sich Wissen um betriebliche
Zusammenhänge und Interdependenzen aneignen sowie die Modellierung dieser Betriebsabläufe im informationstechnischen System erfassen und auf die Betriebsrealität
abbilden können; das Planungs- und Steuerungspersonal müßte lernen, die CAD-Daten für längerfristige Antizipationen und flexiblere Pläne zu nutzen; aufgrund der
aufgelösten Abteilungsgrenzen und neu gesetzten Kompetenzen müßten neue Koope-
rations- und Kommunikationsformen, die eine soziale Basis für CIM-Strukturen
darstellen, gelernt werden.

17.1.3 CAP-CAM-Integration

Sehen wir uns schließlich auch die Integration des CAP- und des PPS-Systems mit der
Fertigung, d. h. dem CAM-Bereich an. Im Zuge der Integration sind gegensätzliche
Entwicklungen der Aufgaben, Tätigkeiten, Arbeitsinhalte und Qualifikationsanforderungen für die Beschäftigten in beiden Bereichen möglich. Die Maschinenarbeit
könnte – noch weiter als schon mit Ausgliederung und Vorverlagerung der NC-Programmierung in gesonderte AV-Büros – ihrer Arbeitsinhalte des Planens, Disponie-
rens, Kontrollierens beraubt werden, wenn auch die Auftragsreihenfolge, die Kapazitätsplanung und detaillierte Arbeitspläne mit Werkzeug- und Spannvorrichtungs-
festlegung sowie die kurzfristige Disposition abgezogen und im CAP- bzw. PPS-System ausgeführt würden; diese müßten als deterministische Detailplanungssysteme
(vgl. [8]) mit langen Vorplanungszeiten und in die Vertikale abgezogener zentraler
Steuerung konzipiert werden (vgl. Bild 17.3).

In solchen CIM-Strukturen wären die Maschinen-Facharbeiter auf die Rolle
bloßer Hilfskräfte und Bediener reduziert; ihre Facharbeiterkompetenz bliebe unbe-
ansprucht und hätte keine Möglichkeit, modifizierend in die Pläne und Abläufe
einzugreifen; natürlich wäre solch ein CIM-System nicht flexibel, und schon bei
geringfügigen Störungen würden die langfristig über die Köpfe der Arbeitenden

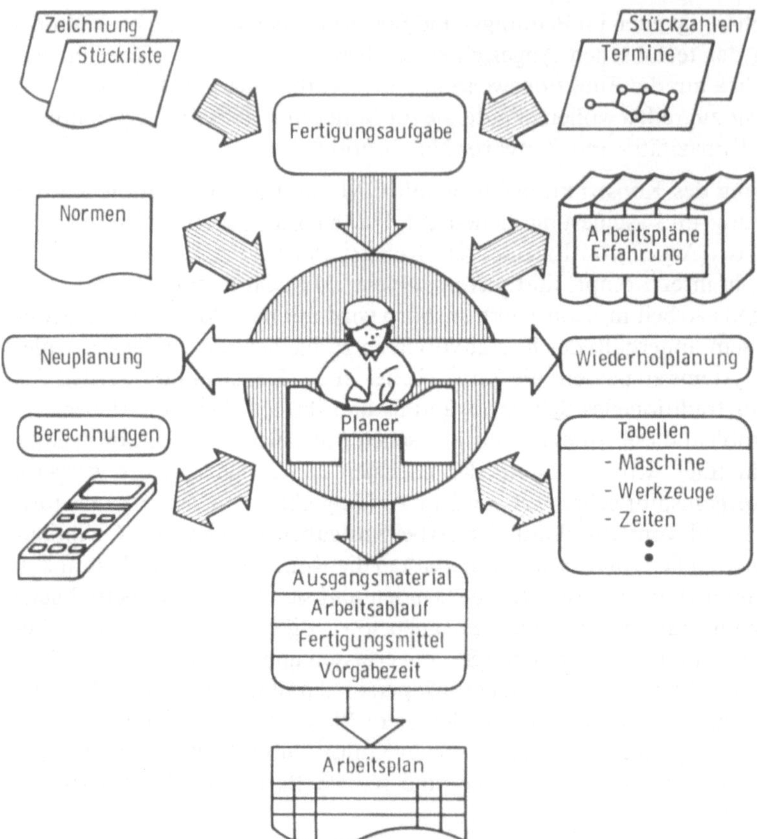

Bild 17.3. Ablauf der konventionellen Arbeitsplanerstellung [12, S. 335]

hinweg angelegten Pläne stocken, Zeitverzug haben, längere Warteschlangen einerseits und unausgelastete Kapazitäten zur Folge haben. Ein vom Anspruch her deterministisches Totalplanungskonzept reduziert auch die Arbeitsinhalte. Eingriffsmöglichkeiten, Dispositionsspielräume und den Planungshorizont der technischen Angestellten im Bereich der CAPund PPS-Systeme. Es wäre aber auch möglich, das Verhältnis von CAP/PPS zu CAM so anzulegen, daß die Aufgabenweite, Tätigkeitsvielfalt, Qualifikationsanforderungen an den CNC-Werkzeugmaschinen entwickelt würden. Das CAP/PPS-System sollte dann beispielsweise zur Unterstützung einer arbeitsorganisatorischen Inselkonzeption für die Fertigung so ausgelegt sein, daß über dezentrale Informations- und Kontrollterminals in der Werkstatt Planungs- und Dispositionsvorgänge informatorisch unterstützt werden, daß ein Spielraum für Entscheidungen mit möglichst langem Planungszeitraum (5–10 Tage) vorgesehen ist, innerhalb dessen die Meister und Maschinenarbeiter produktionsnah je nach aktueller Situation selbständig realistische Entscheidungen zur Umsetzung der Grobplanung (Ecktermin, Menge) treffen.

Eine solchermaßen weitgehend in die Fertigung integrierte Planung und Steuerung wäre natürlich ungleich flexibler, schneller, rationeller, problemadäquater und würde sich stark auf die Qualifikation und Berufserfahrung der Facharbeiter und ihre abteilungs- und maschinenspezifischen Kenntnisse sowie ihren Kooperations- und Kommunikationszusammenhang in der Fertigung stützen. Sähe man überdies vor, die CNC-Programmierung in der Werkstatt (direkt an der Maschine oder maschinennah) durchzuführen und diese mit graphisch-interaktiven Steuerungen auszurüsten, so könnte das technologische Know-how und die Erfahrung der Facharbeiter in die Programmierung Eingang finden, und es wäre wieder eine ganzheitliche anspruchsvolle Aufgabenstruktur entstanden. Die Bereicherung der Maschinenarbeit um die CNC-Programmierung und kurzfristige Planungs- und Steuerungsvorgänge in der Werkstatt oder im Rahmen der Fertigungsinsel ginge zu Lasten der Aufgaben der technischen Angestellten im Bereich der Planung, Steuerung, Programmierung und Vorbereitung der Fertigung, in deren Arbeitsbereich von zwei Seiten eingegriffen wird. Insgesamt gesehen, setzt eine facharbeiterorientierte CAP/PPS-CAM-Integration eine qualifizierte Stammbelegschaft voraus, die überdies die Komponenten der informationstechnischen Systeme für die ganzheitlich zugeschnittenen Produktionsaufgaben zu nutzen weiß. Es ist möglich, daß Maschinenarbeiter, die viele Jahre lang unter einer vertikal abgehobenen und zentralistisch strukturierten AV-NC-Programmierung als bloße „Bediener" gearbeitet haben, die notwendigen Kenntnisse und Fähigkeiten für die skizzierten Arbeitsaufgaben in einer teilautonomen Fertigungsinsel verloren haben. Mit Sicherheit schränkt ein deterministisches Totalplanungskonzept einer Fertigungsplanung und -steuerung die Dispositions- und Handlungsspielräume und die Eingriffsmöglichkeiten auch des Steuerungspersonals ein; sie würden tendenziell zu Bedienungs- und Hilfskräften mit Routinetätigkeiten in einem insgesamt unverstandenen und unbeeinflußbaren Softwaresystem; kein Betrieb kann sich solch eine Dequalifizierung und Ausrangierung seiner qualifiziertesten und erfahrensten Mitarbeiter leisten.

An den drei betriebsorganisatorischen Nähten zwischen CAD und CAM, CAD und PPS sowie CAP und schließlich PPS/CAP und CAM haben wir skizziert, wie bei Integration mittels Informationstechnik die Grenzen zwischen betrieblichen Abteilungen durchlässig werden oder aufgelöst werden, wie neue Aufgaben- und Tätigkeitsstrukturen und entsprechende Qualifikationsanforderungen entstehen. Die Integration betrieblicher Prozesse und Abteilungen bei Einführung informationstechnischer Systeme bietet die Möglichkeit, Aufgabenbereiche neu zuzuschneiden, die betriebliche Arbeitsteilung horizontal und vertikal tendenziell wieder aufzuheben, die separierten, zergliederten Arbeitsstrukturen und Kompetenzen wieder ganzheitlich zu gestalten.

17.2 Qualifikationsanforderungen und betriebliche Weiterbildung

Will man die an sich gegebenen und bei Einführung von Informationstechnik sogar erweiterten Spielräume für die Gestaltung der technischen und organisatorischen Bedingungen der Arbeit nutzen für menschengerechte und persönlichkeitsförderliche Arbeit, so setzt dies – nach einer strategischen betrieblichen Entscheidung für dieses Ziel – vor allem voraus, daß die Qualifikation der Mitarbeiter entwickelt wird, so daß sie in den künftig integrierten Aufgabenbereichen kompetent, handlungsfähig und kooperationsfähig sind und bleiben.

Wir sehen hier große Aufgaben auf das betriebliche Bildungswesen und die Weiterbildung allgemein zukommen. Das betriebliche Bildungswesen – sofern es in Klein- und Mittelbetrieben überhaupt existiert – ist auf die Aufgaben einer umfassenden Qualifizierung für das Arbeiten mit Informationstechniken weder inhaltlich noch pädagogisch vorbereitet. Normalerweise eignen sich die Anwenderbetriebe die notwendigen Bedienungskenntnisse beim Hersteller der eingeführten Technik in kurzen pragmatisch angelegten Lehrgängen an; diese vermitteln Kenntnisse der Bedienungselemente, führen lediglich in die Benutzeroberfläche ein.

In der arbeitswissenschaftlichen Literatur wurde mehrfach auf die Mangelhaftigkeit derartiger Anlernverfahren, auf die geringe Produktivität der Arbeit und die unvollständige Nutzung der „Eigenfähigkeiten" des informationstechnischen Systems hingewiesen. Wir selbst hatten Gelegenheit in einem BMBW-Modellversuch im Programm „Neue Technologien in der beruflichen Bildung", CAD/CAM-Lehrgänge für auszubildende technische Zeichner in einem Maschinenbaubetrieb zu entwickeln. Im Rahmen eines angemessenen zeitlichen Spielraums und betrieblicher Freistellung für die Weiterbildung konnten die Teilnehmer auf der Basis einer integrierten Ausbildungskonzeption EDV-Grundlagen, CAD-Konstruieren und CNC-Programmieren und -Fertigen in ihrem Zusammenhang in Theorie und Praxis lernen.

Welche Qualifikationsanforderungen und welche Weiterbildungserfordernisse entstehen, hängt in starkem Maße von der Konzeption der Arbeitsgestaltung bei Einführung von CIM-Strukturen ab. In einem ESPRIT-Projekt „Human Centered CIM-Systems" erforschen wir gegenwärtig die technischen und organisatorischen Bedingungen des weiten Spielraums für alternative Gestaltung der Arbeit und setzen hohe Priorität auf das Ziel der qualifikationsfördernden Strukturierung des CIM-Systems. In knappen Bemerkungen möchten wir einige Hauptlinien einer CIM-Qualifizierung vorschlagen; damit wollen wir den Begriff der „neuartigen Anforderungen" etwas verdeutlichen. Auf das betriebliche Weiterbildungswesen kommen differenzierte Aufgaben zu, die sich in dieser Weise bei Einführung von informationstechnischen Komponenten noch nicht stellten. Da CIM fast nie als Komplettlösung auf einer grünen Wiese beginnen kann, sondern da die bereits vorhandenen Teillösungen miteinander verbunden werden, bedeutet die informationstechnische Integration immer einen Eingriff oder Einstieg in laufende Produktions- und Arbeitsprozesse. Die Einführung muß unter den spezifischen betrieblichen Bedingungen mit den dort arbeitenden Menschen beginnen, das bedeutet, sie muß an deren Voraussetzungen und Ausgangspunkten anknüpfen. Diese können sehr unterschiedlich sein.

Neben dem frisch gebackenen FH-Ingenieur, der sich bereits umfassendes Wissen über Informationstechnik angeeignet hat, steht der erfahrene Konstrukteur, der noch nie mit CAD gearbeitet hat; neben den langjährig EDV-erfahrenen kaufmännischen und technischen Sachbearbeitern in der Kalkulation, Materialwirtschaft und Produktionsplanung steht der in die Arbeitsvorbereitung aufgestiegene Industriemeister, der die Fertigung über das PPS-System zu steuern beginnen soll; neben ihm steht der Facharbeiter, der sich nach jahrelangem Einzelakkord nur individuell zu seiner CNC-Maschine verhält. Den jüngeren von ihnen ist der Umgang mit Rechnern selbstverständlich und vertraut; die älteren Arbeitskräfte sind oftmals gehemmt oder verängstigt gegenüber den neuen Techniken; aber ohne deren Wissen und Erfahrung wäre die Informationstechnik unter den spezifischen betrieblichen Bedingungen nicht adäquat und flexibel einsetzbar. Die betriebliche Weiterbildung muß diese spezifischen Ausgangspunkte aller Arbeitenden im Betrieb bei Einführung von CIM-Strukturen berücksichtigen und bei ihnen ansetzen. Mit einer pauschalen allgemeinen Vermittlung von CIM-Grundlagenwissen vor dem Prozeß einer Integration ist es nicht getan.

Dennoch sollte nötigenfalls zunächst eine Einführung in die Grundlagen der Informationstechnik, in den Aufbau und die Funktionsweise der elektronischen Datenverarbeitung gegeben werden, die bis an das Verständnis der Software heranführt, nicht aber Programmierfähigkeiten vermitteln soll; die Beschäftigten sollten Funktionsweise und Softwarestruktur so weit verstehen, daß sie Mängel, Fehler, ungenügende Anpassungen an ihrem Arbeitsplatz erkennen können; die Informationstechnik sollte so weit begreifbar werden, daß man sich ihrer am Arbeitsplatz bedienen kann und ihre Struktur und Funktionsweise insgesamt versteht; die Beschäftigten sollten die komplexen betrieblichen Abläufe und Abhängigkeiten im integrierten informationstechnischen System wiedererkennen und aus diesem in den Betrieb abbilden können. Das setzt ein differenziertes und komplexes kognitives Modell nicht nur der Betriebsrealität, sondern auch des informationstechnischen Systems voraus; ohne solch ein Modell wären die Handlungen auf Oberflächenbedienung beschränkt und Eingriffe und planvolles Entscheiden mit Hilfe des Systems wäre mit großer Unsicherheit belastet.

Die in einen Integrationsprozeß einbezogenen Beschäftigten müssen in der Lage sein, die sachlichen und fachlichen Grenzen ihres bisherigen Aufgabengebietes zu überschreiten. Sie müssen die zuvor mit klaren Schnittstellen bestimmten Abteilungsgrenzen überschreiten können und die Voraussetzungen und Konsequenzen ihres Handelns und Entscheidens in anderen Abteilungen in viel stärkerem Maße als zuvor beurteilen können; das CIM-System wird sie dabei mit Informationen unterstützten, aber sie müssen auch fachlich in der Lage sein, diese Information zu nutzen und einzusetzen; dieses Qualifikationsmerkmal nennt man oft „Zusammenhangsdenken", es basiert auf einem differenzierten mentalen Modell betrieblicher Prozesse.

Ferner sollte die Weiterbildung soziale Kompetenzen entwickeln und die Beschäftigten bei Neustrukturierung ihres Aufgabengebietes zu einer aktiven, mitgestaltenden Rolle befähigen; die Integration betrieblicher Bereiche hebt bisherige Abteilungsgrenzen auf, setzt neue Kompetenzgrenzen, strukturiert die Verantwortlichkeit für Betriebsabläufe neu, zieht neue Kooperations- und Kommunikationsstrukturen nach sich; das ist ein konfliktreicher, interessenbestimmter sozialer Prozeß, in dem es darauf ankommt, die eigene Position zu relativieren, in den neuartigen Betriebsstrukturen und Interdependenzen zu erkennen und die Aufgabe und den Handlungs- und Entscheidungsspielraum weiterzuentwickeln; dieser höchst sensible Prozeß sollte durch Kenntnisse der Organisations- und Sozialstruktur des Betriebs und der Produktion allgemein unterstützt werden.

Schließlich sollten sich die von einem Integrationsprozeß Betroffenen die gestalterische Kompetenz aneignen, die sie befähigt, die technischen und organisatorischen Bedingungen eines Integrationsprozesses als Betroffene am Arbeitsplatz mitzubestimmen; informationstechnische Systeme werden künftig immer mehr als offene, selbst adaptierbare, in ihrer Software in weiten Grenzen gestaltbare Systeme eingeführt werden. So entstehen erweiterte Möglichkeiten speziellen Zuschnitts der Softwarearbeitsmittel, ohne daß es der Hilfe externer Experten bedarf; Partizipationsfähigkeit kann nicht gesondert vom Einführungsprozeß gelernt werden, sondern die Integration mittels Informationstechnik sollte schon in den ersten Entwicklungsetappen des Softwaresystems die später mit ihm Arbeitenden einbeziehen. Wir meinen dies nicht im Sinne der Akzeptanzförderung, die eigentlich nur ein Motivationsproblem zu lösen beanspruchen kann, nämlich wie ein fremderstelltes informationstechnisches System den betrieblichen Verhältnissen übergestülpt werden kann, ohne daß die Betroffenen sich widerständig verhalten. Es hat sich in den letzten Jahren vielmehr erwiesen, daß die Beteiligung der Mitarbeiter in frühesten Phasen der Softwareentwicklung oder auch nur ihrer Anpassung an betriebliche Verhältnisse zu einer qualitativ besseren Software führt, weil die Merkmale menschengerechter Dialoggestaltung (vgl. [2]) ohne systematisches Einbeziehen der Kenntnisse, Erfahrungen, des „tacit knowledge", der vielen Unwägbarkeiten und Schwachstellen der betrieblichen Organisation nicht erreicht werden (vgl. dazu auch [7]).

Das wichtigste Ziel der kurz skizzierten CIM-Ausbildung scheint uns, über die systematischen Grundlagenkenntnisse der Informationstechnik, über die betrieblichen und informationstechnischen Zusammenhangskenntnisse und die soziale Kompetenz hinaus die Einführung von rechnerintegrierten betrieblichen Strukturen als einen von vornherein partizipativen Prozeß anzulegen; die Planung, Entwicklung und Implementation von CIM-Strukturen ist ein sehr langfristiger organisatorischer Prozeß, der sich auf die sozialen Verhältnisse im Betrieb nicht nur auswirkt, sondern ohne dessen Basis kaum gelingen kann.

Schließlich möchten wir in diesem Zusammenhang auf ein weiteres Ausbildungsproblem hinweisen, das aus dem Charakter der Integration betrieblicher Abläufe als technisch/organisatorischem und zugleich sozialen Prozeß entsteht. Die Ingenieure oder Betriebswirte, die solche Innovationsprozesse leiten, über technische und organisatorische Alternativen entscheiden oder sie selbst ausarbeiten, planen und entwickeln, sind nicht dazu ausgebildet worden, die sozialen Konsequenzen der technischen Integration zu antizipieren, alternative Arbeitsgestaltung zu entwickeln. Auch bei größter Bereitschaft haben sie kaum Erfahrung, Ziele „menschengerechter", „qualifikationsfördernder", „persönlichkeitsfördernder" Arbeitsaufgaben und Tätigkeiten in ihre Pläne und Kalküle, Berechnungen und Strategien aufzunehmen.

Wir haben den Eindruck, daß auch in der Weiterbildung der Ingenieure und Betriebsleiter, wie sie von privaten Beratungsinstituten angeboten wird, oder auf den öffentlichen Tagungen und Kongressen zum Modethema der letzten Jahre CIM, ja auch in den ingenieurwissenschaftlichen und betriebswirtschaftlichen Publikationen zu diesem Thema die softwaretechnischen und organisatorischen Probleme der Integration viel zu sehr im Vordergrund stehen. Die absehbaren sozialen Probleme und die Ziele menschengerechter Arbeitsgestaltung, die in den stark erweiterten Spielräumen der Gestaltung heute viel realistischer gesetzt werden könnten, werden im Denken und Planen der betrieblichen Entscheidungsträger vernachlässigt. Wir halten es daher für dringend erforderlich, diese Themen in die Universitäts- und Fachhochschulausbildung von Ingenieuren, Wirtschaftsingenieuren und Betriebswirten einzubeziehen.

Zur Lösung der Weiterbildungsbedürfnisse der verschiedenen Betroffenengruppen würde die Errichtung von *Demonstrations- und Übungszentren* beitragen, die durch handlungsorientiertes und vergleichendes Lernen an verschiedenen Systemen Beurteilungskompetenz und Gestaltungsfähigkeit fördern. Wir denken an eine offene Lernsituation, die neben systematischen und grundlegenden Bildungsveranstaltungen auch ein (von Herstellerinteressen unabhängiges) experimentierendes Studium neuer technischer Systeme und Prototypen sowie alternativer Gestaltungsansätze und damit ein begründetes Urteil über ihre Verträglichkeit mit vorhandenen Qualifikationen und die Weiterbildungserfordernisse erlaubt. So müssen z. B. Betriebsangehörige vor Einführung von CNC-Maschinen unterschiedliche Steuerungskonzepte durch Vergleich testen und beurteilen können, auch für andere „C-Techniken" müßten qualifikationsorientierte „bench-marks" und vom Nutzer selbst anpaßbare Software zur Verfügung stehen. Die heute üblichen Pflichtenhefte müßten über technische Funktionsanforderungen hinausgehende Handlungs- und Lernerfordernisse enthalten. (Es sei betont, daß diese Fortbildungsmaßnahmen eine an sozialverträglicher und persönlichkeitsförderlicher Technikgestaltung orientierte Erstausbildung nicht ersetzen können.)

17.3 Soziale Problem bei der Entwicklung von CIM-Strukturen

Um die absehbaren sozialen Probleme anzudeuten, die im Betrieb bei rechnergestützter Integration durch arbeitsorganisatorische und technische Gestaltungsmaßnahmen zu lösen sein werden, wollen wir einige Beobachtungen aus der Literatur [5, 8, 9] aufgreifen, werden sie um unsere Erkenntnisse aus empirischer Erforschung und Konzipierung von CIM-Strukturen ergänzen und (vielleicht etwas krass) zuspitzen; nach dem Skizzieren jedes Problems werden Arbeitsgestaltungs-Lösungen angedeutet; man wird sehen, daß die gestalterische Kompetenz aller am Innovationsprozeß Beteiligten gefordert ist; überdies werden bedeutende Aufgaben an die Arbeitswissenschaft gestellt, soweit sie sich als integrierte und interdisziplinäre begreift, denn keines der folgenden Probleme kann allein ingenieurwissenschaftlich gelöst werden.

Bildschirmgebundenheit. Das auffälligste Charakteristikum der Arbeit mit den neuen Informations- und Kommunikationstechniken ist ihre Bildschirmgebundenheit. Aus einer Vielzahl guter arbeitswissenschaftlicher Gründe sollte man ausschließliche oder überwiegende Bildschirmarbeit jedoch nicht zulassen. Zur Herabsetzung des Anteils der Bildschirmarbeit auf ein arbeitswissenschaftlich unbedenkliches Maß können zwei Wege beschritten werden. Zum einen kann mit organisatorischen Methoden der Anteil an der Gesamtarbeitszeit vorm Bildschirm vermindert werden, indem die entsprechenden Aufgaben auf mehrere Personen verteilt werden (Bild 17.4). Zur Darstellung der Information können ergänzend konventionelle Planungssteckbretter, Prozeßüberwachungstafeln und elektronische Displays verwendet werden. Zum anderen sollte das unvermeidbare Bildschirmgerät oder der Arbeitsplatzrechner mit einem Maximum an Aufwand für gesicherte Erkenntnisse ergonomischer Gestaltung erstellt werden.

Heterogene Interaktionsformen. Da CIM-Strukturen nicht als fertige technisch-organisatorische Lösungen gekauft und im Betrieb implementiert werden können wie andere informationstechnische Komponenten (etwa CNC-Maschinen, ein CAD-System, BDE- oder PPS-Systeme), da die CIM-Einführung vielmehr normalerweise ein jahrelanger Prozeß der gesamtbetrieblichen Integration schon vorhandener gewachsener Insellösungen ist, kommt es an manchen Arbeitsplätzen zu einem Aufeinander-

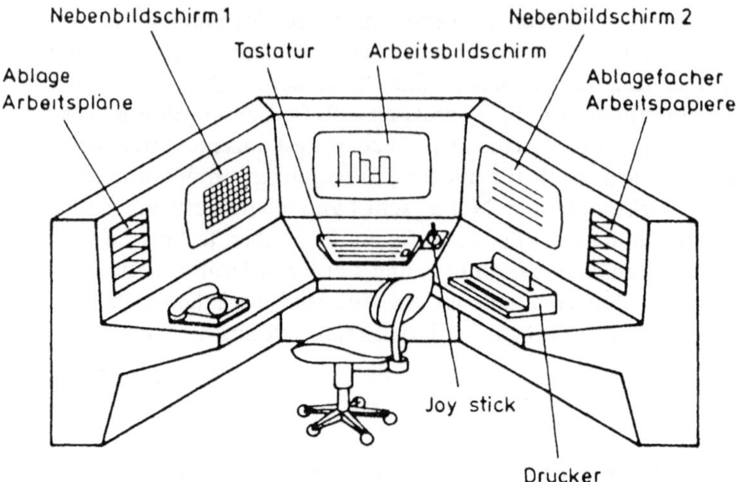

Bild 17.4. Dispositionsarbeitsplatz [13]

treffen oder einer Verbindung der Oberflächen verschiedener informationstechnischer Systeme. Heterogene Teilsysteme und inkompatible Benutzeroberflächen fordern den Arbeitenden besondere Übersetzungs-, Übertragungs- und andere Anpassungsleistungen ab. Die gleichzeitige Interaktion mit unterschiedlich aufgebauten Systemen und Benutzeroberflächen (die auch aus unterschiedlichen Etappen der Entwicklung der Automationstechnik in einer gewachsenen Rechnerkonfiguration stammen können) ist eine ständige kognitive Belastung und kann eine Fehlerquelle in der Arbeitstätigkeit mit weiterreichenden Wirkungen im Betrieb als früher darstellen. Es sind daher zueinander passende, wenn nicht sogar einheitliche Bedieneroberflächen aller verbundenen Systeme zu fordern; die Software-Ergonomie hat inzwischen Gestaltungsmethoden für optimale und menschengerechte Interaktionsformen mit informationstechnischen Systemen entwickelt, deren Beachtung bei der Entwicklung und in der praktischen betrieblichen Integration zu gewährleisten ist [2].

Doch technologischer Determinismus? Es herrscht weitgehend Einigkeit darüber, daß es keinen technologischen Determinismus der zukünftigen Arbeit und damit auch der Qualifikationsanforderungen gibt. Diese Auffassung unterschätzt unseres Erachtens die mit der technischen Systemwahl einhergehenden Einschränkungen von arbeitsorganisatorischen Gestaltungsspielräumen. So bedeutet die Einführung bestimmter numerischer Steuerungen, daß Handbetrieb der Maschinen unmöglich gemacht wird und damit entsprechende Qualifikationen verlorengehen. Die Entscheidung für den Digitalrechner strukturiert die Mensch-Rechner-Interaktion auch bei progressiver Organisationsgestaltung; ihr Einsatz für die Prozeßintegration ist nur möglich auf der Basis formalisierter Modelle. Durch Wahl nutzerfreundlicher Programmiersprachen und Entwicklung von Software durch die Benutzer selbst kann zwar ein gewisser Spielraum wiedergewonnen werden, jedoch wird das Formalisierungserfordernis damit nicht kompensiert.

Softwaremodell und Betriebsrealität. Da die Software beispielsweise eines PPS-Systems ein vereinfachtes Modell des betrieblichen Prozesses beinhaltet und da sie eine Vorstrukturierung, Regulation und Anleitung des Arbeitshandelns in Form von Algorithmen bedeutet (in denen das Erfahrungswissen der Arbeitenden anderer Betriebe kristallisiert ist), verlieren die Sachbearbeiter in der Produktions- und Arbeitsplanung, ferner in der Fertigungssteuerung bei Einführung von CAP- und PPS-Systemen im Rahmen von CIM-Strukturen ihre wohlbekannten Flexibilitäts- und Dispositionsspielräume. Ein Verlust an Variationsmöglichkeiten im Handlungs- und Entscheidungsspielraum für Planungs- und Steuerungs-Sachbearbeiter ist insbesondere von PPS-Systemen mit Standardsoftware zu befürchten, die nicht für die besonderen betrieblichen Verhältnisse geschrieben oder nicht genau genug an diese angepaßt wurde und die nicht für jedes entstehende Problem fertige Lösungen bereithalten kann. Die verringerte Flexibilität wird sich unter den heutigen Bedingungen der kundenorientierten, kleinstserigen und immer kurzfristigeren Fertigung (z. B. auch von Eilteilen, Ersatzteilen) als Nachteil erweisen; es ist zu erwarten, daß sich die so entstehenden organisatorischen Schwierigkeiten in der Arbeitstätigkeit als Autonomieverlust und Belastungen niederschlagen, denn die verbindlich implementierten Standardabläufe wirken auf Arbeitsbedingungen und Aufgabenzuschnitte ein.

Zwar scheinen uns diese Einschränkungen bei Zugrundeliegen vereinfachter Modelle der Organisation eine unvermeidbare Kehrseite bei Einführung von Informationstechnik zu sein, aber es müßte durch geeignete und angepaßte Softwarekonzeptionen diese reglementierende und verfestigende Rückwirkung auf die Betriebsrealität gemindert werden. Die Flexibilitäts- und Dispositionsspielräume bleiben zumindest teilweise erhalten, wenn die letzten aktuellen Entscheidungen und die Umsetzung einer längerfristigen allgemeinen Vorgabe der Initiative der Maschinenarbeiter vorbehalten bleiben. Die Spielräume werden auch dadurch geschützt, daß allen im Informationssystem Arbeitenden dessen Aufbau und Funktionsweise durch systematische Einarbeitung und Weiterbildung transparent und begreifbar gemacht wird, so daß sie dessen Grenzen erkennen und von den vorgeschriebenen Algorithmen gemäß aktuellen Bedingungen abweichen und in die Abläufe eingreifen können, zumindest aber daß sie einzuschätzen vermögen, welcher Fehler im System entstehen kann, wenn man vom vorgeschriebenen Weg abweicht, um ein unvorhergesehenes Problem zu lösen.

Neustrukturierung von Aufgaben und Kompetenzen. Die Informationstechnik, z. B. ein CAP- oder ein PPS-System, wirkt auf die betriebliche Arbeitsorganisation, in die sie eingeführt wird, in einem Wechselverhältnis zurück; sie greift in die gewachsenen Organisationsstrukturen ein, erzwingt vorab formalisierte und modellierte Abläufe; es kommt zu einer Neustrukturierung von Aufgaben und Kompetenzen zwischen Menschen und im Verhältnis der Menschen zum Rechner (Bild 17.5). So erleiden die Meister einen Funktionsverlust, wenn die Arbeitsverteilung im Rahmen der Kapazitäts- und Maschinenbelegungsplanung von den Fertigungssteuerern übernommen wird; stattdessen könnten die Meister andere ihrer typischen Aufgaben (Qualitätssicherung, technische Beratung der Maschinenarbeiter, Instandhaltung, Ausbildung) verstärkt wahrnehmen. Auch die Aufgaben- und Kompetenzverteilung zwischen Arbeitsvorbereitung und Werkzeuglager, zwischen Fertigungssteuerung und Materiallager, zwischen Konstruktion und NC-Programmierung, zwischen Verkauf/Kundendienst und Fertigung erfährt einen Wandel durch die informationstechnisch gestützte

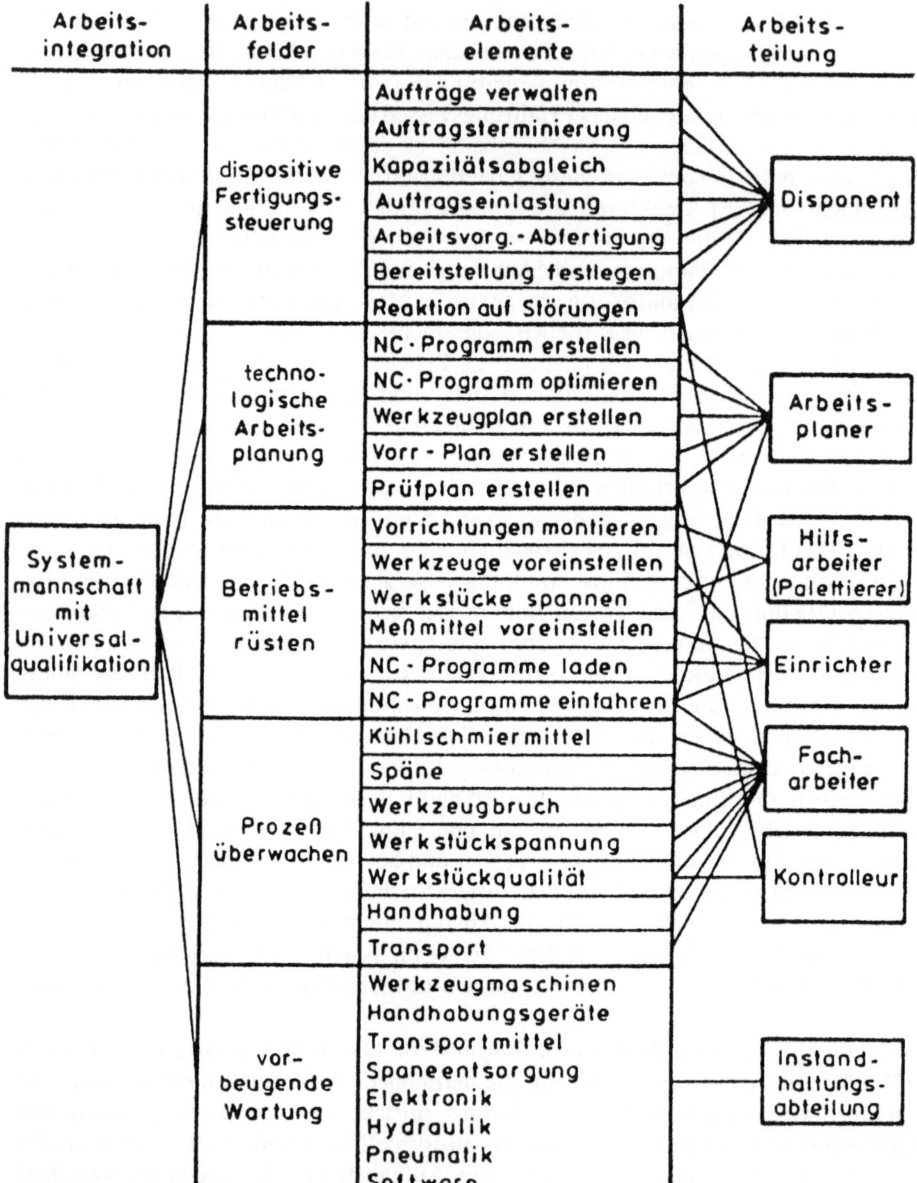

Bild 17.5. Arbeitsorganisatorische Gestaltungsalternativen bei automatisierten flexiblen Fertigungssystemen [14]

Integration aller Betriebsabläufe. Die Einführung von CIM-Strukturen kann für manche eine Erweiterung, für andere eine Beschränkung ihrer Aufgaben und ihres Arbeitsinhalts bedeuten. Es liegt in der Logik computergestützter Fertigungsplanungs- und Steuerungs-Systeme, daß der Werkstatt Kompetenzen entzogen und in vorgelagerte Bereiche und übergeordnete Instanzen abgezogen werden. Ebenso hat die NC-Programmierung in den 60er und 70er Jahren den Maschinenarbeitern Aufgaben entzogen und in Programmierbüros verselbständigt. In beiden Fällen kann der Kompetenzverlagerung inzwischen auf dem neuen Stand der Steuerungstechnik entgegengewirkt, der Trend umgekehrt werden.

In diesem Zusammenhang soll der Hinweis genügen, daß die mit CIM-Einführung einhergehende Neubestimmung von Aufgaben und Neubegrenzung von Kompetenzen besonders in Klein- und Mittelbetrieben ein sehr sensibler sozialer Prozeß ist, der neben den technischen Problemen gesonderter personalpolitischer Überlegungen bedarf. Bei Einführung von CIM-Strukturen müssen Betriebsleitung und Personalvertretung sowie alle Betroffenen sich einen Überblick über alternative Aufgabenzuschnitte und organisatorische Optionen der Informationstechnik verschaffen können. Aus den praktischen Erfahrungen in Betrieben und aus industriesoziologischen Analysen der Einführung von Informationstechniken kann man schon heute erkennen, daß die betriebliche Organisation weite Spielräume für alternative Gestaltung beinhaltet, d. h. daß ein Betrieb die Technik gemäß bestimmten Interessenkonstellationen adaptieren und ausgestalten kann; auf diese Möglichkeit und ihre antizipierbaren Konsequenzen für bestimmte Beschäftigungsgruppen muß die Arbeitswissenschaft zu Beginn eines Einführungsprozesses hinweisen.

Totalplanung versus Rahmenplanung. Manche CAP- und PPS-Systeme beinhalten das Konzept einer detaillierten und rigiden „Totalplanung", in der alle einzelnen Vorgänge deterministisch behandelt und strikt kontrolliert werden. Im Gegensatz dazu steht das Konzept einer grobmaschigen „Rahmenplanung", in der Aufträge in Bündeln belastungsorientiert freigegeben und in der Fertigung von den Maschinenarbeitern in aktuelle Arbeitspläne und Steuerungsvorgänge umgesetzt werden. Zur Erhaltung und Entwicklung der Planungskompetenz in der Fertigung auf Werkstattebene sollten die Auftragsbündel mit einem Zeitrahmen von mindestens einer Woche vom PPS-System freigegeben werden.

Zentralisierung versus Dezentralisierung der Planung. Eng verbunden mit der polaren Dimension Total- versus Rahmenplanung, aber doch davon unterscheidbar, ist der Aspekt der Zentralisierung. Die Konzeption, die Fertigung total vorzuplanen und dies in einer zentralen Organisationseinheit abzuwickeln, führt dazu, daß Entscheidungsspielräume vom PPS-System vollständig absorbiert werden; eine solche rigide, deterministische Zentralsteuerung muß mit straffen Kontrollsystemen (BDE) verbunden werden. Dies ist jedoch zumindest in kleinen und mittleren Maschinenbaubetrieben, die kundenspezifisch und sehr kurzfristig in kleinsten Losgrößen produzieren, kein adäquates Steuerungssystem, denn einerseits reicht die Flexibilität dieser Planung nicht aus und andererseits läßt dieses System die auf Qualifikation und Erfahrung gegründete Produktivität der Facharbeiter weitgehend ungenutzt.

Auf diese stützt sich die alternative Konzeption einer Fertigungsablaufplanung, die zwar auf einer zentralen groben Rahmenplanung beruht, die jedoch in dezentraler werkstattnaher Steuerung von Meistern und Facharbeitern umgesetzt wird. Wenn

Steuerungskompetenz dezentral verteilt wird, sind die Facharbeiter nicht nur Ausführende eines anonymen computererstellten Planes, der überdies in vielen Punkten nicht aktuell sein kann. Sie können vielmehr ihren Handlungs- und Entscheidungsspielraum als „Beherrscher" des Systems nutzen, indem sie die Feinsteuerung aller Fertigungsbedingungen und -vorgänge übernehmen; die Fertigung könnte in Inseln strukturiert sein, zu deren wichtigster Aufgabe die feinmaschige Fertigungssteuerung und -kontrolle (bei Beachtung eines zentral vorgegebenen Ecktermins und der zu fertigenden Erzeugnismengen) gehört; eine solchermaßen zentral im Groben und dezentral im Feinen zugleich geplante Steuerung würde dem betrieblichen Produktionsprozeß bedeutend mehr Flexibilität erlauben.

Die Einführung von CAP- und PPS-Systemen, die wir als die entscheidende Klammer für CIM-Strukturen betrachten, ist detailliert empirisch untersucht worden. Man traf die Diagnose, daß es in der Logik derartiger Systeme und computergestützter Integrationsprozesse liege, daß der Werkstatt und den Maschinenarbeitern und Meistern Kompetenzen entzogen und als Planungs- und Steuerungsvorgänge sowie Kontrollen zentralisiert werden. Somit werde der Aufgabenbereich und die Tätigkeit der Maschinenarbeiter auf rein produzierende Funktionen zurückgeschnitten, und dem Meister verbleibe nurmehr eine operative, durchführende Funktion; er könne nicht mehr planen, disponieren, organisieren; er vollziehe die zentral vorgeplanten Abläufe. Dieser Diagnose versuchen wir in einem ESPRIT-Projekt (1199–1217) „Human-Centered CIM-Structures" die Konzeption einer als teilautonome Insel konzipierten Fertigung entgegenzuhalten; in kompetenz- und qualifikationsförderlich gestalteten CIM-Strukturen soll die tayloristische Arbeitsteilung in der Weise umgekehrt werden, daß im CAP- und PPS-System zwar grobe betriebsübergreifende Vorgaben und Ecktermine errechnet und vorgegeben werden, daß diese aber in einem dezentralen Informations- und Steuerterminal im Rahmen der Fertigungsinsel nur Ausgangspunkt einer Feinplanung, Steuerung, Auftragsreihenfolge, Kapazitätsplanung in Eigenverantwortlichkeit der Fertigungsinsel sind. Gerade indem die Feinplanung und -steuerung in den Händen und Köpfen der die Insel „fahrenden" Facharbeiter liegt, die unmittelbar in ihren Kooperationsverhältnissen informiert sind über alle Ausfälle, Störungen, Engpässe, Fehler, Besonderheiten, den Zustand und die Verfügbarkeit der Werkzeuge und speziellen Spannvorrichtungen, die Besonderheiten und Mängel bestimmter selbst geschriebener CNC-Programme und die Möglichkeiten der Rüstzeit-Einsparung, bleiben die Flexibilität und der Dispositionsspielraum in der Werkstatt erhalten, die kurze Lieferzeiten, kleine Lagerbestände, kürzere Durchlaufzeiten und die Fertigung kleiner bis kleinster Losgrößen bei elastischer Auslastung der Kapazitäten ermöglichen.

Intrapersonale Konflikte und soziale Isolation. Wenn durch Einführung von Informationstechniken die bereits existierenden EDV-Teillösungen integriert und in CIM-Strukturen zusammengefaßt werden, so werden auch die Aufgaben von Abteilungen und ihren Grenzen neu gesetzt, oder bisher gesonderte Abteilungen werden möglicherweise zusammengefaßt. Damit verwandeln sich Verhältnisse zwischen Abteilungen oder Stationen im Planungsprozeß, die im Betriebsgefüge als Aushandlungsprozesse oder Konflikte zwischen Menschen ausgetragen werden, in intrapersonale Verhältnisse. Wenn die Fertigungssteuerung beispielsweise auch die Auftragsreihenfolge und Maschinenbelegung aus dem Aufgabenspektrum des Meisters übernimmt, muß die Arbeitsvorbereitung in ein direktes Verhältnis zu den Maschinenarbeitern treten und der Fertigungsplaner muß mit gegensätzlichen Interessen fertig werden, z. B. einerseits Durchlaufzeit verkürzen, aber andererseits möglichst große Lose mit relativ geringerem Rüstzeitanteil bilden; Minimierung der Zwischenlager, aber Garantie der Lieferzeiten; Einsteuerung von Eil- oder Ersatzteilen, aber Wahrung der geplanten Termine; Kapazitätsauslastung teurer Maschinen durch langfristige Vorplanung, aber Erhalten kurzfristiger Disposition und Flexibilität.

Eine weitere Folge der Integration betrieblicher Abteilungen und Prozesse durch Informationstechniken kann die soziale Isolation mancher Planungssachbearbeiter sein. Wenn der computergestützte Planungsprozeß Grenzen zwischen Instanzen auflöst, Aufgaben verbindet und konzentriert sowie eine Vielzahl von Arbeitsplätzen im produktionsplanenden und -vorbereitenden Bereich verschwinden läßt, und wenn Informationsfluß und Kommunikation nurmehr informationstechnisch vermittelt ablaufen, kann es zu einer betriebsstrukturellen Isolation des Planers kommen; diese Entwicklung droht insbesondere bei ausgeprägt arbeitsteiliger Organisation den vereinseitigten routinierten Bürotätigkeiten. Durch Methoden des organisatorischen „Job-design", insbesondere vertikale Arbeitsbereicherung und Ausdehnung der Inselkonzeption auf die vor- und übergelagerten Ebenen der produktgruppenspezifischen Fertigungsplanung und -steuerung kann diesem Problem entgegengewirkt werden.

Verantwortlichkeit. Das Zusammenwirken verschiedener Abteilungen in einem informationstechnisch vermittelten Prozeß beruht auf Beiträgen, Interventionen, Korrekturen zu den gemeinsam genutzten Daten. Trotz eines hohen Integrationsgrades oder gerade aufgrund dessen, kann es zu einer Auflösung der Verantwortlichkeit für bestimmte Arbeitsergebnisse kommen. War beispielsweise schon im Verhältnis des NC-Programmierers zum Maschinenarbeiter die Zurechenbarkeit bestimmter Operationen nicht vollständig geklärt und war der Probelauf nur in einem engen Kooperationsverhältnis organisierbar, so spitzt sich dieses Problem bei Integration der NC-Programmierung in das CAD-System zu, weil nun auch der Konstrukteur direkt verantwortlich für bestimmte NC-Programme wird; es fragt sich jetzt, wie er verantwortlich für ein NC-Programm sein kann, das durch ein ihm unbekanntes Programmsystem erstellt wurde.

Unter stark arbeitsteiligen Bedingungen im Betrieb ist die individuelle Zurechenbarkeit und Verantwortlichkeit kein Problem, bzw. die tayloristische Zergliederung wurde erst ein Produktivitätsproblem, als ihre technische Grundlage sich weiterentwickelte und Qualifikation und Motivation der Mitarbeiter mit dieser Organisationsmethode nicht mehr adäquat zu nutzen waren; hebt man die Arbeitsteilung durch Informationstechnik in CIM-Strukturen durch vertikale Integration und ganzheitlichen Aufgabenzuschnitt sowie teilautonome Inselorganisation tendenziell wieder auf, so ist durch geeignete Protokollvorschriften die persönliche Zurechenbarkeit und Verantwortlichkeit für Eingriffe, Änderungen, Beiträge zum gemeinsam genutzten Informationsfluß sicherzustellen; andernfalls sind Ursachen für Fehler oder Fehlregulierungen nurmehr schwer oder gar nicht zu finden, Korrekturen bleiben auf Symptome beschränkt.

Verhaltenskontrolle. Computergestützte PPS-Systeme schließen eine möglichst detaillierte und zeitlich enge Rückmeldung des Fertigungsfortschritts ein. Mit der Überwachung von Produktionsdaten in einem BDE-System wird zugleich die detaillierte und langfristige Kontrolle und Evaluation des individuellen Arbeitsverhaltens möglich. Wenn beispielsweise Maschinenzustände minuziös aufgezeichnet und statistisch ausgewertet werden, kann das Arbeitsverhalten bestimmter Maschinenarbeiter rückerschlossen und vergleichend bewertet werden; es ist keine Schwierigkeit, das sogenannte Vorderwasser zu identifizieren, das für die Arbeiter in der traditionellen Fabrikorganisation eine große Bedeutung hat.

In Betriebsvereinbarungen sollte bei Einführung von PPS- und BDE-Systemen die Abtrennung personenbezogener Daten von solchen über technische und organisatorische Bedingungen sichergestellt werden. Zwar widersprechen sich individuelle Zurechenbarkeit bestimmter Handlungen und der Schutz personenbezogener Daten, es muß jedoch ein betriebsspezifischer Weg gefunden werden, beide Ziele innerhalb bestimmter Grenzen zu organisieren.

Qualifikationsverluste. Wird ein computergestütztes System beispielsweise der Fertigungssteuerung in den Betrieb eingeführt, so beinhaltet dessen Software vielfältig gegliederte Optimierungsalgorithmen, die in einem -zig bis hundert „Mannjahre" umfassenden Programmierprozeß geschrieben und in einem anschließenden Implementationsprozeß an die betriebliche Situation angepaßt wurden. Das differenzierte Erfahrungswissen des Personals in der Arbeitsvorbereitung und Fertigungssteuerung ist im günstigen Falle weitgehend in das EDV-Planungssystem eingegangen, d. h. ist in dessen Algorithmen verfestigt; die Menschen bedienen nurmehr ein System, das sie schrittweise bei der Aufgabenabwicklung führt. Die Spielräume, die das Steuerungssystem situationsspezifischen Handlungen und Entscheidungen einräumt, mögen variieren, aber es ist zuvor eine grundsätzliche Trennung eingetreten zwischen Programmentwicklern und Programmanwendern, wobei den ersteren die praktische Erfahrung und das betriebsspezifische Wissen und den letzteren die Kenntnis des Programmsystems in Aufbau und Funktionsweise fehlt. Systemprogrammierer und Programmanwender sind einander fremd; an dieser grundsätzlichen Auseinandergerissenheit des Wissens um ein computergestütztes Planungs- und Steuerungssystem kann auch die Partizipation der Benutzer im letzten Anpassungsstadium nichts ändern. Zu bedenken ist überdies, daß langjährige Benutzer eines PPS-Systems ihr Erfahrungswissen verlieren könnten und daß im System angelerntes Personal solches praktisch nicht aufbauen und entwickeln könnte.

Die Gefahr läßt sich mindern, wenn die Fertigung in produktgruppenspezifische Inseln strukturiert, wenn Planungs-, Steuerungs- und Kontrollfunktionen vertikal integriert und dezentral ausgeführt und wenn die Aufgaben für Arbeitsgruppen ganzheitlich zugeschnitten werden. Der betrieblichen Aus- und Weiterbildung ist überdies die Aufgabe zu stellen, den Arbeitenden EDV-Grundlagenwissen zu vermitteln, ihnen das Steuerungssystem insgesamt transparent zu machen und die Kompetenz für die Nutzung neuer Entscheidungsspielräume zu entwickeln.

Ersetzen oder Unterstützen menschlicher Disposition und Entscheidung. Das komplexe System von Algorithmen eines PPS-Systems tendiert dahin, dem Planer und Disponenten Abläufe (gemäß dem informationstechnischen Modell des Produktionsprozesses) stark vorstrukturiert bis zur mehr oder weniger ultimativ vorgeschlagenen Entscheidung vorzugeben; wenn dies nicht nur in der relativ grobmaschigen Fertigungsplanung mit ein- oder zweiwöchigem Horizont der Fall ist, sondern auch in der Feinplanung auf Werkstatt- oder Inselebene, so verlieren die Arbeitenden Spielräume für aktuelle dispositive Entscheidungen, und damit verliert die Fertigung an Flexibilität.

Das informationstechnische System sollte im Gegensatz dazu das Wissen und die Kompetenz des Disponenten nicht vollständig durch Planungs- und Optimierungsalgorithmen zu ersetzen versuchen, sondern menschliche Disposition und Entscheidung lediglich unterstützen, indem beispielsweise die (Fern-)Wirkungen erwogener Alternativen antizipiert oder Bedingungen des Prozesses als variierbar und beeinflußbar dargestellt werden; ein so strukturiertes System böte vielfältige benötigte Informationen und Hilfsmittel für Entscheidungen, die ausschließlich in der Kompetenz und Verantwortlichkeit der Planer und Disponenten lägen.

Überstülpen oder Beteiligung. Die Einführung eines PPS- oder eines CAP-Systems kann sich vollziehen als Überstülpen extern erstellter Standardsoftware über die betrieblichen Strukturen und vorbei an den Interessen und Bedürfnissen der Betroffenen; oft ist eine Beteiligung der Arbeitenden nur in der letzten Phase der Systemanpassung und Software-Modifikation vorgesehen; in dieser Phase sind die Gestaltungsspielräume jedoch nurmehr sehr gering; die wesentlichen Festlegungen sind bereits in den frühen Phasen des Entwurfs eines informationstechnischen Systems getroffen und wirken sich auf die Arbeitsorganisation und Tätigkeit aus. Extern erstellte und implementierte Standardsoftware ist zwar unvergleichlich kostengünstiger als im Betrieb entwickelte, jedoch verursacht ihr oft langwieriger Anpassungsprozeß an die besonderen betrieblichen Verhältnisse Folgekosten, die ins Verhältnis zu setzen wären zu einem aufwendigen Prozeß der Beteiligung der Mitarbeiter an einer innerbetrieblichen Entwicklung.

Wir plädieren für eine Beteiligung der Mitarbeiter an den *frühen* Phasen des Systementwurfs, an der Suche nach einer informationstechnischen Lösung für das Produktionskonzept des Betriebs, an der Formulierung des Pflichtenheftes für ein Software- oder Systemhaus, an der Konzipierung der Systemkonfiguration beispielsweise für eine computergestützte Fertigungssteuerung. Eine Beteiligung der Mitarbeiter an der Softwareentwicklung, der Dialoggestaltung oder Maskenerstellung verfehlt den Kern des technisch-organisatorischen Prozesses und seiner Gestaltungsspielräume; solche Benutzer-Partizipation bleibt an der Bedienungsoberfläche des Systems und kann nur dazu dienen, das prozeßspezifische Erfahrungswissen der Arbeitenden vollständiger in die Software aufzusaugen und die Akzeptanz des fremderstellten und implementierten Systems in der schwierigen störungsreichen Anlaufphase zu fördern.

Überbetriebliche Vernetzung als Gestaltungsbarriere? Bei sozial ungesteuerter Technikentwicklung in der rechnergestützten Fabrikrationalisierung scheinen uns folgende Trends durch computervernetzte Systeme verstärkt zu werden (vgl. [3]):
- Bisher kann die Begrenzung sozialer Risiken der Anwendung neuer Fertigungstechniken, Maschinen und Computer in Betrieben im innerbetrieblichen Rahmen angegangen und ausgehandelt werden. Maßnahmen zur Folgenbewältigung zielten auf Verringerung sozialer Risiken oder Kompensation durch Arbeitsgestaltung und Modifikation des Maschinen-Systems. Künftig wird jedoch über die Errichtung von Informationsübertragungsnetzen, die Festlegung ihrer Leistungsmerkmale sowie über Gebühren, die für den betrieblichen Rationalisierungsdruck maßgebend sind, außerhalb der Betriebe entschieden.

– Die Leistungsfähigkeit vernetzter Computersysteme hängt entscheidend von Übertragungsmöglichkeiten des Netzes sowie Art und Anzahl der angeschlossenen Geräte ab. Die Bezeichnung „Endgerät" drückt das aus. Die Steuerung der Übertragungsvorgänge wird vom Benutzer bzw. dem Endgerät auf zentrale Computer außerhalb der Betriebe verlagert, deren Funktionsweise nicht offenbar ist.

– Die Errichtung von Netzen erfolgt zum Teil über Jahre, bevor die Folgen in den Betrieben eintreten. Wenn die Netze errichtet sind, können negative Folgen für die Arbeitnehmer immer weniger von der betrieblichen Interessenvertretung auf einzelbetrieblicher Ebene abgewendet werden. Durch die Vernetzung entsteht eine neue Rationalisierungsproblematik, die als räumliche und zeitliche Entkopplung von Rationalisierungsmaßnahmen und -folgen gekennzeichnet werden kann. Völlig unbekannt sind die Folgewirkungen der internationalen Standardisierungsmaßnahmen für die Übertragungsnetze. So geht beispielsweise das National Bureau of Standards in den USA von einem streng hierarchisch organisierten Fabrikmodell aus. Zur Zeit fehlen sämtliche Voraussetzungen für eine sozialverträgliche Gestaltung solcher Netzstrukturen.

Die Lösung der angedeuteten sozialen Folgeprobleme bei Integration betrieblicher Abläufe mittels Informationstechnik wird nicht mehr möglich sein mit den herkömmlichen arbeitswissenschaftlichen Methoden der arbeitsplatzbezogenen Gestaltung oder der organisatorischen Arbeits- und Aufgabenstrukturierung. Auch die Methode der Arbeitsgestaltung in Form von Checklisten für Ingenieure und Betriebsräte (vgl. [11]) verfehlt die Komplexität und Interdependenz des Integrationsprozesses und den erforderlichen antizipativen Charakter der Gestaltungsanalyse, deren Ergebnis noch in die ersten Planungsschritte Eingang finden muß.

Wenn Lay et al. [6] feststellen, daß trotz computergestützter Integration betrieblicher Abläufe und Möglichkeiten der Aufhebung betrieblicher Arbeitsteilung die Grenzen betrieblicher Abteilungen und Bereiche strikt gewahrt bleiben und daß weder Euphorie noch Befürchtungen über Abbau von Arbeitsteilung begründet sind, so muß man wohl auf ungenutzte Gestaltungspotentiale aufmerksam machen. Die Ingenieure und Betriebsleitungen erkennen die Spielräume und Alternativen nicht und passen die integrierende Informationstechnik der arbeitsteilig separierten und hierarchisch zergliederten Arbeitsorganisation an.

Wir plädieren keineswegs dafür, eine „Sozialtechnologie" für Ingenieure oder für Experten der Gestaltung von Sozialsystemen bei Computerintegration zu entwickeln. Vielmehr käme es darauf an, bei Ingenieuren und allen Betroffenen in sich entwickelnden Betrieben eine Sensibilität für die entstehenden sozialen Probleme und den weiten zur Verfügung stehenden Gestaltungsspielraum zu fördern. Es müßte eine Gestaltungsmethode entwickelt werden, die die sozialen und organisatorischen Probleme zu antizipieren hilft und Gestaltungsleitlinien mit genau definierten technischen und organisatorischen Bedingungen zur Verfügung stellt. Den Ingenieuren wäre auch schon geholfen mit einer Typisierung von betrieblichen Situationen und Innovationsproblemen und -verläufen, in denen sie die Situation ihres Betriebes widererkennen können, offenstehende Wege und ihre Konsequenzen abwägen und durchspielen können. Dafür wären Szenarios bereitzustellen, in denen die sich eröffnenden Gestaltungsspielräume erkannt werden können und Optionen und Alternativen bei strategischer Entscheidung für bestimmte Ziele als praktikabel oder umsetzbar erscheinen.

17.4 Zusammenfassung

Unserem Beitrag liegt die These zugrunde, daß eine menschengerechte und wirtschaftliche Anwendung innerbetrieblicher Vernetzungsstrategien und rechnergestützter Integration von Verwaltungs-, Produktions- und Vertriebsprozessen nur möglich und sinnvoll ist auf Grundlage einer umfassenden Qualifizierung der Arbeitskräfte im technischen Büro und in der Produktion. Zunächst müssen sich die Mitarbeiter bei Überschreiten ihrer Fachgebietsgrenzen umfassende betriebsorganisatorische Kenntnisse und Grundlagenkenntnisse der EDV aneignen. Sodann müßten sie lernen, in Prozessen partizipativer Systementwicklung an der Gestaltung ihrer künftigen Aufgaben und Tätigkeiten in Interaktion mit einer CIM-Struktur mitzuwirken. Und schließlich scheint uns besonders wichtig, daß die planenden und entscheidenden Ingenieure und Betriebs-/Abteilungsleitungen lernen, in ihre technischen Kalküle und organisatorischen Strategien auch die Antizipation der künftigen Arbeitsaufgaben und -tätigkeiten sowie der sozialen Verhältnisse in CIM-Strukturen aufzunehmen. Für alle drei Qualifikationsprozesse müssen u. E. von der Arbeitspsychologie und Berufspädagogik Konzeptionen entwickelt und in Modellversuchen erprobt werden. Es müßte ferner eine geeignete Institutionalisierung in Demonstrations- und Übungszentren entwickelt werden.

Qualifizierungskonzepte sollten auf Prozessen des handlungsorientierten vergleichenden Lernens aufbauen, um den Qualifikationserwerb nicht auf eine Anpassung an bereits vorhandene Technikkonzeptionen zu verkürzen, sondern die Fähigkeit zum alternativen Gestalten zu fördern und eine qualifizierte Partizipation an Entwicklungs- und Einführungsprozessen zu ermöglichen.

17.5 Literatur

1 Ausschuß für Wirtschaftliche Fertigung e. V. (Hrsg.): Flexible Fertigungsorganisation am Beispiel von Fertigungsinseln. Eschborn 1984
2 DIN-Entwurf: Bildschirmarbeitsplätze, Grundsätze der Dialoggestaltung. DIN 66 234, Teil 8, Berlin Nov. 1986
3 Kubicek, H; Rolf, A: Mikropolis, 2. Aufl. Hamburg 1986
4 Lay, G: Strategische Optionen zur Gestaltung der rechnerintegrierten Fertigung, Beitrag zum FAST-Programm der Europ. Gemeinschaft, ISI Karlsruhe 1987
5 Lay, G; u. a.: Vernetzung EDV-gestützter Betriebsbereiche, Folgenabschätzung anhand praktischer Beispiele. Hrsg. Bundesanstalt für Arbeitsschutz, Dortmund 1985
6 Lay, G; u. a.: Gestaltungsspielräume bei der Integration von rechnergestützter Konstruktion und rechnergestützter NC-Programmierung. HdA-Sachbestandsbericht, Karlsruhe, Frankfurt 1987, unveröffentlicht
7 Malsch, Th: Die Informatisierung des betrieblichen Erfahrungswissens und der „Imperialismus der instrumentellen Vernunft". In: Zeitschrift für Soziologie, Heft 2, 1987
8 Manske, F; Wobbe-Ohlenburg, W: Rechnergestützte Systeme der Fertigungssteuerung in der Kleinserienfertigung – Auswirkungen auf die Arbeitssituation und Ansatzpunkte für eine menschengerechte Arbeitsgestaltung. Projektträger Fertigungstechnik KfK-PFT 90, Karlsruhe 1984
9 Nullmeier, E; Rödiger, K-H: Arbeitsorientierte Anforderungen an die Gestaltung von PPS-Systemen. In: Hirsch-Kreinsen, H; Schultz-Wild, R (Hrsg.): Rechnerintegrierte Produktion, Frankfurt 1986

10 Rödiger, K-H; Nullmeier, E: Arbeitsorientierte Gestaltung von PPS-Systemen. Ein Beitrag zur Qualifikationssicherung in der Werkstatt. In: Schröder, KT (Hrsg.): Arbeit und Informationstechnik, Berlin 1986
11 Spinas, Ph; Troy, N; Ulich, E: Leitfaden zur Einführung und Gestaltung von Arbeit mit Bildschirmsystemen. Zürich, München 1983
12 Warnecke, HJ: Der Produktionsbetrieb, Eine Industriebetriebslehre für Ingenieure. Berlin: Springer, 1984
13 Mertins, K: Steuerung rechnergeführter Fertigungssysteme. In: Produktionstechnik, Bd. 37, Berlin, München, Wien 1985
14 Seliger, G: IWF der TU Berlin

Glossar

Anwendungssoftware	Programme für Computeranwendungen, die für spezielle Aufgabenstellungen – entweder individuell oder als Standardsoftware – entwickelt wurden (z. B. Textverarbeitung, → CAD)
AV-Programmierung	Erstellung von Programmen für numerisch gesteuerte, freiprogrammierbare Maschinen (→ CNC-Maschinen) in der **A**rbeits**V**orbereitung (AV)
Batch-Betrieb	Stapel-Betrieb; Verfahren bei Großrechneranwendungen, bei dem der Computer die Arbeitsanweisungen der Nutzer, die parallel an → Terminals arbeiten, „stapelt" und nacheinander abarbeitet; hat für die Nutzer oft lange Anwortzeiten zur Folge
BDE	**B**etriebs-**D**aten-**E**rfassung; allgemeiner Begriff für die Erfassung von Daten aus den Bereichen der Kapazitäts- und Materialwirtschaft, in Verbindung mit Anwesenheitszeiterfassung auch zur Gewinnung von Lohndaten anwendbar
BDU	**B**undesverband **D**eutscher **U**nternehmensberater
Benchmark-Test	Verfahren zur vergleichenden Beurteilung der Leistungsfähigkeit von → EDV-Systemen; es wird die Zeit gemessen, die unterschiedliche Systeme zur Bearbeitung einer standardisierten Testaufgabe benötigen
Bit	Kleinste Informationseinheit in der Datenverarbeitung, kann zwei Zustände aufnehmen: ja oder nein bzw. 0 oder 1
BMA	**B**undes**M**inister für **A**rbeit und Sozialordnung
BMBW	**B**undes**M**inister für **B**ildung und **W**issenschaft
BMFT	**B**undes**M**inister für **F**orschung und **T**echnologie
Byte	Digitales Wort, bestehend aus 8 → Bit; mit ihm können 256 verschiedene Zeichen dargestellt werden
BZI	**B**eratungs**Z**entrum **I**ndustrieroboter; Kurzbezeichnung für das → HdA-Vorhaben „Anwendungsberatung für flexible Handhabungssysteme", das von den Fraunhofer-Instituten → IPA und → IAO und der → GfAH zwischen 1982 und 1987 durchgeführt wurde

CA-System	Computer-Aided-System; allgemeiner Begriff für computerunterstützte Systeme
CAD	Computer Aided Design; computerunterstützte, grafisch-interaktive Erzeugung und Manipulation einer digitalen Objektdarstellung durch zweidimensionale (2D) Zeichnungserstellung oder dreidimensionale (3D) Modellbildung
CAD*I	→ ESPRIT-Projekt zur Normung von **CAD**-Interfaces (→ CAD-Schnittstellen)
CAE	Computer Aided Engineering; Rechnerunterstützung im gesamten Prozeß der Produktentstehung, insbesondere Analysemethoden, Simulationen und Festigkeitsberechnungen
CAM	Computer Aided Manufacturing; EDV-Unterstützung zur direkten technischen Steuerung und Überwachung von Betriebsmitteln
CAP	Computer Aided Planning; rechnerunterstützte Planung der Arbeitsvorgänge und der Arbeitsvorgangsfolgen, die Auswahl von Verfahren und Betriebsmitteln sowie die Erstellung von Daten für die Steuerung der Betriebsmittel des → CAM
CAPP	Computer Aided Process Planning; eng verwandt mit → CAP, jedoch spezialisiert auf die rechnergestützte Erstellung von Fertigungszeichnungen, → NC-Programmen, Arbeitsplänen und Qualitätsanforderungen
CAQ	Computer Aided Quality Assurance; rechnergestützte Qualitätssicherung durch Erstellung von Prüfplänen, Prüfprogrammen und Kontrollwerten sowie Durchführung von Meß- und Prüfverfahren
CAx	Synonym für moderne, computerunterstützte Technologien (→ CA-System)
CBT	Computer Based Training; computerunterstützte Lernmethode durch interaktive Darstellung von Abläufen, Simulationen und Planspielen
CIM	Computer Integrated Manufacturing; rechnerintegrierte Fertigung, gekennzeichnet durch den integrierten → EDV-Einsatz in allen mit der Produktion zusammenhängenden Betriebsbereichen
CIM-TT	**CIM**-Technologie-Transfer; Initiative innerhalb des BMFT-Programms „Fertigungstechnik"; durch Einrichtung von Informations- und Demonstrationszentren in verschiedenen Hochschulstandorten soll den Unternehmen das Thema → CIM näher gebracht zu werden
CNC	Computerized Numerical Control; freiprogrammierbare numerische Steuerungen für unterschiedliche Betriebsmittel, wie z. B. Dreh- und Fräsmaschinen, Laserschneidanlagen, Stanzen usw.

CNMA   Communicatons Network for Manufacturing Application; standardisiertes informationstechnisches Netzwerk für Anwendungen in der Fertigung (→ ESPRIT-Projekt Nr. 955)

Copics   Produktionsplanungs- und -steuerungssoftware

CPU   Central Processing Unit; Zentraleinheit; Kernstück eines Rechnersystems in Form einer oder mehrerer integrierter Schaltungen zur Steuerung der Programmabläufe und Informationsflüsse

CSMA/CD   Carrier Sense Multiple Access/Collision Detection; ein von der → ISO akzeptiertes Verfahren für den freien Zugriff auf Datenübertragungsnetze, bei dem jede Übertragungsstation die Datenleitung auf „frei" prüft, bevor Daten eingespeist werden

DBMS   Datenbank Management System; Software zur Koordinierung unterschiedlicher Datenbanken, die z. B. getrennte technische und kommerzielle Daten beinhalten

DFÜ   Daten-Fern-Übertragung zwischen zwei Datenendeinrichtungen über eine Übertragungseinrichtung (z. B. Kabel, Funk, Lichtleiter)

DLR   Deutsche Forschungsanstalt für Luft- und Raumfahrt

DNC   Direct Numerical Control; direkte numerische Steuerung von Betriebsmitteln durch einen Leitrechner (→ Host)

EDV   Elektronische Daten-Verarbeitung

ESPRIT   European Strategic Programme for Research and Development in Information Technology; Europäisches Forschungsprogramm (1984–1989) im Bereich Mikroelektronik, Software-Technologien, Informationsverarbeitungsprogramme, Bürosysteme und → CIM; Nachfolgeprogramm ESPRIT II läuft von 1988–1992 und ist erweitert um Grundlagenforschung in den Bereichen → KI, kognitive Wissenschaft und Computerwissenschaft

Ethernet   Informationstechnisches Kommunikationsnetz für Büros, 1980 auf den Mark gebracht

EURO-APT   Eine auf der gleichen Basis wie → EXAPT aufbauende → NC-Programmiersprache, von einem kommerziellen Anbieter weiterentwickelt

EXAPT   Extendes Subset of Automatically Programmed Tools; eine von deutschen Forschern 1965 weiterentwickelte Version der 1950 am Massachusetts Institute of Technology entwickelten Programmiersprache für → NC-Maschinen, wird laufend vom EXAPT-Verein in Deutschland weiterentwickelt

Expertensystem   → EDV-System, in dem das Sach- und Erfahrungswissen von Experten gespeichert ist und das über Problemlösungsmechanismen verfügt. Es benutzt Fakten- und

	Regelwissen sowie → Heuristiken; mittels Problemlösungsmechanismen (der sog. Inferenzmaschine) kann ein Expertensystem im Rahmen der gegebenen Daten selbständig Schlüsse ziehen
FAA	**F**ragebogen zur **A**rbeits**a**nalyse; arbeitswissenschaftliches Analyseninstrument zum systematischen Vergleich von Arbeitstätigkeiten
FEM	**F**inite **E**lemente **M**ethode; um Körper in der Konstruktionsphase durch computergestützte Simulation auf Festigkeit und Formveränderungsverhalten hin zu testen, werden sie in kleine Elemente zerlegt und durch Knotenpunkte verbunden. Die Geometrie und Materialeigenschaften des Körpers können in der Simulation auf dem Bildschrim solange variiert werden, bis alle kritischen Stellen eleminiert sind
FFS	**F**lexibles **F**ertigungs**S**ystem; über einen Betriebsmittelleitrechner gesteuertes System von mehreren flexiblen Einzelmaschinen, Fertigungszellen oder Bearbeitungszellen, verbunden mit einem Lager und versorgt durch flexible Transportmittel
FFZ	**F**lexible **F**ertigungs**Z**elle; flexibles Fertigungsmittel mit automatischer Ver- und Entsorgung
FTS	**F**ahrerloses **T**ransport**S**ystem; flurgebundene Transportmittel, die hauptsächlich ortsgebunden eingesetzt werden und dort in gleisgebunden, liniengebunden oder linienfrei unterschieden werden
FuE	**F**orschung **u**nd **E**ntwicklung
Gateway	Computer, der als Verbindungsrechner in vernetzten Systemen eine schnelle Kommunikation zwischen unterschiedlichen Netzwerken ermöglicht (z. B. zwischen einem → LAN und dem Postnetz)
GfAH	**G**esellschaft **f**ür **A**rbeitsschutz und **H**umanisierungsforschung, Dortmund
GKS	**G**raphic **K**ernel **S**ystem; genormtes, grafisches Kernsystem, das eine von Programmiersprachen und Geräten unabhängige Bearbeitung von grafischen Daten ermöglicht
Hardware	Mechanische Komponenten und elektronische Bauteile eines Computers; Hard- und → Software bilden zusammen ein → EDV-System
HdA	**H**umanisierung **d**es **A**rbeitslebens; → FuE-Programm des → BMFT und → BMA, innerhalb dessen zwischen 1974 und 1989 ca. 1700 Vorhaben zur Verbesserung der Arbeitsbedingungen und der menschengerechten Anwendung neuer Technologien gefördert wurden
Heuristik	methodische Anleitung zur Lösung von Problemen und zur Gewinnung neuer Erkenntnisse

Host	Hauptrechner in einem Rechnerverbund
IAB	**I**nstitut für **A**rbeitsmarkt- und **B**erufsforschung (Forschungsinstitut der Bundesanstalt für Arbeit); Aufgabenbereiche: Arbeitsmarktanalysen, regionale Analysen zum Qualifikationsstand, Trendanalysen, Bestandsaufnahmen usw.
IAO	Fraunhofer-**I**nstitut für **A**rbeitswirtschaft und **O**rganisation, Stuttgart
ICAM-Projekt	Projekt der US-Airforce, in dessen Rahmen der Schnittstellenstandard → PDDI entwickelt wurde
IGES	**I**nitial **G**raphics **E**xchange **S**pecification; standardisierte Dateiform zur Übergabe von → CAD-Daten zwischen unterschiedlichen Hard- und Software-Systemen
IPA	Fraunhofer-**I**nstitut für **P**roduktionstechnik und **A**utomatisierung, Stuttgart
IR	**I**ndustrie **R**oboter; freiprogrammierbares Handhabungssystem mit voneinander unabhängigen Bewegungsachsen
ISDN	**I**ntegrated **S**ervices **D**igital **N**etwork; einheitliches Netzkonzept für digitalisierte Postdienste mit einheitlicher Endbenutzerschnittstelle
ISF	**I**nstitut für **S**ozialwissenschaftliche **F**orschung, München
ISI	Fraunhofer-**I**nstitut für **S**ystemtechnik und **I**nnovationsforschung, Karlsruhe
ISO	**I**nternational **S**tandards **O**rganisation; übernationale Normungsorganisation mit Sitz in Genf
ISO/OSI	ISO Referenzmodell, das alle Aspekte der Informationsverarbeitung und -übertragung, der Kommunikation, der Darstellung und letztlich auch der Anwendung in den 7-Ebenen der OSI-Norm (OSI = **O**pen **S**ystem **I**nterconnection) festlegt
KANBAN	Fertigungssteuerungsprinzip bzw. -mittel; KANBAN heißt Zettel, im Sinne eines Bestellzettels, den einzelne Abteilungen in der Fertigung bei erkennbarem Materialbedarf im Vorgriff an die liefernde Abteilung (oder Lager) absenden. Der Materialfluß wird nach dem „Zieh"-Prinzip organisiert. Es gibt verschiedene KANBAN-Kreisläufe, wie z.B. Verbrauchskanban, Fertigungskanban aber auch in erweiterter Form Lieferanten- und Kundenkanban
KI	**K**ünstliche **I**ntelligenz (auch engl. AI = Artificial Intelligence); Synonym für computergestützte Systeme, die bestimmte Leistungen des menschlichen Denkens nachbilden sollen, wie z.B. Lernfähigkeit, Anpassungsfähigkeit und die Fähgikeit, gespeichertes Wissen durch logische Veknüpfungen zur Erzeugung von Schlußfolge-

	rungen zu benutzen; Anwendungsformen von KI sind z. B. wissensbasierte Systeme, bzw. → Expertensysteme
LAN	**L**ocal **A**rea **N**etwork; örtliches Kommunikationsnetzwerk, meist innerhalb eines Unternehmens
Layer	Ebene; wird sowohl bei → CAD-Anwendungen zur Bezeichnung von verschiedenen (Zeichnungs-) Darstellungsebenen als auch im Bereich der Normung zur Bezeichnung der verschiedenen Ebenen im 7-Schichten-Modell verwendet (→ ISO/OSI)
MByte	**M**ega **Byte**; eine Million Byte (8-Bit-Worte); wird als Angabe für die Kapazität von Datenträgern und Arbeitsspeichern verwendet
Mainframe	zentraler Großrechner, auf den über Terminals oder Arbeitsstationen zurückgegriffen werden kann
MAP	**M**anufacturing **A**utomation **P**rotocol; ein von General-Motors in den USA ins Leben gerufenes, standardisiertes Netzwerk mit herstellerunabhängigen Festlegungen von Hard- und Software-Schnittstellen für die Fertigung, basierend auf dem ISO-7-Schichten Modell (→ ISO/OSI)
MDE	**M**aschinen-**D**aten-**E**rfassung; Echtzeiterfassung von Fertigungsdaten an der Maschine, z. B. Fertigungsfortschrittsdaten, Stückzahlen, Qualitätsdaten, Prozeßdaten; Daten können in → BDE-Systemen weiterverarbeitet werden
Medusa	weitverbreitetes → CAD-Programm (2D und 3D) für Rechner der mittleren Datentechnik
MIPS	**M**illion **I**nstructions **P**er **S**econd; Millionen Befehle pro Sekunde, Maßzahl für die Leistungsfähigkeit von Computern. Die → CPU kann innerhalb einer Sekunde die angegebene Anzahl an binären Codes (Befehle in Maschinensprache) verarbeiten
MRP-System	**M**aterial **R**equirement **P**lanning; ein Mitte 1960 entwickeltes Softwarepaket für Materialbewirtschaftung, Vorreiter für heutige → MRP II-Systeme
MRP II	**M**anufacturing **R**essources **P**lanning; Fertigungs-Kapazitäts-Planung; Konzept für die mehrstufige Planung und Steuerung der Fertigung unter Einbeziehung logistischer Aspekte. Es unterscheidet die Ebenen Unternehmenführung, Grobplanung und Ausführung und kann mit beliebigen Software-Programmen realisiert werden
MS-DOS	Betriebssystem (→ Systemsoftware) für → PC's, unter der Bezeichnung PC-DOS speziell für IBM-PC's
NC	**N**umerical **C**ontrol; numerische Steuerung von Werkzeugmaschinen über Zahleneingaben, Lochstreifen oder Magnetbänder
OSI	siehe ISO/OSI

OS/2	Betriebssystem (→ Systemsoftware) für leistungsfähige 16- und 32-Bit-PC's, Mitte der 80er Jahre entwickelt, z. Z. nocht nicht sehr weit verbreitet
PC	Personal Computer; Arbeitsplatz-Computer; eigenständig an individuellen Arbeitsplätzen nutzbar, aber auch in Netzwerken und als Großrechnerterminal einsetzbar
PDDI	Product Data Definition Interface; Schnittstelldefinition zur Übergabe von produktspezifischen Daten an die Fertigung, speziell für nachgelagerte → CA-Produktionskonzepte, wurde im Rahmen eines Projektes der US-Air-Force entwickelt
PDES	Product Data Exchange Specification; Basis für einen zukünftigen Standard zur vollständigen Beschreibung eines Produkts hinsichtlich geometrischer, technologischer und organisatorischer Informationen
PFT	Projektträger Fertigungstechnik, Kernforschungszentrum Karlsruhe
PHIGS	Programmers Hierarchical Interactive Graphics System; Normentwurf für Schnittstellen zu grafischen Geräten, enthält die → GKS-Familie, geeignet für dynamische Bildstrukturen
PPS	Produktionsplanung und -Steuerung bzw. Production Planning System; dieser Begriff bezeichnet sowohl die Aufgaben, nämlich die Fertigungsplanung, Fertigungssteuerung, Erzeugnisplanung sowie Lagerungs- und Beschaffungsplanung und -steuerung als auch das dazugehörige Softwareprodukt
RHIA	Regulationsbehinderungen in der Arbeitstätigkeit; Arbeitsanalyseverfahren zur Erfassung psychischer Belastungen in der Arbeit
RKW	Rationalisierungs Kuratorium der deutschen Wirtschaft; eine vom Bundeswirtschaftsministerium institutionell geförderte Vereinigung, organisiert in Haupt- und Landesverbände. Die Mitglieder des Kuratoriums setzen sich paritätisch aus Vertretern der Arbeitgeberverbände und Gewerkschaften zusammen. Die Hauptaufgaben sind Beratungs- und Weiterbildungsfunktionen für kleine und mittlere Unternehmen
Software	Gesamtheit aller Programme und Daten eines → EDV-Sytems; man unterscheidet zwischen → Anwendungssoftware und → Systemsoftware
SPS	Speicher-Programmierbare-Steuerung; elektronische Steuerung für aufgabenunabhängige Funktionen einer Maschine, die man mit „Schaltschrankfunktionen" bezeichnet; eine Vereinheitlichung wird über die VDI 2880 und DIN 19239 angestrebt

Systemsoftware	Programm, das in einem Computersystem die internen Datenflüsse steuert und die einzelnen Komponenten eines Computers (→ CPU, Speicher, Datenträger, Bildschirm und Kommunikationsschnittstellen) miteinander koordiniert (Beipiele: → UNIX, → OS/2, → MS-DOS)
TAI	**T**ätigkeits-**A**nalyse-**I**nventar; arbeitswissenschaftliches Verfahren zur Analyse von Tätigkeiten bezüglich physischer und psychischer Belastungen sowie potentieller Gefährdungen und zur Ermittlung von Qualifikationsanforderungen, fachspezifischen und fachübergreifenden Kenntnissen
TBS	**T**ätigkeits-**B**ewertungs-**S**ystem; arbeitswissenschaftliches Verfahren zur Analyse und Gestaltung von Arbeitstätigkeiten; Ziele sind die Schaffung effektivitätssteigender, beanspruchsoptimierender und gesundheits- sowie persönlichkeitsförderlicher Arbeitsinhalte
Terminal	Datenendgerät; Computer-Arbeitsplatz, bestehend aus Ein- und Ausgabegeräten (Tastatur, Bildschirm); i. d. R. angewendet bei Großrechnern mit vielen Benutzern
Token-Verfahren	Token steht für „Geldmünze für die Benutzung der U-Bahn"; dieses Übertragungsprotokoll findet in Token-Ring-Kommunikationsnetzen (→ LAN) Anwendung; ein Teilnehmer (z. B. an einer → Workstation) kann dann Daten in das Netz einspeisen, wenn er (bzw. das Gerät) ein freies Token findet, das seine Daten „mitnimmt"
TOP	**T**echnical and **O**ffice **P**rotocols; Entwicklung eines informationstechnischen Kommunikationsnetzes, das die 7 Schichten des ISO-Modells (siehe auch ISO/OSI) berücksichtigt (Entwicklung der Firma Boeing)
Unix	In den USA (Bell-Laboratories, 1980) entwickeltes Betriebssystem (→ Systemsoftware) für 32-Bit Computer
VERA	**V**erfahren zur **E**rmittlung von **R**egulationserfordernissen in der **A**rbeitstätigkeit; psychologisches Arbeitsanalyseinstrument zur Ermittlung von Handlungsspielräumen und Lernchancen in der Arbeitsaufgabe
VLSI	**V**ery **L**arge **S**cale **I**ntegration; sehr hoch integrierte elektronische Schaltungen, speziell sind damit Bausteine (Chips) gemeint, die in Computern die Funktionen vieler einzelner Bausteine in einem Chip vereinigen
VPS	**V**ertriebs-**P**lanungs-**S**ystem; Software-Unterstützung zur Übermittlung aktueller Bestell- und Kundendaten speziell für Unternehmen mit intensivem Außendienst
Workstation	Arbeitsstation; Computersystem für einzelne Arbeitsplätze, in Abgrenzung zum PC jedoch mit höherer Leistungsfähigkeit und meist auf spezifische Arbeitsaufgaben zugeschnitten, z. B. als → CAD-System mit den entsprechenden Ein- und Ausgabegeräten

Das vorliegende Glossar wurde unter Verwendung folgender Quellen erstellt:

AWF (Ausschuß für Wirtschaftliche Fertigung e.V.) (Hrsg.): AWF-Empfehlung: Integrierter EDV-Einsatz in der Produktion. CIM – Computer Integrated Manufacturing, Eschborn 1985
W. GEITNER: Betriebsinformatik für Produktionsbetriebe, Carl Hanser Verlag, München 1987
G. KLAUSE: CAD-CAE-CAM-CIM-Lexikon, expert Verlag, Taylorix-Fachverlag, RKW-Verlag, Ehningen, Stuttgart, Eschborn 1987
B. SCHOLZ: CIM-Schnittstellen, Oldenbourg-Verlag, München, Wien 1988
VDMA (Verband Deutscher Maschinen- und Anlagenbau e.V.), FKM (Forschungskuratorium Maschinenbau e.V.) (Hrsg.): Mit CIM die Zukunft gestalten, Maschinenbau Verlag, Frankfurt 1988